0-3岁婴幼儿照护服务人员实用手册

0-3SUI YINGYOU'ER ZHAOHU FUWU RENYUAN SHIYONG SHOUCE

李曼丽 贾 雪 黄振中 / 编著

北京师范大学出版集团
BEIJING NORMAL UNIVERSITY PUBLISHING GROUP
北京师范大学出版社

我们将此书献给所有为了 3 岁以下婴幼儿发展付出努力和心血的人，感谢你们激发了我们的灵感，感谢你们给我们提供的爱与支持。

序　言

以习近平同志为核心的党中央高度重视人口工作和婴幼儿照护服务工作。2021年，中共中央、国务院印发《关于优化生育政策促进人口长期均衡发展的决定》，实施三孩生育政策及配套支持措施，加快建设普惠托育服务体系、做好婴幼儿照护服务工作是其中一项重要内容。2022年8月17日，习近平总书记在辽宁考察时指出，“孩子们现在都是宝，对孩子们的养育和培养等工作要加强”。

3岁以下婴幼儿照护服务事关婴幼儿健康成长，事关千家万户的民生福祉，事关国家和民族的未来。大力发展婴幼儿照护服务，是适应人口形势新变化和推动经济社会高质量发展的必然要求。我国人口发展面临着持续低生育率的风险，推动实现适度的生育水平是当前和今后一个时期的重要任务。同时，经济负担重、婴幼儿无人照料、女性对职业发展的担忧，是影响群众生育抉择的主要因素。发达国家应对低生育率的经验表明，完善的普惠托育服务，辅以生育津贴、育儿津贴和父母育儿假等支持政策，有助于提高群众的生育意愿，稳定并提高适度生育水平。生命早期是人一生发展的重要时期，科学、良好的婴幼儿照护服务，对孩子健康发展以及人口素质的全面提升，都有着显著的积极作用。

近年来，各级各部门坚持以习近平新时代中国特色社会主义思想为指导，认真贯彻落实中央决策部署，汇聚多方智慧和力量，积极推动3岁以下婴幼儿照护服务事业发展，取得了显著成效，切实提高了人民群众的获得感和满意感。

一是做好顶层设计，强化政策引领。国务院办公厅先后印发了《关于促进3岁以下婴幼儿照护服务发展的指导意见》《关于促进养老托育服务健康发展的意见》，提出了婴幼儿照护服务事业发展的整体安排和具体举措。《中华人民共和国人口与计划生育法》修订，增加了发展婴幼儿照护服务相关条款。国家“十四五”规划纲要将“每千人口拥有3岁以下婴幼儿托位数”指标纳入20个经济社会发展主要指标之一。

二是完善标准规范，加强综合监管。国家卫生健康委会同相关部门，围绕机构设置管理、登记备案、建筑设计、保育照护、伤害预防、消防安全、营养喂养、人员培训等方面，制定出台系列规范性文件，逐步完善托育服务标准规范体系。深入推进“医育结合”，加强对托育机构卫生保健工作的业务指导、咨询服务和监督检查，为婴幼儿提供科学规范的照护服务。

三是鼓励多方参与，拓宽服务供给。充分发挥中央预算内投资的引导作用，深入开展全国婴幼儿照护服务示范城市创建，鼓励各地加快制定以地级行政区为单位的整体解决方案，构建以普惠服务为主、多层次、多样化的照护服务事业体系。各地积极探索建立财税支持机制，通过专项补贴、以奖代补、税费减免、水电民价、融资优惠等形式，促进行业规模化、可持续、高质量发展。

四是培养专业人才，加强队伍建设。教育部明确每个省份至少有 1 所本科高校开设婴幼儿照护服务相关专业。《职业教育专业目录(2021 年版)》印发，在中职专科、高职专科和高职本科设置婴幼儿托育专业，专业简介与教学标准制定顺利推进，教材建设积极开展。托育机构负责人和保育人员能力培训大纲实施，《保育师国家职业技能标准》修订，完善托育人才“职前培养＋在职培训”体系。

总的看，婴幼儿照护服务政策法规体系、标准规范体系、服务供给体系建设稳中有进。截至目前，地方各级开办综合托育服务机构、社区建设托育服务设施、有条件的幼儿园开设托班、家庭开展互助式托育、工作场所提供福利性婴幼儿照护服务等，提供了涵盖全日托、半日托、计时托、临时托等多种形式的托育服务，婴幼儿照护服务事业呈现出蓬勃发展的良好态势。

人才队伍建设是婴幼儿照护服务实现优质健康发展的关键。当前，婴幼儿照护服务人才队伍建设还存在不少问题，与满足人民对高质量托育需求之间仍存在较大差距，突出表现在人才供给、培养培训、规范管理等方面较为滞后。

《0—3 岁婴幼儿照护服务人员实用手册》由清华大学教育研究院李曼丽教授统筹，邀请相关领域专家、研究人员和资深从业者共同编著。李曼丽教授长期关注并致力于婴幼儿照护服务人员队伍的教育培养工作，带领团队率先研发相关地方标准，圆满完成了《保育师国家职能技能标准》起草、职业教育托育相关专业简介和教学标准制订等许多创新性工作。本书编写团队的成员大都参与了上述工作，他们学养丰厚、术业专攻、背景多样、优势互补，高质量完成了本书的编写工作。

本书广泛采撷了儿童早期发展、卫生健康、教育、心理等相关专业知识和前沿理论，兼收并蓄、融汇贯彻，有三个突出特点：

一是视角创新。本书摒弃了从婴幼儿发展入手的传统写作模式，聚婴幼儿照护服务人员应具备的“七大核心素养”，包括职业伦理与道德素养、专业基础知识、日常生活照料、健康安全管理、早期学习支持、观察评估技能、家园社区合作共育，准确地把握了婴幼儿照护服务工作的专业性、综合性和情境性。

二是内容前沿。本书没有囿于对某个婴幼儿照护流派的理论或实践进行介绍，而是尝试性地打破流派局限、深度融合流派理念，取其精华，去其糟粕，提倡尊重婴幼儿、保教合一、回应性照料等先进经验，打造具有中华民族特色、实用有效的用书，体现了婴幼儿照护服务工作的新思想、新观点、新要求。

三是案例丰富。本书立足于我国婴幼儿照护服务行业的真实情况，形象生动地引入了大量国内优秀实践项目的案例，既有政策理论高度，又紧密联系实际，系统全面、脉络清晰、深入浅出地介绍了照护服务工作的原理和方法，能够让照护服务人员、相关管理人员、乃至婴幼儿父母等开卷有益、别有收获。

再次感谢李曼丽教授及本书编写团队对婴幼儿照护服务工作的卓越贡献，期待更多专家关注婴幼儿照护服务研究，搭建具有中国特色、民族风格的婴幼照护服务理论体系，在自主的理论框架内消化和吸收世界上优秀成果，指导实践，提升创新，携手创造我国婴幼儿照护服务事业发展的美好未来。

杨文庄

前　言

这是一本什么书？

这是一本面向0—3岁婴幼儿[1]照护服务人员必备核心素养的基本理念与实用手册，主要任务是带您走进0—3岁婴幼儿的养育照护领域。但是，作为儿童保健与儿童早期发展领域的研究人员，我们的基本观点是：人的成长是连续的、贯通的，而不是一种绝对的、无联系的或突变的过程。在国际学术界，儿童早期发展是指0—8岁儿童的全面发展，即从刚出生至8岁期间的儿童在体格、运动、语言、认知、情绪和社会性等多方面的综合发展。其中，0—3岁阶段是儿童大脑发育、早期学习、照护者和儿童之间依恋关系形成的关键时期，对儿童一生的健康发展至关重要。因此我们在重点介绍0—3岁婴幼儿发展的同时，必然会延展性述及3—6岁或3—8岁儿童发展，以便其讲述逻辑具有连续性。

作为聚焦0—3岁婴幼儿照护服务行业的专业性书籍之一，我们会始终陪伴你左右，与你沟通0—3岁婴幼儿基本的照护理念、使用情境及案例。在日益重视婴幼儿照护服务和家庭养育教育支持的今天，这一领域的知识和技能也变得愈发重要。近年来，党和国家出台了一系列有关推动积极生育、加强婴幼儿照护服务和促进家庭教育的政策，大力发展能够满足人民群众多种需要的、科学规范的普惠托育服务体系，特别强调为家庭养育教育提供指导、支持和服务。在此背景下，社会急需一大批高素质的婴幼儿照护服务专业人才，也需要千千万万能够理解和运用科学养育知识的父母。为此，清华大学教育研究院“儿童早期发展”课题组希望通过本书向一线工作人员、未来的行业从业者及一般大众(特别是婴幼儿的父母)传递这一领域的一些重要基本

① 本书中，婴儿通常指0—1岁孩子，幼儿指1—3岁孩子，婴幼儿如果没有特别指出，是指0—3岁孩子。

理念。

理念1：儿童早期综合发展(Integrated Early Child Development)理念。近年来，0—3岁婴幼儿早期发展得到了前所未有的重视。0—3岁是儿童早期发展的重要阶段，是人类大脑发育的最快时期，也是可塑性最强的时期。已经有越来越多的科学研究表明，0—3岁是婴幼儿体质发育和性格形成的关键时期，并且这种早期发展的影响可持续终生。因此，早期干预应从其出生时做起。儿童身心发育是综合的，互相依赖、互相影响、不可分割的，所以，照护者对儿童要保、育并重，不要只强调儿童的体格和智力发育，同时应注意儿童社会—情绪、个性行为等非智力因素的培养，促进儿童早期全面发展。

理念2："回应性照护"(Responsive Care)。为促进婴幼儿照护服务发展，2016年，中共中央、国务院印发的《健康中国2030规划纲要》将儿童早期发展作为推进妇幼健康工作的一项重要内容正式纳入，上升为国家战略；2019年国务院办公厅发布了《国务院办公厅关于促进3岁以下婴幼儿照护服务发展的指导意见》(国办发〔2019〕15号)。促进儿童早期发展的五个干预要素是营养、健康、回应性照护、安全保障和早期学习机会，其中回应性照护是贯穿在其他四个要素中的最重要因素。回应性照护是指照护者在陪伴儿童时应该积极主动、全心全意地回应儿童的心理和生理需求，敏锐、细心、耐心地理解并回应儿童的哭闹、语言、表情和动作，做到密切观察儿童的动作、声音等线索，通过肌肤接触、眼神、微笑、语言等形式对儿童的需求做出及时且恰当的回应。当照护者面向0—3岁婴幼儿时应特别倡导回应性照护，比如，在喂养儿童时要主动采取回应性喂养的方式，在喂养过程中注重与儿童互动，关注儿童进食过程中反馈的信息，并能够正确解读、理解和及时反馈。回应性照护要求照护者与婴儿待在一起时，与儿童之间的互动应当具有回应性、情感支持性、发展适宜性和刺激性，要愉快地与儿童互动，双方开心地交流，营造愉悦轻松的气氛。在这样安全、稳定、愉快的环境中，照护者对儿童的健康和营养需求敏感回应，有利于促进儿童早期学习和发展。

理念3：儿童发展早期干预(Early Intervention for Child Development)。儿童发展取决于遗传因素和环境因素的相互作用。儿童早期的生活经验不仅制约着儿童的生长发育状况，对儿童期、青少年期，乃至整个成人期的智能水平、社会适应能力均具有重大影响。婴幼儿时期是人一生中发展速度最快、变化范围最广的阶段，其研究焦点和工作重点指向预防、识别发展的风险因素，并在障碍出现之前进行干预。这一时期被认为是"一生中预防精神障碍的关键"时期。"早期干预"是针对婴幼儿进行的一系列训练活动。为了探讨促进婴幼儿全面发展的有效措施，本书提倡从婴儿开始全面关注"早期干预"对孩子躯体、智能、社会情感、感官、行为发展的影响，以期为我国儿童的优育、优教提供理论和方法学的指导。

理念4：从"家庭支持"到"支持家庭"(From "Family Support" to "Support Family")。我国长期受儒家传统思想的影响，在儿童观上倾向于"家庭化"，即偏重于儿童的"家庭身份"。自20世纪80年代以来，我国经济快速发展，为家庭的"经济支持""兼职假期”“配套服务”政策的制定奠定了一定的基础。但是，我国仍处于社会主义初级阶段，人均 GDP 仍然比较低，尽管我国从 20 世纪 90 年代以后，政府出于对家庭的支持，出台了一系列涉及“经济支持”“兼职假期”“配套服务”的家庭政策，但是我国的婴幼儿政策仍以保障孩子的“健康”为主，覆盖所有家庭的“普惠性”政策少，与儿童早期发展有关的生育、照料、保育、教育、医疗等责任大多数由家庭承担。因此，就我国现有的促进儿童早期发展的家庭政策而言，其主体构成依然是“家庭支持”政策，与西方国家的“支持家庭”政策还有相当大的差距。今后，希望在国家经济发展的可能条件下，更多地倡导增加社会预防性投资，增加充分发展儿童潜能和未来福利的有效途径。

在这本书里，请你跟随我们一同走进 0—3 岁婴幼儿的奇妙世界。对于婴幼儿而言，他们的身心在这一阶段初具雏形。这一阶段也最值得研究，在不断的尝试中，我们会越来越多地理解这四大理念对于儿童早期发展乃至成年以后的价值。四大理念在于为 0—3 岁婴幼儿内心的热情与激情、身体的张力与可塑性提供充分的支持。本书既包含科学的早期育养理念，又伴随细致的实践指导案例，与你一起探索如何对孩子们进行回应性照护。从孩子们微笑、坐立、迈步、牙牙学语、第一次“说谎”直到进入托幼机构，希望本书是你手边不可或缺的，实用、适用、好用的手册。

本书的编写原则及特色

知识的进阶性。本书把婴幼儿早期发展的知识分为四类，即“知道是什么”的知识——以数据、事实为基础的知识，例如，与婴幼儿发展阶段、特征有关的“婴幼儿发展里程碑”知识等；“知道为什么”的知识——以原理、规律为基础，例如，“依恋理论”“敏感期理论”等；“知道怎样做”的知识——以经验、能力为基础，例如，如何支持母乳喂养的技能；“知道是谁”的知识——以特定的社会关系为基础，例如，某类知识方面的权威专家、权威机构是谁，在哪一个国家或者哪一个研究团体等。前两类知识易于文字记载、进行编码，属认识类知识，有人又称其为“显性知识”(explicit knowledge)，学习者可以通过查询数据、阅读材料而获得；后两类知识则难以进行量化以及文字记载、信息编码，属经验类知识，有人又称其为“默会知识”(tacit knowledge)，学习者需要通过亲历亲为的实践或人际互动来获得。在本书中，此四类知识均有呈现，就一线照护人员对于每类知识的掌握程度也有比较精心的设计，希望读者在阅读和使用中留心分辨。

学习情境化。学习的本质就是对话，在学习的过程中所经历的就是广泛的社会协商。而“学习的快乐就是走向对话”。这本书中，我们提出了两个核心概念：一是实践共同体(community of practice)，它所指的是由从事实践工作的人们组成的“圈子”理应具有的专业知识体系，而新来的学习者将进入这个圈子并试图“融入”这个圈子的社会文化实践。二是合法的边缘性参与(legitimate peripheral participation)，所谓合法，是指实践共同体中的各方都愿意接受新来的不够资格的人成为共同体中的一员；所谓边缘性参与，是指在实际的工作参与中，在做中学习知识，逐渐从边缘知识到核心知识，因为知识是存在于实践共同体的实践中，而不是书本中。

学用一体化。本书特别重视“学与用相融合”的观点，并开发出了一些适用于主动学习的内容组织方式及结构。这包括：在本书里设置问题情境案例、不同个性的婴幼儿、不同的环境(活动室、花园、户外等)；在真实世界中进行角色扮演，参照本书中保育人员安安老师、阿美老师和贝贝老师(均为承担不同保育职责的角色)学习婴幼儿照护的知识和技能等。本书通过“师父”带徒弟的方式让学习者接受培训。

案例本土化。本书非常重视案例的本土化。按照最宽泛的定义，本土化其实是一个综合性大工程，远不只是完成产品本身的本土化开发而已。本书对于 0—3 岁婴幼儿照护案例的开发就较为完整地体现了广义本土化的真正内涵，原因如下：①关注婴幼儿照护服务的本土化。面向中国婴幼儿照护服务机构的各个细分功能，都有本土化案例的开发。例如，本书中介绍了“果果摔倒了”“分牛奶”“咬人的琪琪”等案例，体现了照护服务机构的早期学习支持、观察评估、合作共育等功能。②关注婴幼儿照护服务的合规化。自 2019 年起，我国陆续颁布了多项有关婴幼儿照护服务的政策法规，本书的编写严格遵守了相关规定。例如，班级设置、规模要求和师幼比都遵循了《托育机构设置标准(试行)》。③关注与国际婴幼儿照护理念的融合性。例如，加强安全健康、观察评估和合作共育的要求，满足新时期社会婴幼儿照护服务行业不断发展的需要。

本书写作框架及分工

本书分七章对婴幼儿照护服务人员的职业内涵、职业功能、工作内容、知识和技能要求等进行详细描述，并从不同角度对一线实践工作的提升与改进做出了有效的探索。第一章婴幼儿照护服务工作的专业性由张晓蕾、刘素芳编写，第二章婴幼儿早期发展基础知识由李曼丽、李姝雯编写，第三章婴幼儿养育照料由江华、江媛媛编写，第四章婴幼儿健康与安全由熊倪娟编写，第五章婴幼儿早期学习支持由贾雪编写，第六章婴幼儿发展的观察、记录与评估由黄振中编写，第七章合作共育由郝亚辉、王欢编写。李曼丽教授负责本书的整体构思、结构设计和统稿工作。

本书所有原创插图由李姝雯、贾雪完成，版权所有，未经许可，请勿使用。

本书适用的主要学习者群体：

①婴幼儿照护服务机构的管理人员和一线工作人员。本书可作为日常工作的工具书参阅。

②参加保育师(原保育员)及婴幼儿发展引导员等国家或地方职业技能等级考试的考生以及相关培训机构的培训师。本书可作为培训教材或参考用书使用。

③中专及以上院校婴幼儿照护服务相关专业的师生。本书可作为教材或教学参考书使用。

④参与婴幼儿照护的亲职人员(家庭主要带养人如婴幼儿父母、祖父母、保姆等)。本书可作为家庭养育孩子的参考书籍。

⑤对婴幼儿发展感兴趣的教学研究人员、传媒工作者等。本书可以作为专业性普及读物使用。

我们已经身处于一场史无前例的儿童革命之中，这场“革命”关系着儿童身心健康与幸福，因此，请允许我们陪伴你以及你的孩子一起奔向美好的世界。探索之旅已然开始，请将这些信息传递给你的同事、你的家人和你的朋友。

李曼丽于清华园

2021 年 8 月

案例背景

本书案例设计发生在一家位于北京市的托育机构——“仰茶园”里。仰茶园创立刚满3年。仰茶园的育儿观融合了中国优良传统文化基因与国际先进的婴幼儿照护理念：结合中国国情，将皮克勒、高瞻、瑞吉欧、蒙台梭利等广为接受和传播的思潮加以本土化。仰茶园设有三个常规班——种子班（招收6个月—1岁婴儿的乳儿班）、苗苗班（招收1—2岁幼儿的托小班）和绿叶班（招收2—3岁幼儿的托大班），还有一个招收1岁半—3岁幼儿的混龄班“绿芽班”。全园上下齐心协力，致力于打造小而美的托育典范。

绿芽班

本书故事的主角大多生活在“绿芽班”里。绿芽班里目前有8个孩子，还有2—3个托位在招生。最小的孩子只有1岁半，最大的已经2岁多了。绿芽班有三个保育人员——安安老师、阿美老师和贝贝老师，她们组成了一个照护小组，平时工作中互相指导、互相帮助。日常生活中，老师们会精心地照料孩子们的饮食起居，并根据时令节气和孩子们的兴趣爱好，引导并支持孩子们接触真实的世界，解决遇到的问题。绿芽班个性化、科学化、人文化的保教活动深得家长和孩子们的喜爱。

案例人物及其关系简图

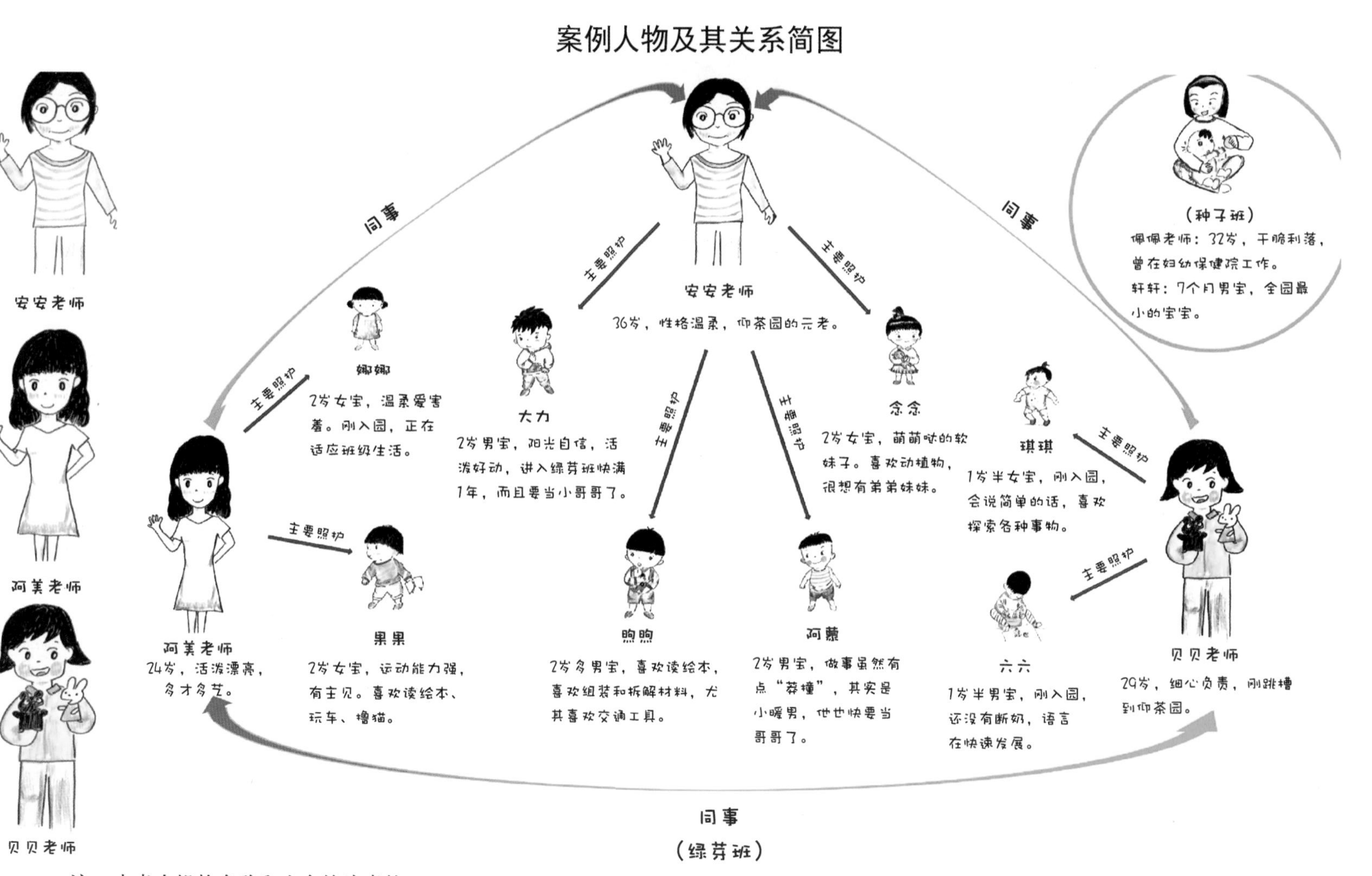

注：本书中机构名称和人名均为虚构。

目　录

第一章
婴幼儿照护服务工作的专业性

第一节　什么是婴幼儿照护服务工作

思维导图

婴幼儿照护服务工作

- 什么是婴幼儿照护服务机构
- 婴幼儿照护服务人员每天做什么
- 婴幼儿照护服务：一项专业性极强的工作

思考

1. 在你心目中，婴幼儿照护服务机构应该是什么样的？
2. 你认为婴幼儿照护服务人员每天都做哪些工作？
3. 在你看来，婴幼儿照护服务是一份怎样的工作？

案例

琪琪要入托了

琪琪 1 岁半了，她已能站立行走，也会用简单的词表达自己的想法，琪琪的爸爸妈妈觉得可以送她去接受专业人员的照顾，并开始考察社区周边的婴幼儿照护服务机构。

琪琪爸妈先去咨询了附近两家幼儿园，因为邻居家很多孩子都去幼儿园了，琪琪爸妈对幼儿园比较熟悉。其中一家幼儿园只接收 3—6 岁的幼儿，另一家则是托幼一体园，具备资质开设托班，可以收 3 岁以下的孩子。如果进了幼儿园的托班，就能一直上到大班毕业，其间不用再解决托幼衔接的问题。虽然这家托幼一体园的整体规模很大，但是仅开设了 1 个托班，而且作为某集团投资建立的附属园，要先解决职工子女的入托需求，所以负责咨询招待的张老师表示托位比较紧张，建议琪琪爸妈去附近几家托育机构看看。

琪琪爸妈听了张老师的建议，去考察了社区边上的几家托育机构。每家托育机构都有自己的特色，琪琪爸妈考察了十来家机构后，眼睛都快挑花了。其间，他们还去看了一家早教机构，这家机构主要开设亲子课程，即大人带着孩子一起参加活动。但是，工作日下午来上亲子课的人没有那么多，所以他们收拾出来两间教室提供半日托或临时托服务，有需要的家长可以把孩子托养在机构中。最后，琪琪爸妈来到了仰茶园。仰茶园创立刚满 3 年，只有四个班，是一所致力于打造“小而美”托育示范的园所。琪琪爸妈很喜欢仰茶园安静祥和、绿色环保且充满中国传统特色的装修风格，但是对于园所的保育人员是否对孩子有爱心、耐心、细心和责任心充满了疑虑。负责招待的教学主管在详细了解了琪琪家的情况后，向琪琪爸妈介绍了仰茶园的理念和特色，并在琪琪爸妈回家后还进行了多次互动。琪琪爸妈被仰茶园教学主管的真诚和耐心打动，随着了解的深入，他们决定带琪琪体验一下仰茶园的环境和服务。

这天，琪琪吃过早饭后，跟着妈妈来到了绿芽班。绿芽班是个混龄班，目前有 7 个孩子，还有 3—4 个托位在招生。绿芽班有三个保育人员——安安老师、阿美老师和贝贝老师，她们热情地招待了琪琪妈妈，并让她安静地坐在角落里陪着琪琪。从 7：30 开始，绿芽班的孩子们陆陆续续进班。老师们先要在门口接待家长和孩子们，与家长交流孩子在家里的基本情况。然后，老师一个个地带孩子们去洗手，放好每个人的水杯、毛巾，并给孩子们布餐，照看他们吃早饭。1 岁半的六六刚入园，他还没有学会自己吃饭，贝贝老师需要一口一口地喂他。琪琪进来不久，就被教室里的玩具吸引，自己去玩积木了。琪琪时不时回头，看到妈妈坐在角落里就继续专心摆弄自己的材料。

吃完早饭，经过简单的洗漱，孩子们就在教室里自由活动了。他们有的玩各种玩具，有的听老师读绘本，也有的叮叮咚咚地玩沙锤、手铃等乐器。活动中，老师们除了要确保孩子们的安全，还要照料需要换尿布①或上厕所的孩子，以及解决孩子们之间的冲突，安排孩子合理饮水，等等。9：30 左右，老师组织孩子们一起到小区的“小小健身园”开展户外活动，琪琪和妈妈也一起去了健身园。1 小时后，老师安排孩子回教室吃加餐、换尿布或上厕所。琪琪也一起吃了加餐，有饼干、水果等。加餐后，大家继续回到健身园里玩儿。有的孩子喜欢攀爬架、滑梯和沙坑，有的孩子喜欢钻地龙、滑步车，还有的孩子喜欢院子里种的蔬菜和养的兔子。

中午了，孩子们要回教室吃午饭。琪琪妈妈也准备结束今天的体验，带琪琪回家。琪琪没玩够，闹着不肯走。哭笑不得的琪琪妈妈当场决定办理入托，小可爱琪琪明天就要正式成为绿芽班的一员了。

案例中琪琪全家遇到的问题或许是很多宝宝家长会遇见的。面对家里 1 岁多的宝宝，寻求专业的机构照料宝宝是件很棘手的事。案例中琪琪的爸爸妈妈为了寻求专业的照护服务机构走访了幼儿园、早教机构及托育机构等，并在这个过程中了解到了托育机构日常工作的情况。那么，当前专业的婴幼儿照护服务机构有哪些？这些机构都有什么特点呢？

一、什么是婴幼儿照护服务机构

婴幼儿照护服务是遵循婴幼儿成长特点和规律，为确保其安全与健康，促进其在身体发育、动作、语言、认知、情感与社会性等方面全面发展而开展的活动。这一服务既包含对婴幼儿的保育和教育，也包括为家庭提供科学养育指导。

从案例“琪琪要入托了”中也可以看出，社会上有很多机构在提供婴幼儿照护服务。例如，婴幼儿托育、早期教育、妇幼保健服务、儿童早期发展服务、婴幼儿家长咨询服务、儿童社会福利院等机构。其中，托育机构(或称托育中心)是根据家庭的实际需求，由专业人员对婴幼儿提供全日托、半日托、计时托、临时托等多样化、多层次的照护服务的专门机构。当前多地省市的幼儿园已经开设了托班，招收 2—3 岁的幼儿，增加婴幼儿照护服务的供给。而且，很多妇幼保健机构、早期教育机构、儿童早期发展服务机构在现有服务基础上，也在增加托育相关服务。

在我国，大多数幼儿满 3 岁就会入园。相信大家对幼儿园还是比较熟悉的。但是，托育机构对于很多人来说比较陌生，它与幼儿园有很多不同，主要体现在以下几个方面。

第一，托育机构专门招收 6—36 个月的孩子，因为大多数孩子的入托时间不固

---

① 本书中，尿布为纸尿裤、尿不湿、拉拉裤、传统尿布等的统称。

定，所以托育机构通常是常年招生，新生可以随时安排入托，这也有助于缓解孩子们的入园焦虑；而幼儿园主要招收3—6岁的孩子(托幼一体园的托班或小小班具备资质招收3岁以下的婴幼儿)，每年通常有较为固定的新生入园时间，到了这个时间段，新生会同时进入幼儿园，接受为期三年的学前教育。

第二，托育机构服务通常比较灵活，常见的有全日托、半日托，也有机构会提供临时托、计时托；而幼儿园一般需要孩子全日待在园中。

第三，托育机构的班级规模通常要小一些，一般设置三种班型——乳儿班(6—12个月)、托小班(12—24个月)和托大班(24—36个月)，18个月以上的幼儿可混合编班；而幼儿园通常班级规模较大，一般设有小班、中班和大班，托幼一体园会有托班或小小班。

第四，因为孩子年龄偏小，托育机构不仅每个班级的规模较小——乳儿班10人以下，托小班15人以下，托大班20人以下，混龄班不超过18人，而且班级的师幼比也偏低，每个保育人员只看护少数几个孩子；相比之下，幼儿园的师幼比相对较高，混龄班较少。

第五，托育机构配备的其他设施设备、用品、玩教具、图书和游戏材料等更符合3岁以下婴幼儿的特点。考虑到婴幼儿的年龄特点，托育机构大多配备了母婴室、配乳区、尿布区等，幼儿园大多没有相关区域设施。

第六，托育机构里只有保育人员，其工作更强调保教融合，因此在托育机构中，不应该区分幼儿教师和保育员等岗位；幼儿园的班级里，通常配有“二教一保”，即两名幼儿教师和一名保育员，教师更多负责教育工作，保育员负责生活照料。

第七，托育机构所安排的活动的灵活性比较强，小组活动、个人游戏比较多。而幼儿园的课程中会安排集体教学活动，活动安排比较固定，集体游戏比较多。

总之，托育机构所照护对象为3岁以下的孩子，年龄偏小，照护需求个性化较高，使得托育机构照护服务工作灵活性高，也给照护服务人员带来了挑战。

二、婴幼儿照护服务人员每天做什么

从“琪琪要入托了”的故事中，我们可以看到照护服务人员每天的工作状况。他们的一日工作通常有固定流程。从清晨开始，工作内容除了涉及婴幼儿吃喝拉撒睡等生活照顾的各项工作外，还涉及婴幼儿的回应性照料与学习，如音乐时间、绘本/故事时间、感统运动时间，以及游戏时间等。

午饭时间，老师们轮流照顾孩子们吃饭，保证营养。午饭之后，老师们陪孩子散步或者做一些安静的睡前活动。散完步或活动后，开始午睡。在孩子们的午睡时间，老师还有很多事情要做，比如，确保幼儿午睡的安全、巡查，做下午的游戏准备，参加机构的培训活动，或者跟家长联系沟通孩子的情况，等等。

孩子们午睡起床后，安安老师和同事又重新忙起来，帮助孩子们穿衣服，还要给女孩子梳好漂亮的小辫。然后带他们去卫生间小便、洗手，准备吃下午的加餐水果。接着是下午的游戏探索活动，安安老师和同事们在游戏探索区观察孩子们，并对孩子们的需求进行有针对性的回应。还有下午的户外活动和晚餐。大约到下午 5 点，安安老师和同事准备好孩子要带回家的物品，整理好孩子的小书包，检查好孩子们的衣服、鞋子，等等。随后家长们来接了，老师完成一整天的照护服务工作，如图 1-1 所示。

这些是托育机构中照护服务人员的一日常规工作，然而在实际工作中孩子们会有各种各样的状况，照护者需要运用自己的教育智慧，耐心地去处理很多问题。

图 1-1　婴幼儿照护服务人员的一天工作

三、婴幼儿照护服务：一项专业性极强的工作

洗手

阿蒙最喜欢在洗手环节进行玩水“游戏”。这个“游戏”通常是这样开始的：小便后他走到洗手池边，开心地打开水龙头，把手放到水流下，让水淋到手上，一会儿把手指并起、一会儿把手指张开，看水通过手指间的缝流下去，就这样反复地感受水从手上流走的感觉。有时候他还用手掌堵住水龙头或者把手指伸进去，看水溅起来，溅到镜子上、脸上，溅到脸上时边闭眼边“咯咯”地笑。除了玩水，他还对洗手液的泡泡非常感兴趣，每次洗手他都挤出洗手液搓泡泡，看手上的泡泡越来越多，用水冲掉后还不肯走，又挤一次，继续搓泡泡，就这样反反复复冲掉后还想挤，如图 1-2 所示。

图 1-2　阿蒙在洗手

前一节我们细致了解了托育机构的一日生活。尽管流程图(图 1-1)看起来平静而有规律，但照护服务人员的工作充满了不确定性。比如前面案例中写到的洗手环节，按照一日常规工作的流程安排，每个孩子需要在吃饭前、大小便后按照“七步洗手法”洗干净双手。看起来这是非常简单的一个环节，但实际上不是每个孩子都能顺利地完成这个环节，洗手的几分钟常伴随着各种各样的状况，在仰茶园的绿芽班就常能看到。

喜欢玩水是孩子的天性，类似的洗手环节的场景在很多托育机构常能看到。就像前面的阿蒙，如果老师不提醒、及时带他出洗手间，他能在水龙头前玩很久。我们并不是说不允许孩子们玩水，水是非常好的开展游戏的材料，对于婴幼儿有很好的价值，只是在什么时间、以什么样的方式带孩子们玩水需要明确。在洗手环节，这样的游戏就常出现很多问题，最显而易见的是弄湿衣服、裤子、鞋子，随后老师就需要给孩子换衣服，并且在晚上家长来接时跟家长沟通孩子弄湿衣服的具体情况，这都是常规流程外增加的工作量。如果因为玩水、地上有积水，自己滑倒了或者其他小朋友走过摔倒了，那需要处理的问题将更加复杂，对于照护者来说要耗费的时间、精力也更多，要想妥善地处理，对于她/他们的专业性要求也更高。

听了来自安安老师的故事后，你可能已经对婴幼儿照护服务人员的工作有了初步认识。简单来说，婴幼儿照护涉及 0—3 岁婴幼儿日常的回应性照料、学习和教育的工作。虽然工作内容细致琐碎，但它却是一份专业性要求非常高的工作。它通常要求照护者具有极强的责任心、爱心和职业热情，并对婴幼儿身心发展和需要有敏锐的观察力及专业知识和技能，以便能够较好地回应婴幼儿。简言之，婴幼儿照护服务工作是一项极具专业性的工作。那么什么是专业的工作？专业的工作和不专业的工作之间有何区别？如何理解婴幼儿照护服务工作的专业性呢？

《韦伯斯特大词典》对于“专业的职业”的解释是：受过相关工作的较好训练，拥有过硬的技能、良好的专业判断力以及恰当举止的人所从事的职业。从某种程度上说，所谓专业，表达了不同时代、不同社会群体对从事某一个职业的专业人员所应当具有的特点、品质以及所应达到的标准的理解和期待。

今天，全社会对照护服务工作专业性的要求越来越高。近年来，国家先后出台《关于促进 3 岁以下婴幼儿照护服务发展的指导意见》《关于印发托育机构设置标准(试行)和托育机构管理规范(试行)的通知》等文件和规范，都旨在保障婴幼儿照护服务工作的专业性。我们将婴幼儿照护服务人员定义为从事 3 岁以下婴幼儿照料、保健和教育，引导儿童早期健康发展的照护者，以及对婴幼儿看护人提供咨询指导的应用和研究人才。在职业定位上，婴幼儿照护服务人员突出体现了保教融为一体的专业性特征。当我们将婴幼儿照护服务视为一个专业的职业，就需要了解支撑这一专业的职业的核心要素。

具体来说，专业的婴幼儿照护服务人员需要具备专业伦理、专业知识和专业技能三方面特质，如图 1-3 所示。其中，有关婴幼儿照护服务工作的专业知识和专业技能将在后面的章节详细讨论，本章不赘述。作为开篇的章节，我们希望着重强调婴幼儿

图 1-3　专业的婴幼儿照护服务人员需要具备三方面特质

照护服务工作专业性中最重要的组成部分，即专业伦理对于这一工作顺利开展的意义。

所谓婴幼儿照护服务人员的专业伦理是指婴幼儿照护服务人员在特定领域内履行保教职责时，所遵循与体现出的专业价值观、职业道德以及处理工作中各种利益关系时自我约束的原则和行为底线。它作为保教工作中对婴幼儿照护服务人员外在行为的约束标准，不仅是维护婴幼儿照护服务人员专业伦理声誉的基石，也是婴幼儿照护服务人员专业性与专业自我的体现。①

专业伦理是构成婴幼儿照护服务工作专业性的基石——相比于专业知识与技能，专业伦理尽管抽象，但却是支撑整个工作开展的核心和关键。对于每一位婴幼儿照护服务人员来说，专业伦理道德问题实行"一票否决制"。具备过硬的专业伦理、专业意识、专业责任及道德认知是对婴幼儿照护服务人员最基本、最核心的从业要求，也是婴幼儿健康成长的基本保障。

电脑

娜娜两岁多，刚进入绿芽班。她性格内向，刚来的时候每天早上被家长送过来的时候都哭得很厉害，边哭边喊"我要回家我要回家"，分离焦虑比较明显。阿美老师刚到绿芽班担任老师，看到娜娜的情况非常关注，每天早上娜娜来了都陪着她，给她喂饭、讲故事，娜娜哭的时候还抱着她到院子里去看植物、看鱼，转移孩子的注意力。阿美老师还多次跟娜娜的妈妈沟通孩子的情况，让她在家也鼓励孩子坚持来托育机构，多分享在班里和小朋友一起玩儿的有趣的事。后来孩子的分离焦虑很快缓解了，不哭了，也特别喜欢来，喜欢老师和伙伴玩儿。娜娜妈妈非常感激老师，经常跟阿美老师聊天。有一次得知老师要买一台笔记本电脑，她主动找到老师说："阿美老师，我们家就是做电脑销售的，你看你喜欢哪一款，到我店里去选一选吧。"家长非常热情，老师又正急需购买，就去挑选了一款。付款时家长说感谢老师对自家孩子的照顾，这个电脑送给老师当礼物，怎么都不肯收钱，并请老师以后在班里多照顾自己的孩子，老师推辞不掉就收下了。后来这件事在家长群体中传开了，说这个托幼机构的

---

① Stonehouse A. Our Code of Ethics at Work. Australian Early Childhood Resource Booklets No. 2, ERIC. 1991.

老师收受家长的礼物，还收钱、收购物卡，等等，哪个家长送的钱多、送的礼物贵，老师就对哪个孩子好。随着事件的发酵，家长们议论纷纷，造成了非常不好的影响，不仅影响了教师个人、还影响了整个托幼机构的形象和口碑，引发了师德问题。

通过以上的故事我们可以看到，托幼机构的老师收受家长的礼物或者购物卡等，违反师德要求，老师和家长之间的交往应仅限于交流孩子的情况、围绕宝宝的发展，而不应该有超越这一主题的其他行为。接受家长的礼物馈赠、托家长办私事，或者向家长推销商品等行为都是违反教师岗位师德要求的。每一名教师都要树立“红线”意识，不逾越红线，为自己的职业生涯保驾护航。

小结

婴幼儿照护服务工作是一项专业性极强的工作。本章从安安老师的一日工作常规说起，带大家认识了专业工作的构成要素，并详细了解了作为一名专业的婴幼儿照护服务人员，所需要的在专业伦理、专业知识和专业技能上的责任意识、知识基础和实践智慧。本节还进一步强调了开展专业的婴幼儿照护服务工作需要遵守的规范及坚决杜绝的越线行为。

然而，掌握婴幼儿照护服务的日常工作规范、伦理规范及专业知识等只是开展工作的前提条件。接下来我们还将深入照护服务工作实际情境，从服务人员开展工作的心路历程中窥探婴幼儿照护服务工作的行动价值及其信念。

问题

1. 婴幼儿照护服务机构有哪些？这些机构都有什么特点呢？

2. 婴幼儿照护服务人员的一日工作都包含哪些内容？有哪些环节？

3. 你认为如何才能成为一名拥有较高专业技能水平及实践智慧的婴幼儿照护服务人员？

第二节　婴幼儿照护服务工作的基本理念

思维导图

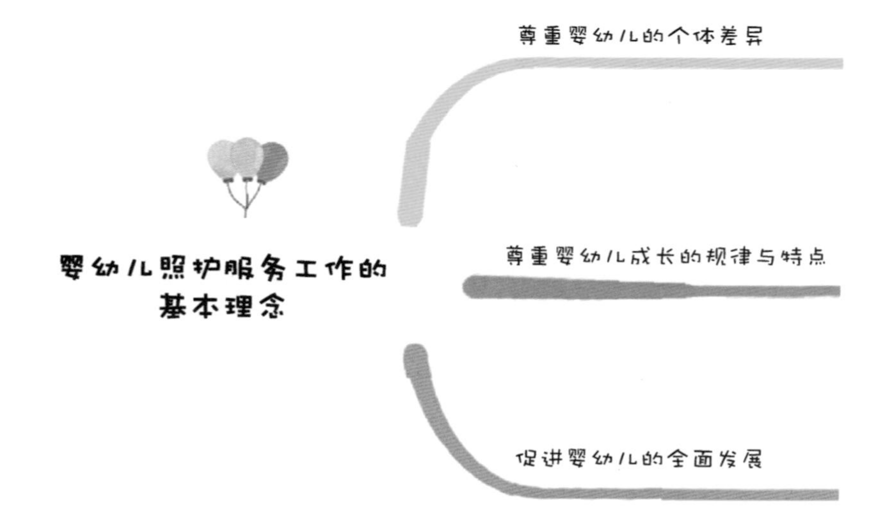

思考

1. 你认同每个孩子都是有个体差异的吗？为什么？
2. 什么叫作幼儿身心发展的敏感期？
3. 你认为照护服务对婴幼儿的身心发展有何重要意义？

案例

故事时间到了

绿芽班有很多绘本，孩子们可以在游戏时间在图书角自由阅读，老师也会给孩子们讲绘本，这段时间也就是孩子们口中的“故事时间”。这天，故事时间到了，孩子们围坐在地垫上。安安老师拿出一本《鳄鱼怕怕 牙医怕怕》，说：“孩子们，今天我们来看一本新书，大家看看书的封面上有什么啊？”听到安安老师这么说，很多孩子把头抬起来，眼睛盯着老师手中的书。看到封面后，有的很兴奋地说：“鳄鱼！”有的说：“老爷爷！”这时六六还在盯着旁边的玩具，完全没理会安安老师的问题。还有的孩子抬起头盯着书的封面看，但是没出声。安安老师接着说：“小朋友看到了鳄鱼和老爷爷。这本书讲的就是这只鳄鱼和老爷爷之间发生的故事。我们一起来看一看吧！这个老爷爷是牙医，鳄鱼的牙齿生病了，它……”有的孩子眼睛紧紧盯着老师手中的书，听到开心的地方会哈哈大笑，还时不时发出“我看到了！”“鳄鱼吓坏了！”“太有意思了！”；而有的孩子全程听老师讲，但很少出声，基本不跟老师互动；还有的孩子听着听着注意力就转移到别的事情上了，比如六六，故事还没讲到一半，他已经从地垫上爬出去玩了，还有果果，她听着老师讲就开始把脚抬起来，扯自己的袜子，还跟旁边的孩子说：“看我的袜子。”安安老师一边讲故事，一边提醒孩子们。旁边的贝贝老师也时不时把爬走的六六抱回来，并提醒果果把脚放下来，听安安老师讲故事。

在“故事时间到了”的场景中，我们可以看到孩子们在听老师讲故事时呈现出很多不同，这种差异并不是个例，在其他班级也常能看到。仰茶园投放了很多适合婴幼儿开展早期阅读的图书，这些图书有的在班里，有的在楼道的阅读区，大厅里还有一个可供家长和孩子一起阅读的图书角。可以看到不同的孩子在阅读这些图书时，他们的表现千差万别。比如有的孩子拿到一本书，一页一页地翻着看完，还能关注到图里的细节，看完一本才换另外一本。有的孩子却喜欢快速地翻动，中间还会漏掉好几页，一本没有翻完就换另外一本了。有的人可能会说这是由于父母的教育方式不同，孩子还没有养成良好的阅读习惯，或者说是由于老师没有提阅读要求。如果你也这样认为，觉得孩子呈现的差异单纯是由后天的环境或培养导致的，那说明你可能对婴幼儿先天的气质差异还不太了解。

气质，是一个心理学名词，意指一个人内在的人格特质，如内向与外向、勇敢与温和。在西方，气质产生于体液学说，它认为人类身体内不同体液间产生的平衡关系，造就了一个人的性格。气质可分成四种。在中国历史上，理学家认为，人在出生时，受到不同的气所影响，每个人会形成不同的气质。大部分研究者都赞同这样的观点，很可能我们生来就具有形成某些特定行为类型的广泛的倾向性。这些行为的倾向性即称为气质。气质这个概念在心理学人格理论中由来已久。例如，最早由古希腊人把人格为四个类型：多血质(快乐型)、抑郁质(不快乐型)、胆汁质(易怒型)、黏液质(淡漠型)。① 如今，主流研究者通常将气质视为能通过多种途径表达的，并依据个体经验，能发展成为不同的人格特质的行为和情绪类型。这些一般倾向如何发展，继而成为稳定的人格特质，取决于个人的遗传和成长环境之间多种因素复杂的相互作用。

在上面的故事场景中，我们直观地看到在老师讲故事时，不同的孩子呈现出明显的差异：有的孩子专注而且能够积极回应；有的孩子注意力容易分散；还有一些孩子虽然听得懂老师的话，但很害羞、不愿表达自己的想法。这种差异有时候在双胞胎中也能看到，这样的孩子由同一对父母抚养，出生后在同样的环境中长大，接受父母同样的引导，但是他们依然表现出不同的个性。先天的气质类型对孩子的影响显而易见，所以我们说每一个孩子都是独特的。带着这样的理念在托育机构中与婴幼儿进行互动，有助于照护者更好地看待孩子的行为表现，从而基于婴幼儿的需要提供必要的、恰当的回应性照料。

对幼儿无时不在的关爱渗透在照护者的一举一动中。但支撑这些举动的是隐含于行动中的核心价值与信念。也就是说，对专业的婴幼儿照护服务人员来说，认识这份工作不单限于完成前述规定内的照护服务工作任务，还需认识到这些工作任务的价值内涵，认识到对婴幼儿回应性照料过程中所反映出的自身对于幼儿或儿童发展保有的理解和信念，对于幼儿气质类型的认识就是这种理解和信念的其中之一。

婴幼儿照护服务工作的核心价值观反映了整个职业的基本理念。它们并非只针对单一观点，而是构成专业人士信念体系的基础，并指导他们的行动。其核心内容以人为目的，所反映的是对人的全面发展，儿童时期发展的特殊性、脆弱性和可贵性，以及儿童发展与家庭、社区发展之间互联互通、相互促进关系的理解及价值立场。

一、尊重婴幼儿的个体差异

对于 0—3 岁婴幼儿照护服务人员来说，婴幼儿个体发展的差异性很大。在婴幼儿早期，年龄越小，差异越明显，差距越大。因为在 0—3 岁阶段，生理上的差异是按照月份来计，甚至按照周来计。也因为如此，1 岁半的宝宝与 1 岁 8 个月的宝宝，身心发展的差异特别大。这使得婴幼儿照护服务人员在工作过程中，对于每个人的独特性的尊重、发自内心地接纳显得尤为重要。

---

① 多血质(快乐型)的性格特点可概括为：直率、风趣、求知欲强、注意力易分散。抑郁质(不快乐型)的性格特点可概括为：冷漠、孤僻、回忆深刻、悲伤。胆汁质(易怒型)的性格特点可概括为：热情、大胆、冲动、情绪变化剧烈。黏液质(淡漠型)的性格特点可概括为：稳重、沉默、踏实、反应较迟钝。

跳不过去的圆圈

在仰茶园，天气好的时候，老师都会带宝宝们做户外运动，其中跳圆圈是他们非常喜欢的一个游戏。老师把几个不同颜色的塑料圆圈放到地上，摆出不同的造型，鼓励宝宝们像小青蛙一样跳过去。这样的活动有助于锻炼宝宝下肢的力量，促进他们大肌肉的发展，也有助于宝宝们身体协调性、平衡性的发展。每次玩这个游戏时，果果总是第一个跳，他的运动能力很强，也很喜欢挑战。但是娜娜就不一样了，每次到圆圈跟前，她都是轻轻地迈进去，不会两只小脚并起来往前跳。宝宝们在旁边喊："跳啊，你跳！你跳！"但她还是不会，试了几次都跳不过去。

通过上面这个故事我们可以看到，孩子的身体运动能力有很大的差异，即便是同一个月龄的孩子，也不完全相同。实际上这种差异在0—3岁的婴幼儿中非常常见，年龄越小，差异越明显，差距越大。比如睿睿和熙熙是兄妹俩，母亲回忆起他们的成长，感叹"这两个孩子都是我生的，可他们太不一样了"。就拿"爬"这件事来说，按照婴幼儿动作发展的基本规律，8个月的宝宝通常都已经学会爬了，但是哥哥在8个月时完全不会爬，在早教机构跟同月龄的宝宝一起做活动，别人围着地垫爬来爬去玩，他趴在地垫上却怎么都配合不好双手和腿的动作。这种情况一直持续到他11个月大时，他才终于能够比较灵活地爬来爬去。妹妹熙熙跟哥哥比，爬得更早，在8个月时她已经能够从床头爬到床尾，后来不满足于平爬，她开始喜欢爬过枕头。她从枕头这一边爬过去，然后再爬回来，乐此不疲。

不仅仅是动作发展方面，我们说每个人都是独特的个体，要尊重个体差异性，这种差异体现在0—3岁婴幼儿的方方面面。以语言发展为例，冬冬和熙熙两个宝宝，年龄只相差20天左右，现在都刚刚过完2岁生日。熙熙可以说出完整的句子，比如"一起看书吧！""我要穿这双鞋子。"冬冬基本只能说"爸爸、妈妈、球"这些简单的字、词。认识到孩子们之间的个体差异，不用同一把尺子去衡量孩子的发展水平，而是鼓励不同的孩子去努力参与游戏、在游戏中获得发展，对于婴幼儿照护服务人员来说是非常重要的基本素养。

二、尊重婴幼儿成长的规律与特点

我们经常说，要根据敏感期，把握对婴幼儿早期学习进行支持的时机。应该如何理解教育的时机与实现全部潜能发展呢？实际上，研究人员指出，尽管人类的大脑能较好适应不断变化的环境，但当环境提供的刺激太少或者持续提供错误类型的刺激时，大脑也并非总能重新活跃起来。在某些情况下，环境刺激出现(或者环境刺激缺乏)的时间点相同，人的发展也会产生巨大差异。换言之，在大脑发育的某些方面存在敏感期。

敏感期的特点表明，大脑生长和神经发育的某些特定方面只出现在特定时期。这些时期并不短暂，而是相对较长。例如，1岁时是建立情绪依恋发展的最佳时期。但是，情绪依恋是在1岁以前的敏感期内逐步得到发展的，而且即使在这一时期结束之后也可形成依恋。而2—3岁则是语言的发展期。接受性语言的敏感期从出生第一年后期开始。但接受性语言敏感期比言语表达的敏感期短。言语表达的发展跨越时间更长，至少可以包括整个童年早期。运动的发展也遵循敏感期的时间发展进程。

目前，研究人员不断发现视知觉发展存在敏感期的证据。例如，孩子一出生就患有白内障从而导致视力不正常时，早期进行手术很有必要。如果在早年通过手术移除白内障，例如，2岁之前——儿童会发展出相对正常的视力。但如果手术一直拖延到很晚才进行，儿童的视知觉能力将会衰退，在某些情况下会形成持续的功能性失明。此外，研究人员也从"二语习得"的案例中发现了语言学习上存在敏感期的有力证据。通常，当儿童在人生最初几年沉浸在第二语言中时，他们能够更轻松地掌握第二语言语法中的复杂部分。

除了语言敏感期，其实在0—3岁的孩子成长过程中，很多时候能够看到孩子在不同敏感期的表现。比如秩序敏感期，熙熙妈妈发现一岁半的女儿近来"固执"得很，每次回家她都要把自己的小粉鞋放到鞋架的第二层，妈妈的鞋不能放在她的那一层，要放到妈妈常放的第三层的位置。如果哪天妈妈回来放错了，她会说"不行不行"，一定要妈妈拿下来重新放。不仅如此，熙熙认得家里所有人的拖鞋，知道哪双是爸爸的拖鞋，哪双是妈妈的拖鞋，哪双是哥哥的拖鞋。有一次哥哥的拖鞋留在卧室没穿出来，他又着急上卫生间，就穿上了妈妈的拖鞋。她看到后急得大叫："不对，那是妈妈的拖鞋！不要穿妈妈拖鞋，不要穿妈妈拖鞋！"哥哥不脱下来她就使劲哭，一定要哥哥换回来。后来的几天，妈妈都发现熙熙对于穿拖鞋这件事的执着。

实际上，这是0—3岁孩子典型的"秩序敏感期的表现"。而秩序感对孩子意味着成长和安全感。蒙台梭利认为：处于秩序敏感期的孩子，对秩序的"固执"追求，使他开始理解这个世界，理解每个位置上的事物，从而达到和环境的融合。同时，这个时期的孩子会逐步建立起内在秩序，智能也因此逐步建构起来。正如"童年的秘密"中提到，儿童具有两种秩序感：一种是外部秩序感，它与外部环境体验有关；另一种是内部秩序感，它可以使儿童意识到自己身体的不同部分及其相对位置，也可称为"内部定位"。就像前面故事中熙熙执着于把自己的鞋子放到固定的位置、每个人要穿自己的拖鞋一样，秩序感带给这一阶段孩子内心极大的安全感。相反，如果在这一阶段孩子的内心秩序没建立起来，或秩序被打乱，那将带来其内心的混乱和不适。只有当这一阶段的孩子有了良好的秩序感，才有可能形成"自我"，孩子的内在也将更加和谐。

认识人的发展规律和敏感期，能够帮助我们更好地理解无论是儿童还是成人，其潜能的发展和发挥都需要把握关键时机。换句话说，只有把握关键时机，才能够更好地拓展儿童自己的潜能和潜力。婴幼儿时期正是各种潜能发展的敏感期集中的阶段，专业的婴幼儿照护者有责任了解婴幼儿的敏感期和发展规律，并在了解的基础上帮助婴幼儿实现和发展其应有的潜能。

三、促进婴幼儿的全面发展

婴幼儿照护服务人员的工作价值如何体现？前面我们已经介绍过，专业的照护服务工作体现在各种复杂的照护场景中，体现在照护者运用教育智慧展开回应性照料的过程中，更体现在婴幼儿照护服务人员的专业精神和工作责任心中。此外，身为婴幼儿照护服务人员，我们也更愿意建议大家跳出照护服务工作本身，从为婴幼儿一生发展奠基的“大教育观”视角，审视0—3岁阶段的婴幼儿照护服务工作之价值。

优米“变身”

仰茶园的绿芽班来了一个特殊的客人——一名一年级的小学生——优米。优米是来看安安老师的，她是安安老师之前带过的一个孩子，她刚刚幼儿园大班毕业进入一年级。优米来到仰茶园，大老远看到安安老师，就欢快地叫着“安安老师，安安老师！”奔跑过来，扑到安安老师的怀里，开心地抱着老师，还跟安安老师身边的弟弟妹妹打招呼：“弟弟妹妹们好！”看着眼前这个热情洋溢、大方活泼的女孩，我们很难想象她小时候曾是那么胆小、羞涩。旁边的优米妈妈看着女儿，也是满脸笑容。她还记得女儿小时候胆子很小，在小区里玩滑梯，看到其他孩子在玩，她都不敢爬上去，总是叫：“妈妈抱，妈妈抱。”刚到托育机构的时候，她的分离焦虑特别明显，每天早上都哭着不肯上仰茶园，那时候是安安老师每天陪着她，使她慢慢度过了适应期。在班级活动中，安安老师总是细心地观察优米，比如小朋友在游戏区玩角色扮演游戏，有的当妈妈，推着宝宝车；有的当爸爸，在厨房里切菜做饭。优米站在游戏区外面，看着小伙伴在玩游戏，很羡慕的表情，但是却没有走进游戏区和伙伴们一起游戏。安安老师看到后问优米：“优米，你想玩娃娃家吗？进去一起玩儿吧。”优米摇了摇头，没说话。安安老师又建议了一次，优米还是摇头。安安老师说：“那好，不想进去没关系，优米就在旁边看小朋友玩儿吧。”

后来几天安安老师都发现优米常站在游戏区外看小朋友们玩“娃娃家”游戏。看到有的孩子给娃娃穿衣服、用仿真奶瓶喂奶，优米笑得很开心。安安老师看到优米对游戏越来越感兴趣，就又一次建议说：“优米，娃娃家的小宝宝好玩儿吧？今天有客人要去娃娃家做客，去看望小宝宝。客人怎么还不来啊，宝宝都等得着急了。你来当小客人吧，好不好?”这次优米没有拒绝，她开心地点了点头。安安老师拉着优米的手，走到游戏区，用夸张的语气说：“‘当当当’，敲门了。小客人来了，快开门啊！”游戏区的小朋友看到安安老师来参加游戏，开心地过来假装开门，说：“来啦，来啦！”然后安安老师介绍说：“今天我们娃娃家来了一个小客人——优米，她来看小宝宝了。我们来招待小客人吧！怎么招待客人啊?”旁边的一个小朋友说：“欢迎优米，来坐下吧。喝茶吗？我来给你倒一杯茶。”优米开心地跟伙伴一起玩起了游戏。……

在上面的故事中，通过优米妈妈和安安老师的回忆我们可以看到，优米小时候敏感而且胆小，安安老师发现了孩子的特点，她没有急于改变孩子，也没有放任不管，而是认真地观察孩子的活动、耐心地陪伴她，并且及时地鼓励她，让她参与游戏。优米妈妈记得，那时候安安老师经常跟她聊孩子在仰茶园的表现，沟通孩子的成长、遇到的问题，还和她一起商量怎么帮助孩子。在仰茶园生活了一段时间后，优米妈妈发现优米爱去仰茶园了，不哭了，回家后还会跟爸爸妈妈说在仰茶园的趣事，玩了什么游戏，跟谁一起玩儿了，交了好朋友，等等。现在想起优米那时候的入园焦虑，她由衷地说："真的特别感谢安安老师，她一直鼓励优米参加各种活动。如果不是安安老师的引导，我都很难想象优米会变得这么自信、大方。"

在前面的部分我们谈到了每个孩子都是独特的人，他们在很多方面都有差异，同时早期学习支持对于婴幼儿的成长有重要的意义，其中婴幼儿照护服务人员发挥着重要作用。从上面安安老师和优米的例子，我们可以看到专业的照护者对孩子的引导、鼓励、支持，能够为孩子的成长提供有效的帮助，影响孩子的发展。安安老师一直说："我的工作就是帮助孩子成为更好的自己。"她很享受自己的工作，每日沉浸在与孩子们的互动中。看到经过她的照料孩子有了成长和变化，她非常高兴。这就是激发婴幼儿的潜能吧。也正因为如此，我们才能够从一个大教育观的视角，从为了每个人全面发展的视角来看待婴幼儿照护服务工作的意义所在。我们也有理由相信，看到孩子们如今健康茁壮地成长，安安老师能够从婴幼儿照护服务工作中体会到获得感和成就感。

小结

婴幼儿照护服务工作除了一日生活、行为规范之外，还需要在照护过程中倾注感情，对婴幼儿饱怀爱心与耐心。这些关爱渗透在照护者的一举一动中。但支撑这些举动的是隐含于行动中的核心价值与信念。婴幼儿照护服务工作的核心价值观反映了整个职业的普遍价值观，其核心内容以人为目的，所反映的是对人的全面发展，儿童时期发展的特殊性、脆弱性和可贵性，以及儿童发展与家庭、社区发展之间互联互通、相互促进关系的理解及价值立场。对于婴幼儿照护服务人员来说，不仅需要认识和理解科学的儿童发展价值观，还需要将对儿童发展的科学价值观转化为自身的信念。

问题

1. 通过本节的学习，你对婴幼儿的个体差异有哪些理解？

2. 如果你是"故事时间到了"案例中的安安老师，你怎么看待活动中不同孩子的不同表现？

3. 你认为专业的婴幼儿照护服务人员应该具备哪些价值与信念？

第三节　婴幼儿照护服务人员的基本素养

思维导图

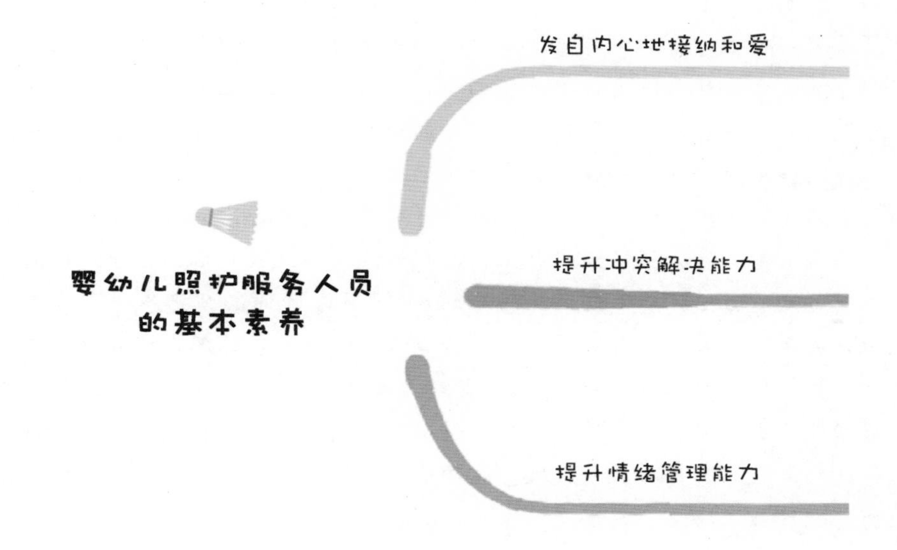

思考

1. 婴幼儿照护服务人员在日常工作中可能会遇到哪些困境？面对这些实践中的困境有哪些可能的解决途径？

2. 婴幼儿照护服务人员如何识别并管理好自己的情绪？

案例

要不要喂饭

贝贝老师最近很苦恼，她和六六的妈妈沟通出现了问题。六六刚入园不久，不会自己用手拿勺吃饭，在家里平时都是爷爷奶奶一口一口地喂饭。贝贝老师最近开始培养他自己吃饭，想锻炼孩子的动手能力、培养他的生活自理能力。这个培养先从鼓励六六自己吃水果开始。贝贝老师把苹果切成小块让六六拿在手里，自己咬着吃。这样持续了几天，看六六手的动作挺灵活，也很愿意自己吃，她开始让六六吃饭的时候自己拿勺子吃。六六从来没有体验过自己吃，一看这次老师把勺子交给自己，高兴地拿着勺子到碗里一通搅动。碗打翻了，里面的菜和饭撒到了他身上，菜汤把裤子也弄脏了。贝贝老师给六六换了衣服，让他继续自己吃。这几天六六一直在尝试自己吃饭，当然也弄撒了很多次菜和饭，衣服也弄脏好几套。这天晚上六六正在吃饭，妈妈提前来接了，正好看到六六洒了汤在身上，老师还没来得及换。看到儿子吃得满脸、满身都是，衣服还弄脏了，六六妈妈生气地说："贝贝老师你怎么都不管孩子啊。孩子不会吃饭，弄得哪儿都是你都不管，也不知道喂一喂孩子，你怎么这么没责任心啊！"贝贝老师赶紧解释说："六六妈妈，我不是不负责，我是为了锻炼六六自己吃饭。"六六妈妈正在气头上，完全听不进去，接着说："别找借口了，就是你们懒，不想喂孩子，怪不得这几天六六总是弄脏衣服呢。我掏这么多钱把孩子送到这儿，你们就是这么照顾他的啊，饭都不给喂。再说了，这么小的孩子自己吃哪儿吃得饱啊，他懂什么啊！"说完她不听解释，气呼呼地把孩子接走了。

贝贝老师也觉得很委屈，本来是好心想锻炼孩子，结果家长这么说自己。她给六六妈妈打了一个电话，六六妈妈刚听贝贝老师说了几句就说："你别说了，你们照顾孩子这么不细致，我都亲眼看见了，别的什么都别说了。"随后她就把电话挂了。贝贝老师心里委屈，同事听她说完事情的经过后说："你难过什么啊，这种家长你就按她说的做就行了，直接给喂饭啊，每顿饭给孩子喂得饱饱的，孩子衣服干干净净的，你还不用麻烦给孩子换衣服，皆大欢喜。"贝贝老师听同事说完，更不知道该怎么做了。她想让孩子自己动手、锻炼自己，她认为这是符合现在的教育理念的，可是家长不认可、同事不理解。她该怎么办？还要坚持自己的想法吗？如果继续坚持，家长更加指责自己、去向主任投诉自己不负责任怎么办？

试想一下，在婴幼儿照护服务工作中，你还遇到过哪些让你不知所措的困境和理念冲突？实际上，婴幼儿照护服务人员在工作中会遇到各种各样的问题和困境。面对困境，应该怎么办？如何用智慧的方式去解决？

通过上面的故事我们可以看到，在日常工作中，婴幼儿照护服务人员可能面对来自家长、同事的不理解，这些困境中还可能隐含不同文化中对于孩子自由、自主等的不同理解。如何有效地处理这些困境确实很考验照护者的能力。接下来我们将从多个层面详述解决这些困境和问题的可能路径，以营造一个良好的婴幼儿照护服务工作环境。

一、发自内心地接纳和爱

对于婴幼儿照护服务人员来说，开展专业的照护服务工作，首先，要严格遵守职业道德规范，坚决杜绝“红线”行为，树立底线意识。除了学习《师德承诺书》《婴幼儿发展引导员从业承诺书》，学习并签署《“红线”行为知情同意书》外，还应该在工作过程中不断提升自身的专业意识、专业责任和专业水准，以便科学地开展婴幼儿照护服务工作。

其次，婴幼儿照护服务人员除了要遵守各类“底线规范”外，还应该从价值观上构建以人为目的，促进儿童健康、全面发展及实现潜能的个人信念系统。这一信念系统的构建也被认为是婴幼儿照护服务人员的信念基础，并时时刻刻指导其行动。只有建立在信念基础上的爱，才有可能持久。因为这样的爱是理性与感性的融合，有科学的价值观作为基础，也能够真正触及内心。这就是所谓照护者对婴幼儿发自内心的爱与接纳。①

再次，在婴幼儿照护服务工作中，身为照护者的你如何理解婴幼儿的回应性照料和教育？你如何处理自己与婴幼儿的关系？我们认为，专业的婴幼儿照护服务工作过程中，应遵循幼小优先原则。换句话说，身为照护者，在回应性照护中，应以婴幼儿的需要优先为原则，而不应使自身的照护服务工作优先于婴幼儿的需要。以婴幼儿的需要优先为原则来考虑问题，不仅仅是践行对婴幼儿时时刻刻的关爱，也是处理和解决照护服务工作中出现的冲突的有效途径。

切到一半的水果

中午宝宝们睡觉了，贝贝老师开始准备下午起床后宝宝们要吃的水果。她把苹果削皮、切成小块，再逐一分到小盘子里。正在切着，大力醒了，他说“我要小便”。这时贝贝老师的水果刚切到一半，她马上放下刀和水果，说：“稍等一下，老师马上来了。”贝贝老师擦干净手，走到床边抱起大力，带他到卫生间小便，然后回到小床，照顾他躺好、盖好被子，再回到桌子边，继续切没有切完的水果。

通过这个故事我们可以看到，在日常工作中，要遵循“以婴幼儿的需要优先”的原

① Tirri K，Husu J. Care and Responsibility. The Best Interest of the Child：Relational voices of ethical dilemmas in teaching，*Teachers and Teaching*，2002，8(1)：65—80.

则。也就是说虽然有一日的工作流程与规范，但是当婴幼儿照护服务人员正在进行自己的一项工作时，婴幼儿有紧急的需要，这时要以孩子的需要为主，而不是优先做自己的事，让孩子等待。在婴幼儿照护服务工作中，有时我们也会看到，照护者很忙，都在做自己的事，有的在拖地，有的在准备绘画活动的教具材料，孩子哭了却没有照护者过去安慰、陪伴。这样的情形，也就是常说的“眼中没有孩子”，这样的班级氛围是冷冰冰的，孩子不会快乐，也不会与照护者建立亲密的情感联结。

二、提升冲突解决能力

婴幼儿照护服务工作的实践是复杂的，其间有很多复杂问题，有的问题甚至让照护者陷入伦理困境。接下来我们将从环境与自身多个层面详述解决这些困境和问题的可能路径，以便营造一个良好的婴幼儿照护服务工作环境。

(一)究竟是“两难的困境”还是“糟糕的实践”

很多情况下，照护服务工作中的大多数问题之所以让照护者感觉到困惑，并非“进退两难”，而是因为专业能力不足。①

> 场景：宝宝总是不停地哭闹，怎么都哄不好，……不知道应该怎么处理。

换纸尿裤大战

琪琪1岁半，刚进入绿芽班，主要由贝贝老师负责照顾她。这几天贝贝老师发现，每次吃完饭没玩一会儿，琪琪就开始大哭，还把玩具扔到地上。在安安老师的提醒下，贝贝老师发现是琪琪的纸尿裤该换了，她觉得不舒服。可是给她换纸尿裤也不是一件轻松的事。贝贝老师把琪琪抱到小床上，让她躺下，她却来回扭动着身体，两只脚还乱蹬。贝贝老师试了几次都没有成功给她把纸尿裤穿上，急得出了一身汗(见图1-4)。这可怎么办？这简直就是换纸尿裤大战嘛！

图1-4　贝贝老师给不配合的琪琪换纸尿裤

---

① Noble, K. and K. Macfarlane. Romance or reality: Examining burnout in early childhood teachers. *Australasian Journal of Early Childhood*, 2005, 30(3): 53－58.

为什么每次琪琪换纸尿裤总是这么困难，反复哭闹，还不配合？贝贝老师对此问题一直感到困惑。仰茶园教学主管与贝贝老师进行了耐心的交谈并给予了指导。

教学主管解释：宝宝们为什么一直哭闹？肯定是有原因的，比如需要没被满足，纸尿裤没换，甚至越小的孩子，越能够感觉到老师是不是真心地爱她/他，接纳她/他。如果老师不是真心地、发自内心地接纳宝宝，宝宝面对老师的时候，她/他就会觉得不安全，会不高兴。很多时候宝宝哭闹没有得到较好的处理，反复折腾，可能引发照护者一些不适宜的处理，甚至出现有违师德的行为。

那下次换纸尿裤的时候怎么换呢？安安老师给琪琪换纸尿裤的场景给贝贝老师留下了很深的印象。琪琪又开始哭闹了，安安老师走过去，抱起琪琪，说："呀，我来看看小琪琪，原来是要换纸尿裤了啊。来，我们赶快去吧。"来到小床前，琪琪扭着身子不肯躺下，边哭边晃动小腿。安安老师边拿新的纸尿裤边说："我们琪琪不想躺下，是吗？我们是大宝宝了、会站了，你想站着换是吗？那好，咱们今天就站着换。来，我们先脱裤子，脱下来了。这个纸尿裤不要，都湿了，我们的小屁股不舒服。看，新的、舒服的来喽！"在安安老师亲切的语言中，琪琪安静下来，很配合地站着，也不乱踢了。安安老师接着说："来，这只小腿抬起来，钻洞洞喽，让我们琪琪的小腿钻到纸尿裤的洞洞里。真棒！来，再钻另外一个。好啦，穿好啦！"琪琪在安安老师"钻洞洞"的游戏中配合地完成了换纸尿裤，一扭一扭地继续玩儿玩具去了。

通过上面安安老师换纸尿裤的案例，我们可以看到，她非常有方法，用充满童趣的语言吸引孩子，还编出"钻洞洞"的游戏，当然还有充满爱的语气、温柔的语言，让孩子感受到老师的关心、爱的感觉。这就是一个婴幼儿照护服务人员的专业能力，拥有了这样的专业能力，一日工作中照护孩子的每一个细节都得心应手，当然也就不会苦恼、急躁、生气，也就能有效地减少可能发生的师德伦理问题。

可见，对于婴幼儿照护服务人员来说，要解决这类问题就需要不断提升自身的专业能力和专业素质。只有拥有专业知识和扎实的专业能力，才能在实际工作中遇到各种各样问题的时候，灵活运用专业知识和专业判断，解决问题。

(二)究竟是"老师的事情"还是"机构的事情"

在婴幼儿照护服务机构，当面对特殊需要的孩子或某些突发事件时，照护者应当准确识别问题并做出及时有效的判断。当发现某些问题自己无法独立解决时，照护者有责任将问题向所在中心的领导汇报，通过照护者与管理者协同合作，将问题可能存在的风险降到最低。

> 场景：孩子的行为等各个方面发展明显迟缓，或者有攻击性行为，感觉需要及时给家长做出回应和建议，不知道应该怎么处理……

走不稳的小土豆

小土豆已经2岁多了。在仰茶园，这么大的孩子一般能走得很好了，还能平稳地跑，但是小土豆不一样，他走路都还走不稳。在几次活动中，安安老师都发现，他特别容易摔跤，几乎每次户外活动他都需要老师手牵手保护着。一会儿牵不住他就自己摔跤了，有两次磕到了膝盖，跟家长沟通，家长还很不高兴，觉得老师没有照顾好孩子。除了运动不协调，安安老师还发现他语言发育比其他小朋友慢，动手能力也不行，完全不会自己拿勺子。小土豆在班里给老师们带来了很大的困扰，老师们非常担心他的出行安全问题，而且家长也不理解，每次沟通都很困难。对此，老师们苦恼得不行，压力很大。

带着这个问题，安安老师主动与教学主管进行了沟通。

教学主管对安安老师主动与自己沟通的行为给予了肯定。在教学主管看来，实际上任何一位老师都必须明白，你不是一个人面对孩子，也不是一个人面对孩子的家长。你身后有并肩作战的同事，有在业务上指导和引领你的师父，当然也有仰茶园的领导们。在宝宝出现一些这样那样的行为问题时，身为照护者，如果控制不了自己和宝宝的情绪时，可以随时要求当前不再面对宝宝或暂时避开这样一些失控的情况。必要时候，应该要求领导们出面与家长进行沟通，或联络第三方机构与家长进行沟通。但无论发生什么情况，婴幼儿照护服务人员都不能与宝宝发生冲突，更不能将自己的坏情绪带给宝宝。简言之，出现任何情况时，婴幼儿照护服务人员都应该保持冷静，应凭借自身专业判断，分析和意识到这些问题是当下自己可以控制的、可以处理的，还是应该寻求帮助。

三、提升情绪管理能力

（一）你是否能够识别和回应情绪

我们经常说的管理好自己的情绪，即①识别情绪和感受；②能够用合适的方式来回应特定的情绪体验；③有用较好的行为方式来回应这种情绪和感受的能力。

管理情绪的第一步是意识到自己当下的情绪。你之所以不能很好地管理情绪，是因为你不知道情绪，你不认识情绪。当你缺乏对于情绪的自我意识时，控制和管理情绪对于你来说就如同在大海中乘坐一艘无桨之船一样。你控制不了船前进的方向，你只能依靠风浪拍打而行。展开一场与自己的对话，会更好地帮助我们意识到自己的情绪。在这场对话中，我们不仅需要察觉自我情绪，还需要记录下当时所发生的事件，并去理解事件和情绪的关联性。

在识别自己的情绪之后，你需要对自己或他人的情绪予以引导，或者说我们需要用合适的方式来回应情绪反应。事实上已有很多人能够关注并意识到自己的情绪变化。甚至有很多人能够敏感地识别情绪，并认识到他们需要通过努力去控制自己的情绪。也因此我们经常听到教人“控制情绪”的建议。事实上，大部分时候，人很难完全控制住自己的情绪。能够做的只是对不同的情绪做出合适的反应。通常，情绪只是引起我们身体注意某件事的信号。我们可以决定“某事”是否重要，并尝试解决问题。或者某些问题也可以暂时不解决。换句话说，即便是愤怒这样一种情绪，也无所谓好与坏。关键只在于人们用什么样的方式来回应情绪。例如，如果用错误或者不恰当的方式来回应愤怒这个情绪，那么不但会伤害到其他人，还会伤害到自己。而如果用恰当的方式来回应愤怒这个情绪，那么某种程度上就能保护自己和他人。

其实，这种场景在婴幼儿照护服务机构非常常见，比如，有的孩子在搭积木时会推倒同伴的作品，老师发现后通常会提醒他："不能推别人的房子啊。"如果老师提醒后孩子改正了自己的行为，不再破坏同伴的作品，那这个问题就很好地解决了，但是如果老师提醒后孩子不听呢？如果他继续推倒怎么办？假设你是这个场景中的老师，你会怎么办？你能控制住自己的情绪吗？在实践中我们常看到，面对这种情况，有的照护者会很生气地说："老师刚提醒完你怎么还推啊，你这孩子怎么这样，老师说的话你没听懂吗?"更有甚者，会马上走过去抓住孩子，把他抱出活动场地，还说："你别玩了，不会跟小朋友玩游戏就不要玩了。"这时如果孩子反抗，会试图挣脱照护者，还可能边哭边踢打照护者或者抓照护者的脸，同伴间的游戏冲突就演变为照护者与孩子间的冲突。随着冲突的升级，情绪控制能力不好的照护者就容易将问题复杂化，甚至可能惩罚孩子，产生严重的师德问题。近年来社会上报道的很多恶性事件也多是由此引发。

(二)让内心足够有韧性，应对变化和挑战

老子《道德经》曰：天下莫柔弱于水，而攻坚强者莫之能胜。水最为柔弱，但柔弱的水可以穿透坚硬的岩石。这里的"柔弱于水"并非软弱无力，而是展现了水具有高度韧性和灵活性，在复杂多变的环境中能顺势而为，保持自身习性。

灵活性，或称为心理灵活性，是适应情境需求、平衡生活需求和工作行为的能力，它描述了一个人能够在多大程度上应对环境变化并以新颖、创造性的方式思考问题和任务。维持一种心理灵活性需要一个人专注于当下，认识到问题和困难，并能够用更为广泛和全面的视角审视全局。具备心理灵活性的人善于接受他人的反馈和观点，并勇于探索改变和解决问题的方法。这些灵活的人知道通过改变他们的行为，会得到不同的结果。在努力实现目标的过程中，若遇到问题，这些灵活的人往往能够应对自如。他们不会仅仅因为"一直都是这样做的"就接受僵化的思维、教条或以某种方式做事。

具备较高的心理灵活性和韧性的婴幼儿照护服务人员，与幼儿、家长和社区的关系更好，同时也更有可能在这一工作岗位上收获幸福感和成就感。

敞开心扉，成为更好的自己

仰茶园里的阿美老师的故事就是一个很好地提升自身心理能力的例子。阿美老师初到仰茶园的时候，主班安安老师让她与班里自己照护的宝宝的家长沟通宝宝最近各方面的发展情况。宝宝的妈妈是一位在大学研究所工作的教授。阿美老师坦言，因为从小学习成绩不是特别优秀，爸爸妈妈又总是要求很高，把她跟别人家的孩子比较，所以自己从小就是个有些自卑的小孩。在她眼里，能在大学研究所工作的，一定是学习成绩非常好、学霸型的，是远远比自己优秀的。刚开始的时候，与宝宝妈妈的沟通让她感到害怕和害羞。但阿美老师知道，与家长开展良好的沟通是照护服务工作顺利开展的重要因素。于是，尽管害怕，阿美老师还是硬着头皮和宝宝妈妈磕磕巴巴说了

宝宝最近几日的情况。之后，为了尽快提升自己与家长沟通的能力，阿美老师会在每次与家长沟通完宝宝的情况后，主动询问家长还有没有其他问题，有什么地方可以改进。刚开始家长方面的反馈总是不尽如人意，但在同事和主班教师的鼓励下，阿美老师还是敞开心扉，接受来自各方的批评和建议。逐渐地，家长们也对阿美老师建立了好印象和信任感。阿美老师也坦言，自己开始愿意与更多的家长进行沟通，也在沟通的过程中通过持续学习将自身的教育学、心理学知识融会贯通。有意思的是，通过这个过程，阿美老师的自信心也提升了，感到自己正在成为一个更好的自己。

通过这个例子我们看到，其实不管面对哪种类型的家长，婴幼儿照护服务人员都应充满自信地与家长开展沟通，积极地反馈宝宝在班里的情况。尽管好的沟通对某些新入职的婴幼儿照护服务人员来说具有一定的挑战性，但具备心理灵活性的照护服务人员更有可能在面对沟通中的尴尬之后，依旧保持行动力和开放性，不断在实际工作中调整自己，就如同案例中的阿美老师那样，逐渐能够与家长进行沟通、提出基于自身经验的合理建议，赢得家长的认可与尊重。

小结

婴幼儿照护服务工作中会出现各种各样的复杂问题。开展专业的照护服务工作即是解决复杂问题的过程。对于婴幼儿照护服务人员来说，首先要严格遵守职业道德规范，坚决杜绝超出“红线”的行为，树立底线意识；其次还应从价值观上构建以人为目的，促进儿童健康、全面发展及实现潜能的个人信念系统。在此基础上，专业的问题解决依靠照护者自身过硬的专业能力和专业素质。必要的时候，应该要求领导们出面与家长进行沟通，或联络第三方机构与家长进行沟通。但无论发生什么情况，照护者都不能与宝宝发生冲突，更不能将自己的情绪带给宝宝。此外，婴幼儿照护服务人员自身也应做好情绪管理，提升情绪识别和管理能力。

总之，衷心希望每一位婴幼儿照护服务人员都能成为一名富有同情心和想象力，关怀儿童成长，对照护服务工作保有热情，有幽默感和自制力，能巧妙处理问题，愿意与同事合作，积极关爱下一代成长的专业人士，即一名有爱心、责任心且有能力的婴幼儿照护服务专业工作者。

问题

1. 婴幼儿照护服务工作中会遇到各种各样的问题，面对这些困境，有哪些方法可以有效解决？

2. 在婴幼儿照护服务机构工作时，你遇到过很难处理的问题吗？请回顾一下你是怎么解决的。如果现在遇到类似的情景，你有更好的解决方案吗？

3. 当和婴幼儿家长在沟通过程中出现矛盾或沟通不畅时，你会怎么做？

第二章
婴幼儿早期发展的基础知识

第一节　儿童早期发展的基础知识

思维导图

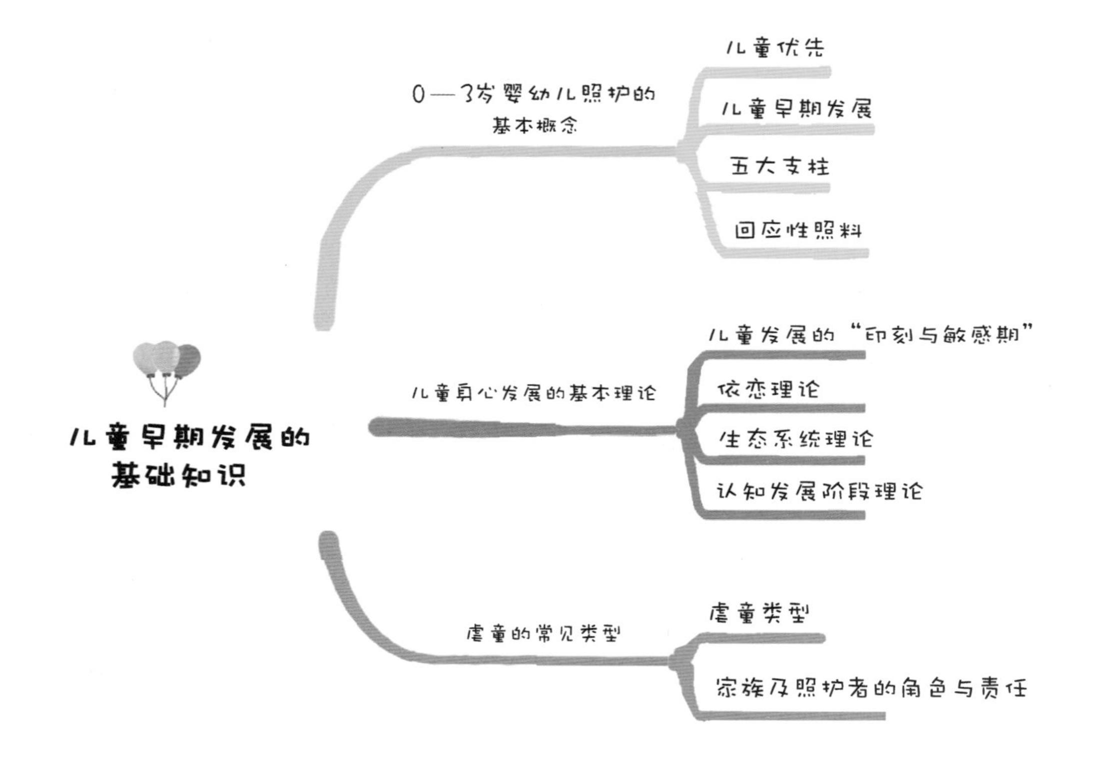

思考

1. 婴幼儿对世界的看法在哪些方面与成人是相同的，在哪些方面有所不同？

2. 什么因素决定婴幼儿在发展中具有某些共同的特征，又是什么因素决定了每个婴幼儿在生理、心理和行为上都是独一无二的？

3. 今天的孩子和过去几代人相比，他们在家庭、学校和社区生活体验上，哪些方面是一样的？哪些方面有所不同？

4. 婴幼儿是如何掌握自己所处社会的语言和文化风俗习惯的？他们是如何为自己在社会中的成功立足打下基础的？

5. 新技术和社会文化变革如何影响家庭生活和婴幼儿照护，进而又是如何影响孩子性格的？

案例

约翰和加里

约翰和他最好的朋友加里在一个破败不堪、犯罪猖獗的市中心社区出生并长大。到了 10 岁左右，两个孩子的家庭都经历了一次又一次的变故，他们的父母也相继离异。约翰和加里都跟随母亲生活，并度过了他们的青少年时期。他们很少见到各自的父亲。

后来，约翰和加里两个人都上了高中，又都从高中辍学了。在此过程中，他们俩也与警方有过一次又一次麻烦的交手。然后，约翰和加里分道扬镳了。到了 30 岁的时候，约翰已经与女友生了两个孩子。在监狱里蹲了一段时间后，约翰失业并且酗酒成性，生活困顿窘迫。相比之下，加里后来在社区大学学习了汽车力学，随后成为一家加油站和修理厂的经理。他买了房，结了婚，也有两个孩子。他生活快乐、身体健康，也非常适应现在的工作与生活(见图 2-1)。为什么加里会在绝境中“胜出”？

图 2-1　加里的幸福生活

大量证据表明，贫困、消极的家庭互动或父母离婚、失业、精神疾病，以及药物滥用等会使得儿童在未来出现“成长中的隐患或问题”。这些问题是受一些紧张关系激发而产生的。这些紧张关系是指童年生活压力源与青少年和成年期能力和适应之间的关系。关于复原力(resilience)的各项研究发现，有些人能够成功地屏蔽负面影响(如加里)，而另一些人则长期未能克服童年时期积累的持久性问题(如约翰)。孩子与父母牢固的情感联系，可以使孩子将温暖的爱与自己的期望结合起来，在成长过程中保护孩子免受暴力或其他生活条件的伤害。

0—3 岁是儿童早期发展的重要阶段，世界各国都在进行该领域的研究探索。近几年，我国政府也相当重视此项工作，并陆续出台了一系列指导性政策和托育服务标准。儿童早期发展工作应在政府政策环境的大力支持下，深入研究相关的理论，全面和扎实地掌握儿童早期发展的专门知识，理解婴幼儿发展的连续性与阶段性、一般规律性与个体差异性的辩证统一，根据实际状况提供适当的儿童早期发展支持与服务，使每个儿童都有很好的人生开端。

一、0—3 岁婴幼儿照护的基本概念

(一)儿童优先

以婴幼儿的需要优先体现了当今社会“儿童优先”的广泛共识。在人类历史的记载中，我们经常是看不见儿童的。最早的一部儿童宪章是 1923 年起草的《儿童权利宪章》。1959 年的联合国大会通过了《儿童权利宣言》。换句话说，在人类漫长的发展史中，直到 20 世纪中叶，我们才开始承认儿童是一个“独立”的人。20 世纪 80 年代及以后人类才真正从法律意义上承认儿童的权利。1989 年 11 月 20 日，联合国第 44 次大会以 25 号决议的形式正式通过了《儿童权利公约》，现在已经有将近 200 个国家参与了此项公约。我国在 1991 年 12 月经过全国人大正式批准，成为这个公约的缔约国。

婴幼儿照护者要树立“儿童优先”的第一理念。为什么呢？

第一，相对于成年人而言，儿童是处境不利人群。人类社会的运行规则由成人制定，所以儿童在大多数情况下没有发言权、表决权和决策权。儿童的主张无人代言，儿童的声音难于表达，他们需要得到成人的呵护和关爱。

第二，童年生活是否幸福会影响一个人的一生。今天的儿童将成为什么样的人，起决定作用的其实是他们如何度过自己的童年。“童年是人生最重要的时期，它不是对未来生活的准备时期，童年是真正灿烂的、独特的、不可或缺的、不可重现的一种生活。”[①]也就是说，成人的幸福和他的童年是不是幸福有着非常密切的关系。

第三，童年的长度反映了一个国家的高度。一个国家对儿童关注的程度体现了这个国家文明的水平。儿童是未经雕琢、未受污染的个体，虽然不够成熟，但是弥足珍贵，因为在儿童身上保存着人类最珍贵的品质：好奇心、纯洁天真、无忧无虑、活泼

---

① 转引自朱永新：教育回到常识 从看见儿童开始，第十六届中华青少年生命教育论坛，2020 年。

好动、不惧权威。成人是不是勇于探索、真诚待人、乐观进取等，都与他童年时期的美好品质能不能保存下来有很大的关系。因此，能否呵护儿童的童心、童真、童趣是国家是否达到高度文明的标志。

第四，今天的儿童就是明天的公民，今天孩子的模样就是明天社会的模样。关心儿童，让他们有更好的成长环境是非常重要的。蒙台梭利也曾经说过："我们的错误会落到儿童身上，给他们留下不可磨灭的曾经。我们会死去，但是我们的儿童将承受因我们的错误而养成的后果。"①所以对儿童友好才会让社会更美好。

近年，儿童优先原则(first call for children)又得到脑神经学、儿童心理学和经济学领域的研究支持。

孩子 5 岁以前，大脑的可塑性最强，是最重要的成长期。在这段时间提供早期发展支持，比孩子长大之后有效得多。持有这种观点的核心人物是芝加哥大学的詹姆斯·赫克曼(James Heckman)。他一直强调，政府对婴幼儿早期发展的投入能使个人和社会都受益。他计算出，为 0—5 岁的孩子提供高质量的早期发展支持，投资回报率在 7%～13%。他提到两项关于贫困家庭孩子早期发展问题的长期研究：密歇根的佩里学龄前教育研究计划(Perry Preschool Project，1962)和北卡罗来纳州的非裔幼儿初学者计划(Abecedarian Project)。这两项研究结果显示，为孩子的早期发展提供额外资助，不仅能让他们取得好成绩，也能收获社会和经济方面的回报，进而改善社会卫生状况、缓解贫困以及降低犯罪率。

赫克曼和他的同事评估了美国其他的大量早期发展项目。作为后续研究，其中有一个叫作"开端"(Head Start)的项目。这是一项由美国联邦政府推出的学前教育计划，旨在帮助贫困家庭的孩子做好上学准备。"开端"项目曾遭到一些学者的批评，因为随着孩子年龄增长，该计划对学习成绩的影响越来越小。但是，赫克曼的团队认为，这项计划确实让孩子们在其他方面受益，比如培养了他们的社交能力和情商，这些能力在日后的生活中同样重要。美国智库机构布鲁金斯研究所(Brookings Institution)的伊莎贝尔·索希尔(Isabel Sawhill)和昆汀·卡皮洛(Quentin Karpilow)跟踪研究了一组典型美国孩子的成长轨迹。他们同样发现，对贫困家庭的孩子来说，如果在他们的成长早期有针对性地给予帮助，比如为父母提供育儿建议、为孩子提供额外支持，孩子长大之后，进入中产阶层的概率会增加。尽早干预至关重要，在幼儿期到成年早期，多次介入孩子的教育，可以收获最佳效果。这些孩子在成人后，增加的收入差不多是项目成本的 10 倍。

儿童优先原则要求在资源分配方面，儿童的基本需求应得到高度优先。儿童能否长大成人，心理和身体能否正常发育，营养是否充足，能否享有卫生保健、预防接种，能否接受学校教育，等等，都不应该因外部环境的突然变化而受影响。

许多国家都把保障和促进儿童早期发展列为加强国家综合实力和竞争力的战略措施。1991 年，我国成为《儿童权利公约》的签约国，此后儿童优先和儿童生存、保护

---

① 转引自朱永新：为什么要强调儿童优先？中国教育 30 人论坛主旨报告，2019 年。

和发展成为我国政府的承诺，也是我国儿童早期发展工作的主要目标和基本策略。国务院制定了《九十年代中国儿童发展规划纲要》，后来又制定了《中国儿童发展纲要(2001—2010)》，明确提出了规划目标、任务和措施，有力地推动了我国儿童早期发展工作的开展。美国国家儿童早期发展委员会在其报告《儿童早期发展的科学》(*The Science of Early Childhood Development*，2000)中指出：成人期成就的最重要基础是儿童认知技能、良好的情感、社会能力的早期发展，以及体格和心理的健康。这些都可以在儿童早期的发育轨迹中得到体现。

作为0—3岁婴幼儿照护服务人员，我们承诺："儿童优先"是我们面对工作的第一原则。

(二)儿童早期发展

传统上，国际学术界一直都在沿用的概念是"儿童发展"(child development)，它一般指儿童在不同年龄阶段中随着时间变化而发生的顺序性变化模式。近年来，世界各国开始频繁使用"儿童早期发展"(Early Child Development，ECD)这一概念，但是如今ECD的概念使用、内涵等与以往均有一些差异。在儿童早期发展的照护服务中，无论这些服务供给的环境、资金来源、开放时间或具体项目设置如何，均强调"照护"与"学习支持"两个支柱，且二者在婴幼儿早期成长阶段不能独存。

在国际学术界，儿童早期发展是指0—8岁儿童在体格、运动、语言、认知、社会和情绪等多方面的全面发展。其中，0—3岁阶段是儿童大脑发育、体格成长、依恋关系形成的关键时期，对个体一生的健康发展至关重要。本书在重点介绍0—3岁婴幼儿发展的同时，必然会拓展至3岁以上儿童的发展规律。

从范畴来看，有些专家为了使关于儿童早期发展的跨学科研究更加有序和方便，一般将其发展分为三个大的领域：生理发展、认知发展、情感和社会性发展，如图2-2所示。有些专家则认为应关注孩子在体格、运动、语言、认知、情绪和社会性等多方面的综合发展。

情感和社会性发展
涉及情感交流、自我理解、对他人的了解、人际关系、友谊、亲密关系、规则意识等

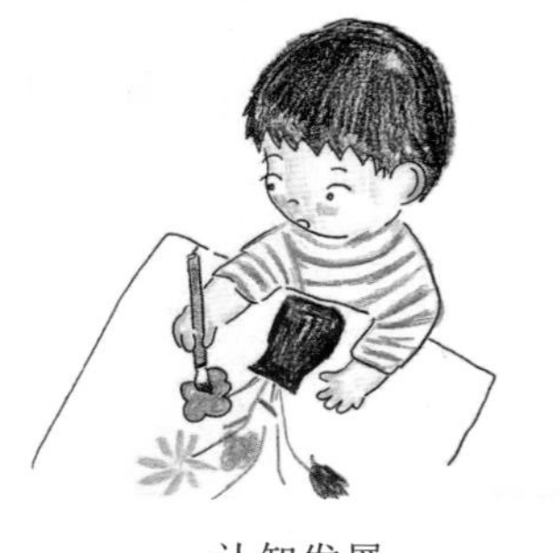

认知发展
涉及注意力、记忆力、知识、解决问题的能力、想象力、创造力和语言能力等

生理发展
涉及身高体重、外观比例、身体系统功能、感知和运动能力、健康状况等

图2-2　儿童早期发展的主要领域

在本书中，我们非常赞同儿童早期发展是多领域的综合开发这一观点。然而，我们也认为这些领域并不是完全不同、互不关联的。相反，它们以一种综合的、整体的方式结合在一起。只有综合考虑，才能培养出身心健康的孩子。例如，当你看到婴幼儿获得了新的运动能力时，如伸手、坐、爬行和行走(身体)，其实这些生理机能也极大地促进着婴幼儿对周围环境的理解(即认知能力)。当婴幼儿的思维和行为能力更强时，成人会通过语言、动作、表情等对他们的新成就表达喜悦之情(情感和社交)。这些丰富的经验反过来又会促进婴幼儿其他方面的发展。

需要指出的是，作为儿童早期发展领域的研究人员，我们的基本观点是：人的成长是连续的、贯通的，而不是一种绝对的、无联系的或突变的过程。

(三)五大支柱

近20年来，国内外对于儿童早期发展已经达成普遍共识：儿童早期发展事关儿童健康和潜能的实现，并影响其一生的健康与福祉；同时，养育照护对促进儿童早期发展起到关键作用。为了促进《2030年可持续发展议程》的如期实现，基于全球研究的前沿证据，世界卫生组织(WHO)、联合国儿童基金会(UNICEF)、世界银行(World Bank)等在2018年联合发布了《养育照护促进儿童早期发展——助力儿童生存发展，改善健康，发掘潜能的指引框架》(简称《框架》)。

本书吸纳并认同《框架》中的核心思想，也希望把这一核心理念能在0—3岁婴幼儿照护服务人员中广泛传播，为国内婴幼儿照护服务提供借鉴和帮助。婴幼儿照护是一个致力于婴幼儿早期综合发展的服务体系，包括五大支柱：良好的健康、充足的营养、回应性照护、早期学习机会、安全与保障，旨在保障儿童健康、激发潜能。婴幼儿需要获得以上五个方面的养育照护(即“五大支柱”)，并且要有对应的政策和措施，达到相应的效果，见表2-1。

表2-1　养育照护五大核心要素及其对应的政策和措施

要素	良好的健康	充足的营养	回应性照护	早期学习机会	安全与保障
措施	◆产前和分娩期保健 ◆照护者身心健康 ◆免疫接种与儿童保健 ◆疾病预防、治疗和护理 ◆清洁的水、食品与环境 ◆充足的睡眠 ◆适宜的身体活动(运动) ◆发育困难和残疾儿童的康复和护理等	◆孕产妇及照护者营养 ◆母乳喂养 ◆喂养和儿童营养补充是适当的 ◆辅食添加，按需补充微量元素 ◆食物多样性 ◆儿童营养不良应尽快得到控制	◆儿童和照护者形成稳固的情感关系 ◆照护者对儿童的行为敏感，并能积极回应 ◆照护者和儿童的互动是愉快的，并能激发孩子的发展 ◆顺应喂养 ◆对照护者情感支持及持续培训	◆交流过程中可使用丰富的语言 ◆游戏、阅读和讲故事 ◆图书分享 ◆在日常护理中用当地语言 ◆家里和社区都有适合儿童年龄的玩具和早期学习机会 ◆能获得有质量的托育服务	◆家人和儿童生活清洁、环境安全 ◆家人和儿童保持良好的卫生习惯 ◆儿童在做出不当行为时能够被提醒 ◆儿童不会经历忽视、流离失所或冲突

续表

要素	良好的健康	充足的营养	回应性照护	早期学习机会	安全与保障
政策	◆全面医疗保险	◆《国际母乳代用品销售守则》及相关指南 ◆爱婴医院倡议	◆带薪育儿假 ◆可负担的儿童保育服务 ◆友好城市设计	◆良好的学前教育和初等教育 ◆高质量的日托服务	◆社会保障制度和社会服务 ◆最低工资保障制度

以上“五大支柱”应该是婴幼儿照护服务人员的关注重点，但是就服务政策而言，并非所有的儿童和家庭都需要相同强度和范围的干预措施和服务。根据儿童和家庭状况，社会需要提供“金字塔”式的支持服务(见图2-3)：

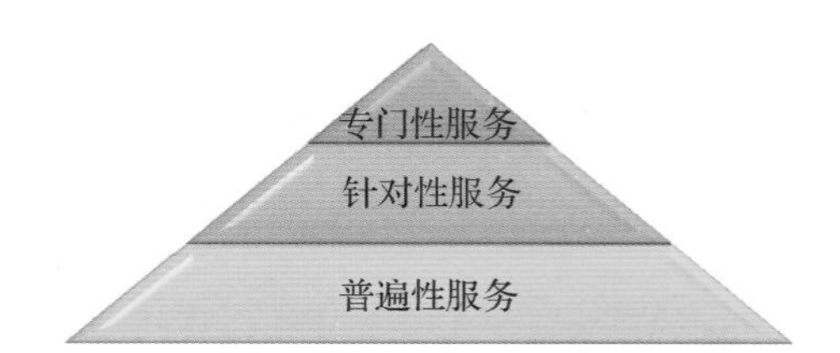

图2-3　0—3岁婴幼儿照护服务政策金字塔

第一，普遍性服务。惠及所有家庭和儿童，为每个人提供养育照护和优先预防支持。它们更多的是促进性的，当问题确实存在时，能够确保及早识别并转介。

第二，针对性服务。弱势家庭和儿童可能还需要额外的支持，如提供家访、社区活动小组、日托中心等。

第三，专门性服务。适用于有特殊需求的个人、家庭或儿童。例如，失去父母的婴幼儿，出生时体重很低或严重营养不良、残疾或发育困难的儿童，以及母亲患有抑郁症或生活在暴力家庭中的婴幼儿。

基于以上养育照护的内容，我们也认为0—3岁婴幼儿照护服务需要的是“多元支持保障机制”。第一，卫生健康部门。确保妇女和婴幼儿获得高质量的卫生营养服务；使医疗服务和营养服务更有利于养育照护；加大对发展状况欠佳、风险系数最高的家庭和儿童的主动援助力度；跨部门协作，确保养育照护各环节的衔接。第二，教育部门。强调教育从出生开始；将家庭参与看作早期儿童项目的核心；照顾有额外需求的儿童。第三，社会保障和儿童保障部门。保证每位儿童的公民身份；保护家庭和儿童免受贫困；福利与养育照料服务相结合；确保照护的持续性；保护儿童免受虐待和家庭破裂的危害。

《框架》还明确了在0—3岁儿童发展的最初阶段，卫生部门是专门为养育照料提供支持的部门。从3岁开始，儿童接受更正规的学前教育，教育部门应在其中发挥关键的作用。这对如何开展儿童早期发展服务有了清晰的界定。这就要求卫生部门扩展对卫生的认识，要超越预防和治疗疾病的范围，把促进婴幼儿的养育照料纳入进来。

(四)回应性照料

回应性照料(Responsive Care)是指照护者在陪伴儿童时应该积极主动、全心全意地回应儿童的心理和生理需求，敏锐、细心、耐心地理解并回应儿童的哭闹、语言、表情和动作，做到密切观察孩子的动作、声音等线索，通过肌肤接触、眼神、微笑、语言等形式对孩子的需求做出及时且恰当的回应。比如，在喂养婴幼儿时要主动采取顺应喂养的方式，在喂养过程中注重与婴幼儿互动，关注婴幼儿进食过程中反馈的信息，并能够正确解读、理解和及时反馈。

为什么我们要对婴幼儿进行回应性照料？大量的研究表明：通常认为的社会性情感是社会认知的产物和功能，抑或是监测和组织认知活动的动机因素。它包括道德感、理智感、审美感，是人主体性的最高表现。形成积极的社会性情感的人，在生活、事业中能及时调控自己的情绪，不断自我激励，不断锻造自己真善美相融合的人格。正是这种人格意识的不断觉醒、进化，推动了人类社会的进步和发展。由此可见，如何发展婴幼儿社会性情感是一个很值得深入研究的问题。

不同年龄的婴幼儿社会情感的发展可分为三个阶段：①泛化阶段(0—1 岁)，基本特征是机体需要占优势，冲动性大，稳定性很差。②分化阶段(1—5 岁)，意识性和主动性逐渐增长，道德感和审美感初步形成，这个时期的情感在生理上的表现是脑皮质与皮质下的协同活动。③系统化阶段(5 岁以后)，基本特征是情绪生活的高度社会化，这个时期道德感、审美感、理智感、活动感各方面的高级情绪达到一定水平。

所以，婴幼儿社会性情感的发展特点是：随着年龄的增长，情绪逐渐稳定，情绪生活逐渐“社会化”，冲动逐渐克服，稳定性提高。情绪表达的方法不断调整，从外显向内隐转变。同一年龄阶段的婴幼儿社会性情感水平不尽相同。概括来说，有的婴幼儿社会情感总体趋向积极，有的则趋向消极。婴幼儿积极的社会性情感表现是：有自信心、自尊心、同情心，愿与人分享合作，能宽容他人，诚实、勇敢、乐观、坚持，等等；消极的社会性情感表现是：自卑、孤僻、多疑、冷漠、自私，等等。

根据这一理论，我们可以得出这样的结论：婴幼儿积极情感反应及时地发生和发展必须具备一定的客观条件。这些客观条件是：①要满足婴幼儿机体需要，如正常合理的饮食、活动、游戏等。②适当促进婴幼儿感知觉的发展。③对婴幼儿的行为进行必要的、恰当的引导，使婴幼儿的积极情感得以发展和保持。应该注意的是，这方面的照护实践一定要结合婴幼儿情感发展的年龄特点进行。

如果在儿童早期发展阶段，回应性照料工作跟不上，就会有三种可能：①消极情绪影响学习情绪甚至影响智力发展；②消极情绪成为精神疾病的根源；③消极情绪易造成品德不良。婴幼儿在学前期积极社会情感的形成，对其后续形成健康良好的社会行为技能至关重要。

婴幼儿的社会情感是与婴幼儿的社会性需要相联系的一种比较复杂而又渐趋稳定的态度体验。以上对婴幼儿社会情感形成因素的探析，有助于我们寻找合理的照护途径，选择适宜的教育内容，运用恰当的手段和方法，促进婴幼儿的社会性发展。婴幼儿如果从初生起就接受积极、健康的回应性照料，那将是婴幼儿的幸事、社会的幸事。

二、儿童身心发展的基本理论

(一)儿童发展的“印刻与敏感期”

在儿童的智力发展中，遗传是自然前提，环境和教育是决定条件。人类心理的敏感期是指最易学会和掌握某种知识技能、行为动作的特定年龄时期。在敏感期对孩子进行及时的教育，孩子学得容易、学得快，能够收到事半功倍的效果。抓住儿童各种能力发展的敏感期，为儿童创造更为优越的发展条件，儿童的潜力就会得到更大的发挥。

1.“印刻现象”的概念及内涵

奥地利动物学家康拉德·劳伦兹(Konrad Lorenz，1903—1989)在动物心理实验研究中提出了“印刻现象”，并因此获得了诺贝尔奖。劳伦兹研究发现，小鹅刚孵化出来的20小时内会有明显的认母行为，它会把第一次见到的活动物体当成“母亲”，不管这个活动物体是鹅妈妈、是人还是跳动的气球。如果在出生后的20小时内不让小鹅接触到活动的物体，小鹅就不再“认母”，认母的行为能力也就丧失了。小鹅的这种能力与它特定的生理时期密切相关。劳伦兹把这种无须强化的、在一定时期容易形成的反应叫作“印刻现象”。产生印刻的有效期被称为“关键期”。

“印刻”有三个特征：一是不可逆转。印刻现象与动物的生存本能有关，是一种不可逆转的中间过程，一旦形成长期不变。二是有一定的时间限制，出现得太早或太晚都不能产生印刻。如小鹅在生长发育中，“印刻”过程可能发生于出生后20小时内。三是不需要强化。虽然印刻属于学习，但却是一次成功，之后不需要任何强化。

2.儿童发展的重要敏感期

在“印刻现象”“关键期”等概念的基础上，研究者进一步指出婴幼儿在发展的某些阶段能够更容易地掌握某些能力，这样的阶段被称为“敏感期”(sensitive period)。

(1)0—4岁是婴幼儿视觉发展的敏感期，4岁是幼儿形象视觉发展的敏感期。如何给婴幼儿提供相应的物理和社会环境呢？专家们建议：训练可以从孩子出生起，可以在宝宝周围放置一些五颜六色的布制小猫、小狗等，时常移动玩具刺激他的视觉；也可以在墙上贴上一些画，指给他看，并且告诉他画的名称和内容。

稍大些，可以带宝宝观赏大自然的风光，以扩大他的视野，开阔他的眼界。在给宝宝看某样东西时，同时让他用小手去摸，并用清晰准确的语言告诉他这样东西的名称、用途等。充分刺激宝宝的感觉器官，可以让宝宝多看、多听、多摸、多闻，以促进感知觉的发展。

当然，如果有障碍应尽早发现。如斜视的宝宝，如果在3岁以前矫正了斜视，立体感就能恢复；如果错过这个时机，就会成为永久性的立体盲。

(2)0—1.5岁是语言的准备期，是语言发生的基础。这期间，婴幼儿的听力越来越灵敏，发音器官越来越成熟，能够辨认、理解、记忆、模仿周围人的语音、语调，获得生命最初的词汇。宝宝出生1周后，就能辨别给他喂奶的妈妈的声音，4周就具有对不同语音的辨别力。专家们建议从出生起，在宝宝睡醒后，精神很好时，妈妈可以经常唱歌、播放轻柔的儿歌或者朗读诗歌给他听。

18—20个月是婴幼儿获得词汇的敏感期。在这一阶段，孩子有强烈的模仿愿望和模仿行为，掌握的词汇突然以惊人的速度增加，因此这个时期被称作“语言爆炸期”。妈妈可以有意对宝宝说话，教他人物或物品的名称等；经常带宝宝到户外聆听周围环境中的各种声音，如狗叫声、喇叭声、自行车铃铛声、门铃声等，并向宝宝一一解释，也可以模仿动物的叫声，鼓励宝宝模仿；利用游戏的机会，让宝宝辨别从各个不同方向传来的声音；多与周围的人接触，让宝宝感受不同的声音特点和模式。

同样，如果有障碍应尽早发现。例如，有耳聋的宝宝，如果在1岁前发现，及时使用助听器，就能正常地学会发音。

(3)0—2岁是许多动作发展的敏感期。专家建议照护者抓住动作成熟的敏感期，提供合适的条件和合理的外界刺激促进婴幼儿动作的发展。

动作发展训练可以从宝宝出生开始进行，例如，满月后，用手推着孩子的脚丫，训练他为爬行做好准备。4个月左右的宝宝喜欢用手玩弄胸前的玩具，可在宝宝3个月时，在他小床的上空悬挂一些玩具，使孩子双手能够抓到，锻炼他的手眼协调功能。八九个月的宝宝俯卧时能用双膝支撑着向前爬，可在宝宝六七个月时就开始设法创造爬的机会，如让宝宝俯卧着，放一两件玩具在他前方，吸引他向前爬，尝试着去抓取玩具，以促进他动作的发育。

10个月后，可以让宝宝跟着音乐的节奏运动，如拍手、摇晃身体、打拍子、做操、跳舞等，感受音乐的节拍和运动的快乐。在宝宝蹒跚学步时，选择阶梯不高、坡度较小的楼梯让他进行上下楼梯练习，通常会对此十分感兴趣。通过精心设计的游戏，如把小球放入小瓶中、把圆圈套在木棍上、抛接球、折纸、画线、搭积木、穿绳、涂色等，促进宝宝手眼的协调性。

这里重点提示，多创造机会让宝宝运动，但不能强迫宝宝。如果宝宝抵触，不要强制施行，但也不等于放弃，要等时机成熟再开始。

(4)0—3岁是口语发展的敏感期。从宝宝牙牙学语时开始，就可以循序渐进地训练宝宝的语言能力。此时宝宝能注意大人说话的声音、嘴形，开始模仿大人的声音和动作。这时主要是训练宝宝的发音，尽可能使他发音准确，对一些含糊不清的语言要耐心纠正。

在训练宝宝发音及说话时，引导宝宝把语音与具体事物、具体人联系起来，经过多次反复训练，宝宝就能初步了解语言的含义。如宝宝在说“爸爸”“妈妈”时，就会自然地把头转向爸爸妈妈；再经过一段时间的训练，有了初步的记忆，宝宝看到爸爸妈妈时就能说出“爸爸”“妈妈”。利用生活中遇到的各种事物向宝宝提问，如散步时问树叶是什么颜色等，并要求宝宝回答，以便提高他的语言表达能力。

利用日常生活中和宝宝说话的机会，鼓励宝宝多说话，注意让宝宝用准确的语言表达自己的想法和要求，耐心纠正宝宝表达不完整或不准确的地方。

父母日常生活中的口语对宝宝有深刻的影响。因此，父母在平时说话时，要努力做到用词准确、吐字清晰、语法规范，让宝宝多接触正确的语言。

重点提示：如果宝宝愿意，可以为宝宝多提供当众演讲的机会，训练宝宝的思维能力和口头表达能力。但是不要在孩子不愿意的时候强迫他。

(5)4—5 岁是学习书面言语的敏感期；5—6 岁是词汇掌握的敏感期。可以通过游戏、实物、儿歌、识字卡等教宝宝说话，背诵简单的儿歌及复述简单的故事，培养宝宝的辨音能力，丰富宝宝的词汇；还可以设计很多有趣的游戏，如填字比赛、汉字接龙、制作字卡、踩字过河等，让宝宝在游戏中学习汉字；爸爸、妈妈可以与宝宝一起多读绘本，读好的绘本，培养广泛的阅读兴趣。

(6)3 岁是计数能力发展的敏感期。掌握数字概念的最佳年龄是 5 岁至 5 岁半。专家建议：一般可以从 3 岁起(某些数或说给宝宝听的项目可以更早开始)，利用日常生活中的各种机会，经常数数给宝宝听，如给宝宝糖果时、上下楼梯时；可以借助不同的物品，如手指、积木等，和宝宝一起数数，增加宝宝对数字的感性认识；还可以利用生动的形象，教宝宝认识数字，如 1 像筷子，2 像鸭子，3 像耳朵等；设计一些有趣的游戏让宝宝做，如让宝宝从数字卡片中找数字；运用具体实例，教宝宝加减法，如用苹果、积木等演示；提供足够的实物材料，让宝宝自己动手，寻找数字间的联系。

稍大些，可以调动多种感官学习数学知识。如利用实际的物品产生触觉感受，利用听声响的次数产生听觉上的印象，利用身体的跳跃次数或拍球的次数形成动作上的感受。教宝宝掌握时间概念，如与孩子讨论一周中的 7 天以及每天的时间，了解今天、明天和昨天，了解月份和季节。

重点提示：当宝宝说对了时要进行表扬。所数物品的数量从少到多，富有变化地重复，把抽象的数学知识用具体、生动、形象的形式呈现出来，循序渐进，不让宝宝感到枯燥而失去兴趣。

(7)3—5 岁是音乐能力发展的敏感期。训练时间可以从 3 岁起(欣赏的部分从出生时就可以开始)，选择适合孩子的歌曲、世界名曲、童话故事音乐等，与孩子一起欣赏，并进行讲解或向孩子提出问题，激发孩子的想象。同时，可以选择适合孩子年龄特点的歌曲，教孩子唱。

5 岁左右，可以根据孩子的兴趣、特长和其他条件选择合适的乐器，如钢琴等。选择好乐器，每天引导孩子坚持练习。

重点提示：对孩子进行早期音乐能力的培养，要从孩子的兴趣和爱好出发。音乐能力的早期培养不限于开发孩子的音乐天赋，它对于孩子身心的健康发展也具有不容忽视的作用。

(8)3—8 岁是学习外语的敏感期。训练时间一般可以从 3 岁开始(如果家庭具备良好的双语环境可以早些开始)，经常让孩子听一些浅显有趣的外语儿歌、外语故事；可以选择一些浅显的、优秀的外语绘本读物，和孩子一起阅读，培养语感。

在双语环境良好的家庭，孩子稍大些时，家长可以用不同的语言讲同一个故事；利用不同语言做各种游戏，如组词造句、猜谜、编故事等。在单一语言环境家庭，可以选择一些外语动画片、外语音频，让孩子多听，增加语言输入。

重点提示：有条件的父母可以用自己掌握的外语来教孩子，没有条件的家庭可以为孩子提供一些外语资源。注意吸引孩子的兴趣，充分调动他们学习的热情和积极性。

最后，提醒婴幼儿照护者：第一，了解孩子发展的周期性，个体发展的敏感期比其他阶段更有意义，应当把握敏感期进行引导。第二，尊重孩子的实际水平发展规律，在他们发展成熟之前，要耐心等待，切勿过度焦虑，更不能揠苗助长。第三，理解孩子的天性，让其充分体验每一个发展阶段的乐趣。每个儿童都是在尽可能地达到最佳的成熟水平，只有为儿童提供最大限度的自由空间，儿童才能充分地发展其固有的潜能。养育儿童并不是强迫他们进入预先设定好的模式中，而是在民主和自由的环境中，对他们的成长过程进行指引。

3. 更好地理解"敏感期"

近20年来，儿童早期发展的学科有了很大的进展，这些进展在很大程度上受到系统生物学、脑神经科学和发育儿科学等重要学科进展的影响和推动，使儿童早期发展获得了新的理论支持和循证基础。脑科学的研究进展证明，大脑是一个具备适应功能的器官，它的发育既依赖于先天基因的作用，也依赖于后天经验(即大脑所摄取的信息)的影响。这一过程从出生开始，持续发展。而生命的早期是大脑发育最重要的阶段，也是对信息最渴求和最敏感的阶段。脑皮质中突触生成和发育(synaptogenesis)可能是脑发育动态过程和可塑性的一个重要机制，其特点是出生后突触先是快速增殖和过度生长，然后是基于"经验"地选择性修剪，数量逐渐减少到成人期的水平。对于儿童发展敏感期的研究，已经得出三个结论：

第一，在敏感期内对心理发展起作用的不仅是刺激的量，更重要的是刺激的平衡和相对的时间(relative timing)，敏感期内更多的刺激并不必然导致更好的发展。

第二，对于不同的功能有不同的敏感期。在视觉系统中，视觉的敏锐性、双眼并用的功能及深度知觉有不同的敏感期。在语言发展中，学习语音的敏感期可能终止于儿童早期，但语法的敏感期一直要延续到16岁甚至更晚些。

第三，研究者正试图了解为什么会有敏感期的存在，他们大都认为敏感期是进化的结果。研究表明，大脑的发展受到基因和环境的共同影响，且具备终身的发展潜力，尤其是在儿童早期具有更强的可塑性。

脑发育的研究会引导我们去思考如何更好地理解"敏感期"来养育我们的子女。照护者为儿童创造的环境能否给儿童的发育提供良好的、适宜的信息，是重大的挑战，会影响到基于大脑发育的儿童的认知、情感、行为和社会能力的形成和发展。

(二)依恋理论

1. 谁提出了依恋理论?

依恋理论(Attachment Theory)首先由英国精神病学家约翰·鲍尔比(John Bowlby，1907—1990)提出。1944年，他进行了一项关于44名少年小偷的研究，激发了他研究母子关系的兴趣。随后，他开展了一系列"母亲剥夺"的研究并指出：在个人生活的最初几年里，延长在公共机构内照料的时间和/或经常变换主要照护者，对人格发展有不良影响。1969 年，鲍尔比关于依恋的三部重要著作中的第一部问世，它阐述了婴儿与照护者之间的联系，该观点具有划时代的意义。依恋并非来自母亲的喂食行为及人类的内驱力，它是生命系统的一部分。虽然它在整个生命过程中都存在，但在儿童早期最明显，儿童只有把父母作为安全基地才能有效地探索其周围环境。鲍尔比提出依恋理论之后，发展心理学和临床心理学在依恋关系的探索和基于依恋理论的治疗方面均有很大发展。

2. 依恋理论究竟是什么？

依恋，通常指婴幼儿和其照护者(一般为母亲)之间存在的一种特殊的感情关系。它产生于婴幼儿与其照护者的相互作用过程中，是一种感情上的联结和纽带。因而，最初的研究者把注意力放在母婴相互关系如何随婴幼儿的成长而丰富和变化的方面。现在，研究者普遍认为，依恋也可以是婴幼儿与父亲、其他照护者之间的感情关系。依恋是人类适应生存的一个重要方面。它不仅提高人类在婴幼儿阶段生存的可能性，而且帮助个体一生向更好地适应生存的方向发展。

当照护者能够以婴幼儿为中心、使用同理心关注婴幼儿，并且随时满足婴幼儿的各种需要时，婴幼儿就能够体验到安全、信任和舒适等感受。这是个体人格发展的基础，保证了成年期自尊感、信任感和安全感的基本建立。例如，在个案研究中发现，如果一个母亲整天板着脸，根据自己的需要来养育婴幼儿，不理解婴幼儿的真正需要，对婴幼儿缺少同理心，那么婴幼儿成长后往往存在不安全感、不容易信任别人等问题。

3. 依恋关系有哪些类型？

根据婴幼儿与母亲分离时的表现和反应，研究者将依恋关系划分为安全型、回避型、矛盾型和混乱型四种类型(见图 2-4)。

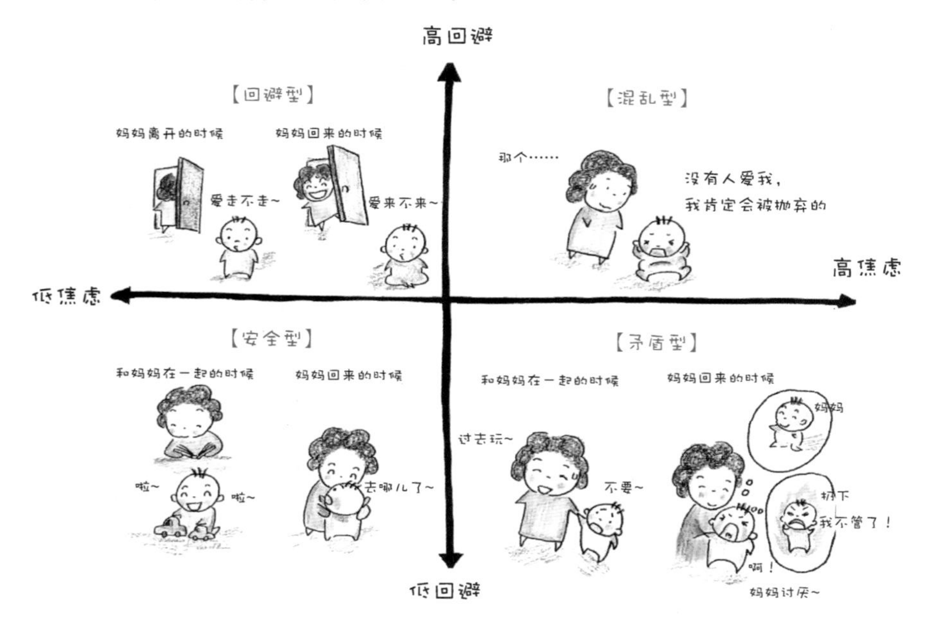

图 2-4　依恋关系的四种类型

安全型依恋：母亲在身边的时候，婴幼儿就能感到安全，会自主去探索周围的环境；感到不安全的时候，婴幼儿会自然地寻求母亲的安慰。当婴幼儿与照护者建立起安全的依恋关系，照护者就像是婴幼儿的“安全基地”或“加油站”，婴幼儿会觉得自己是被关爱和喜欢的，自己很重要、很有能力，这让婴幼儿有更多能量去自主探索世界。

回避型依恋：婴幼儿对母亲的离开和返回反应冷漠，不会到母亲那里寻求安慰和照顾。从某种程度上来讲，他们认定了母亲不会满足自己想要被安慰的需求。

矛盾型依恋：母亲在身边的时候，婴幼儿紧紧挨着母亲，几乎不去探索；当母亲离开又回来时，他们又想接触母亲又想愤怒地踢打母亲，重聚并不能缓解负面情绪。这类婴幼儿不确定母亲是否会安慰或照顾他们，表现出一种既想亲近又想回避的矛盾态度。

混乱型依恋：最不常见的一种依恋类型。遭受创伤的婴幼儿，如被虐待、严重忽视和孤立，最有可能形成混乱型依恋。这类婴幼儿的反应不可预测，时而平静，时而愤怒，试图接近，又不敢眼神接触，可能出现恐惧或怪异行为。早年遭受的心理创伤让他们容易焦虑和抑郁，甚至出现更严重的心理问题。

依恋能够帮助孩子树立起一生的世界观——安全型依恋的孩子乐观自信、积极主动，他们更容易成长为具有安全感的人，能够学会关爱和照顾他人，在情绪上更好地面对生命中的困境，更容易接纳他人的缺点，可以与他人建立起亲密的人际关系。不安全依恋类型的孩子则很难信任这个世界和成年人，他们日后在建立亲密人际关系时很可能会出现问题。

（三）生态系统理论

1. 谁提出了生态系统理论？

尤瑞·布朗芬布伦纳（Urie Bronfenbrenner，1917—2005），生态系统理论（Ecological Systems Theory）的创始人，美国著名的人类学家和生态心理学家，同时是美国问题学前儿童启蒙计划的创始人。他在1979年出版了《人类发展生态学》一书，提出了著名的生态系统理论，指出了环境对于个体行为心理发展有着重要的影响。

2. 生态系统理论的主要观点

布朗芬布伦纳曾以心理学家的身份任职于美国陆军部队，离开部队后，曾任密歇根大学助教职位。1948年，受康奈尔大学邀请，任职教授。1960—1970年，布朗芬布伦纳是康奈尔大学董事会成员，是第一位关注“儿童研究和儿童政策之间的相互影响”的专家学者。

在布朗芬布伦纳看来，人在社会中生活，环境在这个过程中扮演着重要的角色。他认为，个人的行为不仅受社会环境中生活事件的直接影响，而且也受到社区、国家甚至世界上发生的事件的间接影响。布朗芬布伦纳在他的生态系统理论模型中将人生活的环境以及与环境的交互作用称为“行为系统”，并把该系统分为从小到大的五个层次（见图2-5）：

• 微系统（the microsystem）——孩子周围的活动和互动：父母、学校、朋友等；

• 中部系统(the mesosystem)——儿童微系统中各实体之间的关系：父母与教师的互动，学校与日托提供者的互动；

• 外部系统(the exosystem)——间接影响儿童的社会机构：父母的工作环境和政策、大家庭网络、大众媒体、社区资源；

• 宏系统(the macrosystem)——更广泛的文化价值观、法律和政府资源；

• 时序系统(the chronosystem)——孩子一生中发生的变化，可以是个人方面的，如兄弟姐妹的出生；也可以是文化方面的，如战争、经济大萧条。

布朗芬布伦纳认为：环境的各种系统以及系统之间的相互关系塑造了儿童的发展，环境影响孩子，孩子影响环境。因此，良好的早期发展环境可以使儿童身心得到充分健康的发展，并为人的一生发展打下良好的基础。

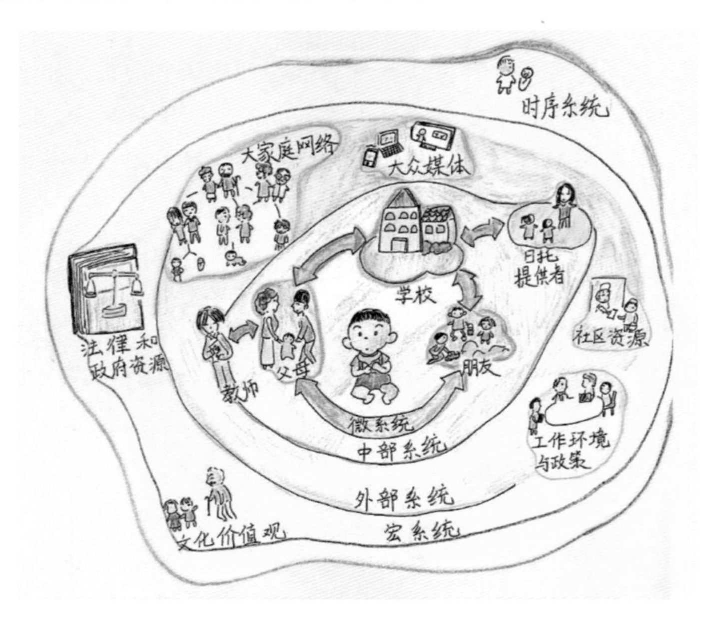

图 2-5 布朗芬布伦纳的生态系统理论模型

(四)认知发展阶段理论

皮亚杰的认知发展阶段理论假定了人类认知发展的四个邻近的主要时期。

1. 感知运动阶段(0—2 岁)

新生儿的反射表现为：无论遇到什么刺激，婴儿总是以几乎相同的方式吮吸、抓握和四处看。

1—4 个月，婴儿表现出初级循环反射：重复那些主要由基本需要引发的偶然行为，开始主动控制自己的动作。例如，婴儿形成吮吸手指的习惯。另外，婴儿开始猜测结果，但是这项能力还有限。例如，婴儿因为饿而哭，但是当妈妈接近时便停止哭泣，因为他猜测到马上有奶吃了。

4—8 个月，婴儿表现出二级循环反应：开始重复那些可导致有趣事件的动作，可模仿熟悉的行为。例如，婴儿无意间触碰到床头挂的玩具，玩具摇摆起来，那么婴儿很可能形成反复触碰玩具的动作。

8—12个月，婴儿表现出二级循环反应的协调：出现有意的或目标导向的行为，出现客体恒常性，即婴儿懂得了物体即使看不见也仍然存在，表现为将物体盖住，婴儿能够移开障碍物并抓住物体。例如，可以熟练地玩藏猫猫游戏。

12—18个月，幼儿表现出三级循环反应：以新的方式操作物体以研究物体的特性，模仿新的行为，能在几个地方寻找藏起来的东西。例如，幼儿能够转动三角形积木以将其放进对应的孔洞中。

18个月—2岁，幼儿的心理表征：在内心对客体和事件进行描画，特征包括突然地解决问题、能找到被移出视线之外的物体(在没有看到物体被转移的情况下)、延迟模仿、假装游戏。延迟模仿是指幼儿对一段时间之前出现的他人行为进行模仿。例如，之前看到过父母咳嗽，幼儿也会模仿咳嗽。假装游戏指幼儿玩那些模仿日常活动和想象活动的游戏。例如，幼儿拿着一块积木当作电话、照顾一个生病的布偶等。

2. 前运算阶段(2—7岁)

此阶段最明显的变化是表征活动或符号活动的急剧增加。幼儿最早使用符号的情况常常出现在假装游戏中。例如，还不太会说话的孩子经常会假装用杯子喝水或者假装拿梳子梳头发，这种情况可以说是在模仿成人，但同时也反映出幼儿使用“动作符号”来表示他们知道事物的用途。当幼儿开始玩过家家的时候，他们更多使用了具有象征意义的概括化动作，而越来越少地依赖具体动作。

幼儿越来越多地通过词语与父母、同伴进行交流，而运用词语又为他们打开了更多的未知领域。词语就是具体事物的符号表征。随着年龄的增长，幼儿掌握的词语数量有了数量级上的增加。曾有研究统计，从2岁到4岁，幼儿的词汇量从200个左右扩展到2000个。

3. 具体运算阶段(7—11岁)

具体运算阶段是认知发展的一个重要转折点。儿童的思维比以前更富于逻辑性、灵活性和组织性。儿童表现出去中心化，思维具有可逆性。

(1)分类。儿童喜欢收集各种东西，并能按照事物的不同属性进行分类。

(2)排序。儿童能按照某个数量维度(如长度或重量)对物体进行排序，并且此阶段的儿童还能进行心理排序，称为传递推理。例如，给儿童呈现成对的木棍，儿童通过观察A木棍比B木棍长，B木棍比C木棍长，从而推算出A木棍比C木棍长。

(3)空间推理。儿童对熟悉的较大空间(如社区或学校)的心理表征得到加强。儿童逐渐能够借助“心理行走”的策略——即通过想象沿着某条路线移动的情况，为自己或他人从甲地到乙地提供清晰且组织良好的指导。

(4)具体运算阶段的局限。儿童只有在处理他们能够直接觉察的具体信息时，才会以一种有组织、有逻辑的方式进行思考。他们的心理操作对肉眼看不见的抽象概念很少起作用。

4. 形式运算阶段(11岁—成人)

此阶段青少年形成了抽象的、系统的、科学的思维能力。此时他们不再需要凭借具体的事物和事件进行思考。

(1)假设—演绎推理。面对问题时，他们先提出假设，或者先对可能影响结果的变量做出检测。然后根据假设做出合乎逻辑的、可以检验的推论，再把几个变量加以分离及合并，查明哪些推论可以在真实世界中得到证实。

(2)命题思维。青少年不需要参照真实世界中的情境就可以判断命题(语言论断)的逻辑性。例如，有两个论断："我手中的扑克牌要么是绿色的，要么不是绿色的"和"我手中的扑克牌是绿色的，并且它不是绿色的"，青少年会知道第一个论断是对的，第二个论断是错误的；而儿童就无法做出正确的判断。

三、虐童的常见类型

1999年，"世卫组织防虐童咨询会"比较了58个国家关于虐童的定义，协商并起草了以下定义：一切形式的身体虐待和/或精神虐待、性虐待、忽视或疏忽对待，或商业性剥削，或其他任何形式的剥削；在责任、信任以及权力关系中，对儿童的健康、生存、发展或尊严造成实际或潜在性的伤害行为。以上这两类均构成虐童行为。很多照护者并不清楚自己在照护服务中哪些行为是缺位、不作为、作为不当，也许有些不经意的行为举动会对儿童的发展造成不可逆的、终生的伤害。因此我们需要掌握基础知识帮助自己来增强判断力。

(一)虐童类型

(1)身体虐待(physical abuse)：指父母或监护人对18岁以下儿童的任何非意外伤害。这些伤害可能包括殴打、摇晃、烧伤、人咬伤、勒死或浸泡在滚烫的水或其他环境中，造成瘀伤、擦伤、骨折、疤痕、烧伤、内伤或任何其他伤害。

一种常见的婴儿期身体虐待形式是过度摇晃婴儿。哭泣是婴儿与照护者常见的交流手段，也是婴儿成长发育的一部分。当婴儿啼哭时，特别是持续啼哭时，照护者可能会通过摇晃让婴儿停止哭泣，但是快速或过度剧烈的摇晃可能会对婴儿造成永久性神经损伤，甚至导致其死亡。因为婴儿的颈部肌肉尚未完全发育，在被摇晃时，他们几乎没有固定头部位置的能力，所以大脑不断撞击颅骨可能会造成颅内出血。在大多数情况下，照护者快速摇晃可能导致婴儿受到严重伤害。

体罚是另一种常见的婴幼儿身体虐待形式。越来越多的研究证据显示，严厉、频繁的体罚会使孩子难以理解他人的言行，总是充满敌意地揣测他人的意图。特别是年龄较小的幼儿受到严厉体罚后可能会表现出攻击性，即使照护者实施这类惩罚的目的就是阻止这种攻击性行为，但结果往往会适得其反。如果照护者在体罚中失控，婴幼儿就会变得惊恐，并且会试图回避严厉的照护者，最终导致照护者对婴幼儿行为的影响逐渐减弱。

(2)心理虐待(psychological maltreatment)：一种长期的行为模式，如贬低、羞辱和嘲笑孩子。它包含两种形式：

一种形式是心理忽视(psychological neglect)，指照护者未能为孩子提供适当的支持、关注和关爱。"身体虐待"给儿童健康、生存、发展或尊严造成的实际伤害更为明显，而“心理忽视”带来的伤害则更为隐蔽，往往给儿童带来潜在的长期影响。忽视不仅会影响儿童的心理健康，同样会引起儿童生理上的疾病。

另一种形式是情绪虐待(emotional abuse)，指照护者对儿童情绪健康和发展产生不利影响的行为。这些行为包括限制儿童的行动、诋毁、嘲笑、威胁和恐吓、歧视、拒绝和其他非物质形式的敌对待遇等。

(3)性虐待(sexual abuse)：包括偷窥、抚摸等行为。

(二)家庭及照护者的角色与责任

(1)保护(protect)：保证儿童的人身安全至关重要，是照护工作中的首要任务和底线。无论何时，都应当将儿童的生命健康安全置于首位。家庭及照护者有责任保护儿童的生命健康安全；当照护者发现儿童的生命健康安全有受到威胁的可能性时，有责任保护儿童并尽可能多地收集相关证据，特别是儿童受到反复伤害的证据。

(2)质疑(suspect)：对儿童受到的人身安全损害永远保持质疑的态度。询问儿童，并联系其他照护者(包括家庭和机构)和医院，确认你所看到的情况——儿童受到的人身安全损害——是由受伤还是生病造成的，并进一步质疑导致儿童受伤或生病的深层原因——是否由虐待或者忽视造成的。确认儿童是否受到反复伤害，确认儿童的家庭中是否有成员受到反复伤害，确认儿童所处的家庭是否有暴力史。

(3)检查(collect)：当照护者发现儿童的生命健康安全有受到威胁的可能性，或出现任何反常情况时，照护者有责任和义务尽可能多地收集儿童受到虐待和(或)忽视的证据，包括物证和痕迹证据，及其他任何相关信息。

(4)尊重(respect)：在保障儿童的人身安全的前提下，尊重儿童拒绝的权利，尊重多样性，尊重隐私。

目前，我国0—3岁婴幼儿照护主要依靠家庭内部支持来实现，市场托育机构、早教机构以及其他少量的社会服务机构提供补充。预防虐童的责任主要由家庭成员承担。在生育政策调整、女性就业增加、居住分离常态化、家庭规模小型化与家庭结构多元化等因素影响之下，家庭压力日益增加，家庭抚育与支持功能弱化，市场托育机构、早教机构以及其他社会服务机构在预防虐童上的责任日益增大。

我国针对年幼儿童的家庭政策和公共服务明显无法适应现代社会结构与生活方式的转变，应借鉴国际上针对婴幼儿早期发展的政策与服务经验，立足本国文化传统和社会现实，为0—3岁婴幼儿及其家庭提供支持，以增强家庭能力、推动儿童未来发展并预防相关社会问题的产生。在预防虐童问题上，市场托育机构、早教机构以及其他社会服务机构一方面应当杜绝自身的虐童行为，另一方面还应当形成良好的互相监督机制，明确自身在预防虐童问题中的角色与责任。

小结

本节为读者提供有关婴幼儿早期发展的重要理念，以及新时期有关婴幼儿早期发展的关键词及其内涵。首先，介绍了婴幼儿照护服务人员的四个基准和原则，包含儿童优先、儿童早期发展、婴幼儿照护“五大支柱”、回应性照护。其次，以通俗的语言介绍了儿童发展敏感期理论、依恋理论、生态系统理论、认知发展理论。最后，普及了有关虐童等不当照护行为方面的知识。以上基础知识或许有些抽象晦涩，但是本节希望能为婴幼儿照护服务人员提供完备的理论知识。

问题

1. 现在托养孩子花费的精力大大超过从前，你认为套用过去的办法行得通吗？

2. “医养结合”的托育机构是怎样的？与早教中心、普通托育机构的区别是什么？

3. 某位婴幼儿照护服务人员因为生活问题严重影响情绪，托育机构主动给他放假，等他将问题解决，情绪恢复。你认为这种做法妥当吗？

第二节　中外 0—6 岁婴幼儿发展里程碑简介

- 中外0—6岁婴幼儿发展里程碑简介
  - 0—3岁婴幼儿发育阶段划分的依据
  - 中外四种婴幼儿发展里程碑简介
    - 0—6岁儿童发展的里程碑
    - 0—6岁儿童发育行为评估量表
    - 0—3岁婴幼儿发展对照表
    - 0—6个月婴儿发展里程碑

思考

1. 在你心目中，婴幼儿发展的特点有哪些？
2. 你认为婴幼儿认生就是胆子太小吗？面对胆小的孩子，照护时需要注意什么？
3. 如果婴幼儿的语言发育落后于正常标准超过半年，你会怎么办？
4. 婴幼儿的早期学习大致是什么样态？作为照护者，你会怎样为他们提供支持？

案例

别人家的孩子

新新是一个“神童”，他喜欢不停地写数字、认数字，会用数字来画一个小人、一个房子，还会把看到的物品都拆解成数字……很多人都说，新新真了不起，是个数学小天才。

萱萱是一个“神童”，她喜欢弹钢琴，识谱、记谱能力很强，刚刚 4 岁就能弹长曲子了，练琴也不用爸爸妈妈催。而且她在演奏时一点也不紧张，表现得很从容、很熟练……很多人都说，萱萱真了不起，是个音乐小天才。

“别人家的孩子”(见图 2-6)，这样的孩子和他们的爸爸妈妈何其幸运！

图 2-6　别人家的孩子

其实，我们完全不用羡慕“别人家的孩子”。所有孩子都有自己的独特天赋。他们有自己的认知特点，并且倾向于用自己熟悉的方式探索世界。而且，每个孩子的发展都有自己的个体系统性和阶段性。婴幼儿时期是人生的启蒙阶段，无论是婴幼儿的爸爸妈妈，还是婴幼儿照护服务人员，都是婴幼儿最早接触到的“老师”。只有了解婴幼儿的发展历程，进而更全面地了解婴幼儿及其特点，才有可能更好地对其进行照料和教育。

一、0—3 岁婴幼儿发育阶段划分的依据

(一)0—3 岁教养过程分段中可能存在的问题：以年龄为准的线性阶段划分

很长一段时间以来，关于儿童的发展，我们接受更多的是“阶段论”——以年龄为

依据来制定养育教育目标。我国的制度化教育是从 3 岁开始的，根据教育对象年龄，分为学前、小学、中学和大学等阶段；每个阶段分年级展开，如小学一般分为 6 个年级。当制度化、规范化的教育养育向前延伸到 0—3 岁，这样一种阶段论可能就会出现争议(见表 2-2)。

众所周知，婴幼儿出生后，发展速度极快，且各个方面的发展往往是不均衡的，通常可以按月甚至按周归纳阶段特点，而且个体间发展速度的差异也很大。我们先来看看婴幼儿出生后的发展，然后，再思考一个问题——对于 0—3 岁婴幼儿，按照中小学的教育体制同龄编班是否合适？

表 2-2　婴幼儿出生后的发展变化举例

出处	领域	发展
国际音乐研究基金会（International Foundation for Music Research)	乐感	出生 1—5 天的新生儿已表现出对不同音频的区分能力 “咕咕”声和有目的的发音始于 15～16 周 5 个月的婴儿对旋律轮廓和节律性的变化表现出敏感(Hodges，2002) 6 个月的婴儿能成功地匹配特定的音调 1—1.5 岁：通过摆动、快步走、摇晃、专心地注意，跟随音乐旋律的活动更加明显 1.5—2.5 岁：自发地唱歌，也就是即兴唱歌 2.5—3 岁：识别并且模仿流行曲调和儿歌 3—4 岁：能重现一首完整的歌，但会跑调 5 岁：能不跑调地唱整首歌
巴雷特和摩根(Barrett & Morgan，1995)	控制和动机	阶段一：0—8/9 个月，婴儿对他们的行为及其结果之间的关系有了一些认识，喜欢控制事件，喜欢注视新异刺激 重要的发展和转变发生在 8/9 个月，即向阶段二推进的时候 阶段二：8/9 个月—17/22 个月，自我评价及对外表和行为标准的认识增多，对他人的认识增多，在头脑中保持一个目标的同时，按顺序完成几个步骤的能力增强。(想想你是怎么泡茶的——泡好一杯茶要经过一系列步骤——一个儿童会逐渐通过掌握一个动作的几个步骤来达到目的) 阶段三：17/22 个月—32/36 个月，更能坚持并达成目标
斯鲁夫(Sroufe，1995)	情感发展	0—1 个月：内部的保护 1—3 个月：指向外部世界 3—6 个月：积极的情感 7—9 个月：主动的参与 12—18 个月：练习时期 18—24 个月：自我概念的出现
国家儿童保健网络(National Network for Child Care)(Labensohn，1972)	言语	6—8 个月：咿呀学语 18—24 个月：出现可辨认的词语和不完整的句子 36—60 个月：掌握语言规则

续表

出处	领域	发展
高普尼克等人（Gopnick et al.，1999）	言语	6—12 个月：咿呀学语/对声音的组织 12—18 个月：从声音到词语 18—24 个月：把词语组合在一起
利普顿和斯佩尔克（Lipton & Spelke，2003）	数量	对数量的区分能力在 6—9 个月时增强
达马西奥（Damasio，1999）	自我的发展	原型自我，0—2 个月时 核心自我，2—18 个月时 自传体的自我，18 个月时
艾里克森（Erikson，1950）	心理社会性发展	0—12 个月：信任对不信任 2—3 岁：自主性对羞怯和疑虑 4—5 岁：主动性对内疚
皮亚杰（Piaget，2002）	认知	感知运动阶段（0—2 岁） 反射阶段（0—2 个月）：简单的反射活动，如抓握、吮吸 初级循环反应阶段（2—4 个月）：反射行为以刻板的形式反复，比如，反复张开又合上手指 二级循环反应阶段（4—8 个月）：重复变化的动作，以使有趣的结果再次发生，比如踢动双腿来移动悬挂在摇篮上的运动物体 协调二级循环反应阶段（8—12 个月）：反应协调进入更为复杂的顺序。动作带有“意图”的特征，比如婴儿伸手到屏幕后面去够一个隐藏的物体 三级循环反应阶段（12—18 个月）：发现实现同一个结果或目标的新方法，比如婴幼儿会拉近枕头，拿到放在枕头上的玩具 通过心理的组合来发明新的方式阶段（18—24 个月）：这是内部表征系统形成的证据 在做出反应之前将问题解决的顺序符号化。延迟模仿
尼尔森（Nielson，2003）	实物概念	出生到 4—8 个月：整合关于物体（伸手可及的物体）的声音、触感、位置的信息，学习操作物体的不同方法，将不同物体与其质量相联系，表现出对某些物体的偏好 6—15 个月：学习有目的地使用物体，学习物体的名称。在这一时期即将结束时，开始学习物体间的顺序，有些物体可以分解、组合或插入另一个物体
穆尔（Moore，1990）	做记号/画画	14—18 个月：涂鸦 24—32 个月：更有技巧地画漩涡、直线、“之”字形 3 岁后：为图画命名，开始画“蝌蚪人” 48—60 个月以后：画更复杂的有躯干和四肢的人
斯滕（Stern，1985）	情感/人际关系	以下几个时期是发生变化较大的时期：0—2 个月，2—3 个月，9—12 个月，15—18 个月

续表

出处	领域	发展
肖尔 (Schore，1994)	情感、神经科学和自我	12 个月：负责认知、动作和情感的半球发生主要转变 15—18 个月：符号表征 14—18 个月：出现羞怯和疑虑
阿特金森 (Atkinson，2000)	视觉	0—3 岁：皮层下的定位 3 个月：皮层控制的眼动和头部活动 5/6 个月：整合视觉和邻近的手部动作 12 个月：视觉控制的运动 18—24 个月：视觉与动作程序同步，达到自动化

资料来源：[英]玛利亚·鲁宾孙：《0—8 岁儿童的脑、认知发展与教育》，李燕芳等译，8—10 页，上海，上海教育出版社，2020 年。

中小学一般按年龄编班，实行班级授课制，强调目标的统一性，比较看重阶段性教育目标的达成。同时，按年龄编班也比较看重教师的教学技能，强调模式化和规范化。如果说这种源于工业社会效率意识和流水线作业方式的同龄编班集体教学，尚且适合中小学教育，甚至也可用于幼儿园教育的话，其是否适合 0—3 岁婴幼儿照护机构还需进一步讨论。

长期以来，我国将学龄前婴幼儿的教育养育分成两个阶段，即 0—3 岁的婴幼儿照护和针对 3—6 岁幼儿的学前教育，体现了托幼分离的特点。一般来说，个体在两个阶段的总体发展水平上有明显差异。在婴儿时期，个体的各种心理和行为先后发生和初步发展，到了幼儿期各种心理和行为从初步发展到趋向成熟。我国在 20 世纪 50 年代就规定，托儿所招收 3 周岁以下的婴幼儿，幼儿园招收 3—6 周岁的幼儿。目前，幼儿园一般按年龄分为小班、中班和大班，托育机构一般设置乳儿班、托小班和托大班。然而，这种划分方法没有充分考虑到早期发展阶段个体差异较大的情况。

从 0—3 岁婴幼儿的发展实际情况看，严格的年龄界限是不存在的。换句话说，同一年龄阶段的所有孩子不可能同时进入同一水平的发展阶段。所以孟昭兰曾以“从出生的一个无独立生存能力的自然人到初步具备独立活动能力和主动寻求生存条件能力的社会人”为依据，列出八个具体指标，划出婴儿期与幼儿期的年龄界限。她指出，年龄越小的孩子发展速度越快，不仅年龄之间的发展水平差异很大，同一年龄的不同个体间发展水平的差异也很大。例如同为正常发育的婴儿，独立行走的时间可以相差 6 个月以上，开口说话的时间甚至可以相差 12—18 个月。这对传统的以月龄为依据的婴幼儿集体照护阶段划分，以及同月龄婴幼儿阶段照护目标的同一化提出了挑战。

(二)0—3 岁婴幼儿发育阶段划分的依据：实际发展和年龄交互的非线性阶段划分

综上，对婴幼儿来说，单纯以年龄为依据进行阶段划分有一定的不足，同样的阶段照护目标难以为所有孩子设立同一时间内所要达到的发展水平。因此，我们应当以个体的实际发展现状为主要依据，以时间作为观察和评估的指标之一，以期最终实现实际发展和年龄交互的非线性阶段划分。

由于孩子早期发展速度的个体差异太大，而阶段分得越细，越出阶段界限两端的个体可能就越多，这样的话设置目标就没有意义了。但是对每个婴幼儿个体来说，时间的确是发展的重要基础，成长中每一个细微发展变化在不长的时间内就会有所显现，照护的内容和方式都要随之改变，所以阶段划分又是不可完全避免的。

婴幼儿的生理成熟和心理发展的时间有差异，但其顺序大致相同。所以，年龄特征不能直接转化为阶段照护目标，而只能作为一种观察和评估指标。照护目标、内容和方式受发展顺序引导，而不应按规定时间来设置。比如，为婴儿提供学步的扶栏，是因为婴儿已经能够扶物站立，而不是因为婴儿到了10个月。事实上，从婴幼儿家庭照护的实践来看，父母的照护行为往往并不是由月龄目标引导的，而是受婴幼儿发展状态诱发。因此，个体实际发展水平是个别化照护的主要依据，观察、评估婴幼儿的发展状况，并随时提供相应的照护支持，就成为婴幼儿照护服务人员的基本素养。

发展有一定规律，又有特殊性，其过程具有连续性，同时又具有阶段性。生长发育正常是健康的重要标志之一。不同年龄阶段有着不同的技能标志。人从呱呱坠地到“三翻六坐七八爬”，从牙牙学语、蹒跚学步到蹦蹦跳跳去上幼儿园，大家的成长过程好像都是一样的，但是在现实中，每个人都是独立的个体，都有自己不同的特点。

二、中外四种婴幼儿发展里程碑简介

人在发展的不同阶段有着不同的标志，对于儿童到了一定年龄阶段就具备一定能力的现象，我们形象地称之为“儿童发展里程碑”。它可以帮助我们通过观察、分析，了解个体的身心发展状况。例如，学会走路就是一个发展里程碑，婴幼儿学会爬行或站立后才能学习走路。这说明个体在掌握新技能之前需要培养其他一些技能，获得的新技能都建立在上一个里程碑的基础上，换言之，发展里程碑通常是具有顺序的。当然，受遗传、环境、教育等多种因素的影响，发展又有明显的个体差异。比如，有的孩子说话早，有的孩子大运动发展更快，10个月走路而2岁才说话的婴幼儿不在少数。这些都是正常的。需要注意的是，所有的发展里程碑等都只能作为实际生活中的参考，不是对某一个孩子发展评估的绝对标准。但是，如果孩子在某些方面与同龄人相差太远，则需要引起重视了。

儿童发育里程碑是儿童如何参与社会、身体和智力的发展，以及获得的基本技能，是儿童生长发育的重要指标，是评价儿童早期发展的重要内容。我国现有的儿童发育量表多开发于20世纪80年代，部分指标已不适用于新时代的要求。为此，有必要建立新的适用于中国儿童的发育里程碑的评价指标体系，以便进一步开发我国的儿童发育评估工具。

本节将介绍两个与我国儿童发展里程碑有关的权威文件，以及两个被西方专业界和社会广泛认可的儿童发展里程碑文献，提供给读者作为工作参考。需要注意的是，由于文化、语言和环境等差异，部分用于评估儿童发育的里程碑指标存在明显的文化特异性。在阅读相关内容的时候，请您仔细甄别。这些资料具有重要的参考价值，值得进一步学习和研究。

（一）0－6 岁儿童发展的里程碑（中国教育部，联合国儿基会）

2001—2005 年，教育部与联合国儿童基金会共同做了一个项目“早期儿童养育与发展”。该项目的主要目标就是向家长传授科学的育儿观念和知识，提高 0－6 岁儿童家长和其他养育者的科学育儿能力。《0－6 岁儿童发展的里程碑》（*Developmental Milestone for Children 0－6 Years*）[①]是其中的一个内容，告诉家长在宝宝不同月龄/年龄，有什么样的发展特点。《0－6 岁儿童发展的里程碑》小册子是 2011 年 9 月发布的，小册子免费向大家赠送。可惜的是，很多家长甚至有些从业者并不知道。所以，在这里分享给大家。

我国教育部在网络上公布了《0－6 岁儿童发展的里程碑》，用意在于关注儿童的成长，让父母更加理解儿童，照顾、教育好儿童。家长可以通过此里程碑来观察、分析孩子的身心发展状况，以便及时了解孩子，更好地养育孩子。尤其要帮助贫困地区的儿童家长，获得利用现有资源改善儿童家庭养育环境的能力。

但婴幼儿发展由于受多种因素（遗传、环境、教育等）的影响，又有明显的个体差异，例如，有的孩子说话早，有的孩子该爬的时候还不会爬，这也是正常的情况。因此各年龄阶段的标志也不是绝对的。这个小手册虽然不是临床的测试工具，但是供父母在家粗筛正常/异常足够用了，最主要的是，它能帮父母避开大部分不必要的焦虑。

需要提醒的是，如果孩子的发育情况与里程碑有出入，也不要着急。如果孩子出现“发展警示”中的情况，就要及时咨询当地医生或者幼儿教育工作者。因为这些情况说明孩子在某方面的发展明显落后了，必须及时查明原因，及时采取措施。孩子的早期发育有极大的可塑性，同时也极易受损伤，发育异常发现得越早，治疗越及时，康复的可能性就越大。平时父母担忧的异常表现，只要不属于手册列出的异常范畴，就到不了高度警惕的程度，平时多留心观察即可。

（二）0－6 岁儿童发育行为评估量表（国家卫健委）

1. 评估量表简介

中国国家卫生健康委员会发布了“0－6 岁儿童发育行为评估量表”[②]，本量表于 2018 年正式开始实施。虽然这是一个面向专业人士的评估量表，但由于量表非常详细地描述了每个月龄段孩子所需具备的能力标志，所以对于家长或机构照护者来说，它也是一个比较易懂且权威的参考。

本量表共包含 261 个指标，覆盖大运动、精细动作、适应能力、语言和社会行为等 5 方面的内容。家长与机构照护者作为与孩子朝夕相处的人，对于孩子的各方面能力都比较了解。通过本量表，孩子的能力数据化，家长和机构照护者可以更加直观地了解孩子的发展水平，看到优势与不足。

本量表适合未满 7 周岁的孩子使用，通过量表可以计算出不同月龄阶段孩子的发育商，更精准地了解到孩子的发育情况。但需要注意的是，家长或机构照护者由于承

---

① 中华人民共和国教育部，联合国儿童基金会：《0－6 岁儿童发展的里程碑》[R/OL]，2020-12-20。

② 中华人民共和国卫生健康委员会：《0－6 岁儿童发育行为评估量表》，WS/T 580－2017[S]，2021-3-12。

担主要的照护工作，作为主评人时结果很容易出现偏差，切勿随意使用。

我们为大家介绍本量表的目的，是为家长与机构提供一个便捷的参考。发育商的数值范围也可以作为参考，但孩子究竟处于何种发育水平，还需要听从专业人士的建议与分析。

2. 使用量表前必须了解的名词

(1)能区(attribute)，量表测定的领域，包括大运动、精细动作、语言、适应能力和社会行为5个能区。其中大运动能区指身体的姿势、头的平衡，以及坐、爬、立、走、跑、跳的能力；精细动作能区指使用手指的能力；语言能区指理解语言和语言的表达能力；适应能力能区指儿童对其周围自然环境和社会需要做出反应和适应的能力；社会行为能区指儿童与周围人的交往能力和生活自理能力。

(2)智力年龄(mental age，MA)，智龄、心理年龄是反映儿童智力水平高低的指标。①

(3)发育商(development quotient，DQ)，用来衡量儿童心智发展水平的核心指标之一，是在大运动、精细动作、认知、情绪和社会性发展等方面对儿童发育情况进行衡量。

$$\text{计算方式：发育商}=\frac{\text{智龄}}{\text{实际年龄}}\times 100$$

3. 了解评估内容

评估内容包括大运动、精细动作、语言、适应能力和社会行为等5个能区，用于测查儿童发育行为状况，评估其发育程度。每个月龄组8—10个测查项目，共计261个测查项目。

4. 准备辅助工具

主试者使用与测查量表配套的标准化测查工具箱，以及诊查床、围栏床、小桌、小椅、楼梯等测查工具。

5. 遵循测查程序

(1)计算实际月龄：首先根据被试者的测查日期和出生日期计算出被试者是几岁几月零几日，再把岁和日换算为月，以月龄为单位，月龄保留一位小数。

日换算成月为30天=1.0个月，岁换算成月为1岁=12.0个月。

(2)标记主测月龄：与实际月龄最接近的月龄段为主测月龄。在主测月龄前用▲标记。主测月龄介于量表两个月龄段之间的，视较小月龄为主测月龄。早产儿也按照实际月龄进行标记，无须矫正月龄。

(3)主测月龄为启动月龄：先测查主测月龄的项目，无论主测月龄的某一能区的项目是否通过，需分别向前和向后再测查2个月龄，共5个月龄的项目。

(4)向前测查该能区的连续2个月龄的项目均通过，则该能区的向前测查结束；若该能区向前连续2个月龄的项目有任何一项未通过，需继续往前测查，直到该能区

① 在编制的量表中，按年龄分组编制测查项目，若被试者通过3岁的测查项目，就表示他使用该量表测查的智力年龄为3岁。

向前的连续 2 个月龄的项目均通过为止。

(5)然后从主测月龄向后测连续 2 个月龄的项目，若向后测查的该能区的连续 2 个月龄的项目均不能通过，则该能区的向后测查结束；若该能区向后连续 2 个月龄的项目有任何一项通过，需继续往后测查，直到该能区向后的连续两个月龄的项目均不通过为止。

(6)所有能区均应按照本节 3. 了解评估内容、4. 准备辅助工具、5. 遵循测查程序的要求进行测查。

6. 关注记录方式

测查通过的项目用○表示；未通过的项目用×表示。(家长自测时分别标记好即可)

7. 结果计算

(1)各能区计分。

▲1—12 月龄：每个能区 1.0 分，若只有一个测查项目，则该测查项目为 1.0 分；若有两个测查项目则各为 0.5 分。

▲15—36 月龄：每个能区 3.0 分，若只有一个测查项目，则该测查项目为 3.0 分；若有两个测查项目则各为 1.5 分。

▲42—84 月龄：每个能区 6.0 分，若只有一个测查项目，则该测查项目为 6.0 分；若有两个测查项目则各为 3.0 分。

(2)计算智龄。

①把连续通过的测查项目读至最高分(连续 2 个月龄通过则不再往前继续测，默认前面的全部通过)，未通过的项目不计算，通过的项目(含默认通过的项目)分数逐项加上，为该能区的智龄。

②将 5 个能区所得分数相加，再除以 5 就是总的智龄，保留一位小数。

③计算发育商：发育商$=\frac{\text{智龄}}{\text{实际年龄}}\times 100$。

④ 发育商参考范围：

• 高于 130 为优秀；

• 110—129 为良好；

• 80—109 为中等；

• 70—79 为临界偏低；

• 低于 70 为智力发育障碍。

8. 量表的测查要求及结果解释

(1)测查要求。

①测查环境应安静，光线明亮，4 岁以下儿童允许一位家长陪伴，4 岁及以上的儿童如伴有发育落后、沟通不畅或者测查不配合的情况可有家长陪同。

②主试者应严格按照操作方法和测查通过要求进行操作，避免被试儿童家长暗示、启发、诱导。

③主试者应熟记操作方法和测查通过要求。

④主试者的位置应正确，桌面应整洁，测查工具箱内的用具不应让被试儿童看到，用一件取一件，用完后放回。

⑤主试者应经过专业培训并获得相关资质才能施测。

(2)结果解释。

①应由受过专业培训的主试者结合儿童的综合情况对其发育行为水平予以解释和判断。

②主试者应恰当地向家长解释儿童发育行为水平，尤其是对于发育落后的儿童更要慎重。

本标准适用于未满7周岁儿童发育行为水平的评估，是评估儿童发育行为水平的诊断量表。我们为大家介绍本量表的目的，是为家长与老师提供一个便捷的参考。发育商的数值范围也可以作为参考，但孩子究竟处于何种发育水平，还需要听从专业人士的建议与分析。评估具有专业性，评估人员在工作之前一定要了解一些基本知识，否则慎用。

(三)0—3岁婴幼儿发展对照表

1. 皮克勒方法简介

艾米·皮克勒(Emmi Pikler，1902—1984)博士，是在世界婴幼儿照护领域著名的皮克勒方法的创始人。艾米是匈牙利儿科医师、研究者及理论家。她出生于奥地利维也纳，母亲是幼儿园教师，父亲是手艺工匠。6岁时，举家搬到匈牙利布达佩斯，高中毕业后她又回到维也纳大学学习医学，在学习与实习期间，深受两位儿科医生的影响，艾米从著名的儿科医生皮尔盖和小儿外科医生扎尔策身上学到了如何尊重儿童和温和对待孩子，而不是冷漠地对待生病的孩子，限制他们的玩耍和运动，让他们一直躺在病床上。

艾米也受到丈夫吉尔吉·皮克勒的深远影响。皮克勒先生是一位数学教育工作者，他的教学理念是孩子应该遵循自己的发展规律来学习。这个理念被艾米吸收到婴幼儿教育中。成人需要慢下来，顺应孩子内在自然发展的节奏，不要着急让孩子达到各种发展的里程碑。这些专业的训练和经历使得艾米坚信，教育要考虑个体发展的生理学特点。因此，1931年，当皮克勒夫妇的第一个孩子安娜出生时，他们一致决定，给孩子提供大量自由运动以及玩耍的机会，让孩子自由地活动，耐心地等待她的发展。

另一位对艾米·皮克勒影响深远的是爱莎·金德勒(Elsa Gindler)。金德勒是一位治疗师，主张运用自然的方法进行运动和呼吸，与内在自我进行连接。皮克勒把这种方法运用在孩子身上，即通过提供一个安全的环境，支持孩子们自发的运动和探索，帮助他们实现情绪与身体的平衡。1935年，艾米一家回到匈牙利布达佩斯，艾米·皮克勒成为一名注册儿科医生。她不仅治疗生病的儿童，同时也关注促进儿童成长所需要的各种要素，慢慢形成了自己的教养方法，来帮助社区的儿童和家庭，支持父母运用正确的方法养育孩子。

1935—1946年，其丈夫因是犹太人受到政治迫害，遭受牢狱之灾。艾米·皮克勒一边照顾家庭，一边从事家庭医生的工作，并且通过写作、发表文章、举办讲座来推广她的教养方法，艰难地度过了这10年。1946年，第二次世界大战结束之后，艾米·皮克勒在一些家长的帮助下，创办了罗茨(Lóczy)福利院，一直在这里工作到1978年退休。从罗茨福利院开始，皮克勒方法逐步形成了。

皮克勒方法起源于匈牙利，是一套基于儿童观察和尊重儿童的育儿方法，主要针对婴幼儿，已有70多年的成功实践经验，并被广泛应用于欧洲、美洲、大洋洲等地区，但鲜为我国学者所研究。皮克勒方法对我国托育体系的建立有着极为重要的借鉴作用①。专业人士认为，皮克勒方法大致包括以下7个方面：

第一，全神贯注。照护者在照料婴幼儿的过程中，应给予百分之百的关注，不能因其他事情分心。给予婴幼儿有质量的照顾时间，婴幼儿会接受并理解这种关注是一种爱的体现。

第二，慢下来。成人在现代快节奏的生活中所表现出的急躁、焦虑也会被婴幼儿感受到，所以，在与婴幼儿互动时，成人要有意识地慢下来，让婴幼儿在一个平和、舒适的环境中发展，这对婴幼儿和成人双方都将有所裨益。

第三，建立信任关系。婴幼儿要学会信任，就需要可以信赖的大人。婴幼儿首先要知道能否在合理的时间里得到食物、安慰、休息、运动等各种需要的满足，当他们意识到自己表达的需要得到了满足时，对照护者的信任就会逐渐建立起来。

第四，建立合作关系。“关系”是皮克勒方法中重要的概念，婴幼儿不仅是照料行为的接受者，更是积极的参与者。例如，换尿布是由婴幼儿和照护者共同完成的，在换尿布的过程中要让婴幼儿参与互动，并且让他们关注自己的身体和换尿布这一行为，那么他们的注意持续时间、身体意识及合作能力都会得到发展。

第五，让婴幼儿自由运动。皮克勒博士强调自由移动对婴幼儿的重要意义。当婴幼儿学习翻身俯卧、转身、爬行、坐、立、走时，他们不仅是学习这些行为，而且是学习怎样学习。婴幼儿学习自己做事，发现有兴趣的事物，进行尝试与实验，克服遇到的困难。他们从中可以体会到源于成功的快乐和满足，收获源于自己的耐心和坚持不懈的成果。

第六，允许婴幼儿有不被打扰的玩耍时间。婴幼儿有自娱自乐的能力，他们需要的是安全的环境和探索的自由。成人没有必要去干扰婴幼儿。如果婴幼儿的玩耍没有被成人所谓的互动打断，他们就能感受到自己的独立性和对世界的掌控。成人要尊重儿童的自由玩耍时间。

第七，尊重婴幼儿给出的提示。照护者要了解每个婴幼儿独特的沟通方式，要细心且耐心地观察婴幼儿，在交流时运用肢体语言和非言语，及时回应婴幼儿的交流，如声音、表情、身体动作等。敏锐地捕捉婴幼儿的信息，除了关注语言外，非言语的方式也要给予关注，并尊重他们的意愿。

艾米·皮克勒博士做了大量的研究和实践，撰写和出版了很多婴幼儿养育书籍和

---

① 珍妮特·冈萨雷斯-米纳，戴安娜·温德尔·埃尔：《婴幼儿及其照料者：尊重及回应式的保育和教育课程》[M](第8版)，432—446页，张和颐、张萌，译，北京，商务印书馆，2015年。

影音资料，这些著作被翻译成了多种文字。

此外，全世界有许多皮克勒教育协会，包括整个欧洲、亚洲以及北美和南美洲。特别是美国婴幼儿保教者资源机构 RIE 创始人玛格达·格伯(Magda Gerber)，将以尊重为核心的皮克勒方法发扬光大。

2. 0—3 岁婴幼儿发展对照表简介

“0—3 岁婴幼儿发展对照表”以皮克勒/RIE 婴幼儿教育理念为指导，展示了如何创建物理环境(适宜的玩具和设备)和社会环境(成人角色)，促进婴幼儿在生理、情绪/社会性、智力和语言 4 个领域的发展。这份发育里程碑和环境对照表以西方婴幼儿的发育水平为参照，不一定完全适合中国孩子，但作为整体，它反映了婴幼儿发展的基本顺序。更重要的是，这份表格提供了照护环境对照表，我国照护工作者可参阅对照表组织、检查自己的照护活动，并建议大家结合其他发育里程碑共同指导自己的工作。

(四)0—6 个月婴儿发展里程碑(明尼苏达州教育中心)

美国明尼苏达州对婴幼儿的家庭教育尤为重视。州级公共服务项目“学前儿童家庭教育计划[Early Childhood Family Education (ECFE) Program]”把“我们州的成功取决于每个孩子良好的开端”作为指导精神；州内 4 所高校开设“学历加证书”和“单证书”双轨制家长教育指导师(Teaching Parent Educator)培养模式，不断创新家庭教育理论的同时为全州及全美培养、输送家庭教育指导专业人才。“明尼苏达家长教育核心课程框架(Minnesota Parent Education Core Curriculum Framework，PECCF)”作为指导师培养和家庭指导设计的纲领性文件，为人才培养和指导方案制定提供了科学依据。“助我成长明尼苏达(Help Me Grow Minnesota)”项目为婴幼儿家长和指导师提供孩子发展关键期和里程碑的内容及相应教育指导策略，同时进行发展滞后和特殊儿童的早期筛选与干预。

“助我成长明尼苏达”项目是由明尼苏达州教育厅、卫生部和公共服务部共同发起的一项跨部门行动。此项目为明尼苏达州所属家庭提供教育资源，让家长了解 0—5 岁婴幼儿发展过程中四个领域的里程碑并提供相应支持策略：运动/身体领域、交流和语言领域、认知领域以及社会和情感领域，该项目还联合外部资金支持，为特殊幼儿免费提供全面、保密的筛查或评估，以便及时发现幼儿身体、心理及行为问题，同时针对符合条件的婴幼儿及其家庭提供专业、免费的早期干预服务。

“助我成长明尼苏达”项目以线上服务为主，线下服务为辅。通过免费公开的官方网站为 0—5 岁婴幼儿家长提供家庭教育指导信息。网站首页呈现该项目的宣传语“家长晓畅，孩子成长(When parents know，children grow)”四个板块：发展里程碑(Developmental Milestones)、鼓励健康发展(Encouraging Healthy Development)、为孩子获取帮助(Get Help For A Child)、文章资源(Articles)。

我们通过公开网站发现明尼苏达州“0—5 岁婴幼儿发展里程碑”[1]是该项目的线上内容。在本书中，我们特别关注了该项目关于 0—6 个月婴儿发展里程碑的重要内容。

我们为什么没有全部编译而只关注了 0—6 个月婴儿发展里程碑？其一，是因为它与前面三个里程碑的内容有相通部分；其二，是因为 0—6 个月的婴儿发展部分，在其他的里程碑描述里都比较粗放，而明尼苏达州教育中心完成的这部分成果更加细致完整，具有一定的弥补性，尤其是对那些照护新生儿的父母和工作者来说，具有重要的参考意义，请大家参阅。

小结

本节介绍了中西方四种儿童发展里程碑。里程碑描述了儿童生长发育正常时，在特定时间范围内获得的技能。里程碑通常以顺序方式发展，这意味着个体发展是持续的过程，有既定的先后次序。同时，每个个体都是独特的，所以不会有“标准”的成长轨迹。从事婴幼儿照护服务工作的专业人员或者家长，需要适时提醒自己，同时把握好发展的共性与个性。良好照护意味着优质陪伴——我们需要在陪伴中了解婴幼儿先天气质(通常是遗传的)和性格行为特点(环境能影响)。良好照护服务还意味着虚心学习——我们需要学习婴幼儿的发展变化特点，例如，基于研究发现的儿童发展里程碑基本知识。需要时刻谨记的是，不能把儿童发展里程碑奉为教条。婴幼儿在发展过程中出现了和里程碑不一致的情况，并不意味着一定是异常的。但是如果明显出现部分工具中“发展警示”的情况，就需要及时咨询专业的医疗工作者，以便查明原因并采取适当的措施。婴幼儿在发展早期阶段有极大的可塑性，同时也极易受损伤；发育异常发现得越早，干预越及时，康复的可能性就越大，效果也越好。

问题

1. 对比中国教育部颁布的儿童发展里程碑，你认为它与皮克勒/RIE 发育里程碑和环境对照表内的相应年龄阶段婴幼儿获得的技能，有哪些相同之处？有哪些不同之处？背后的原因可能是什么？

2. 有的孩子说话早，有的孩子该爬的时候还不会爬。你认为孩子在一定范围内存在差异是正常现象还是非正常现象？

3. 有的孩子在 1 岁左右还在爬而未学会走路。作为照护者，你倾向于帮助他学习站立走路，还是让他自己继续爬？

4. 当孩子 2 岁的时候，你可能会看到一些挑衅的行为，例如，你对孩子说“不”时，他仍会坚持做自己想做的事情，你会认为他叛逆吗？

5. 1 岁大的孩子可能对自己的玩具有很强的占有欲，你会不会坚持让他们和其他

---

[1] 明尼苏达州教育中心公开课：《婴儿发展里程碑》，https：//open. 163. com/newview/movie/courseintro？ newurb＝%2Fspeciab%2Fopencourse%2Fmilestones. html.

孩子分享玩具？为什么？

6. 1.5岁的孩子仍然依赖于非语言交流策略，比如指向、打手势或扔东西，你认为他们发育正常吗？

第三章
婴幼儿养育照料

第一节　婴幼儿的营养与喂养

思维导图

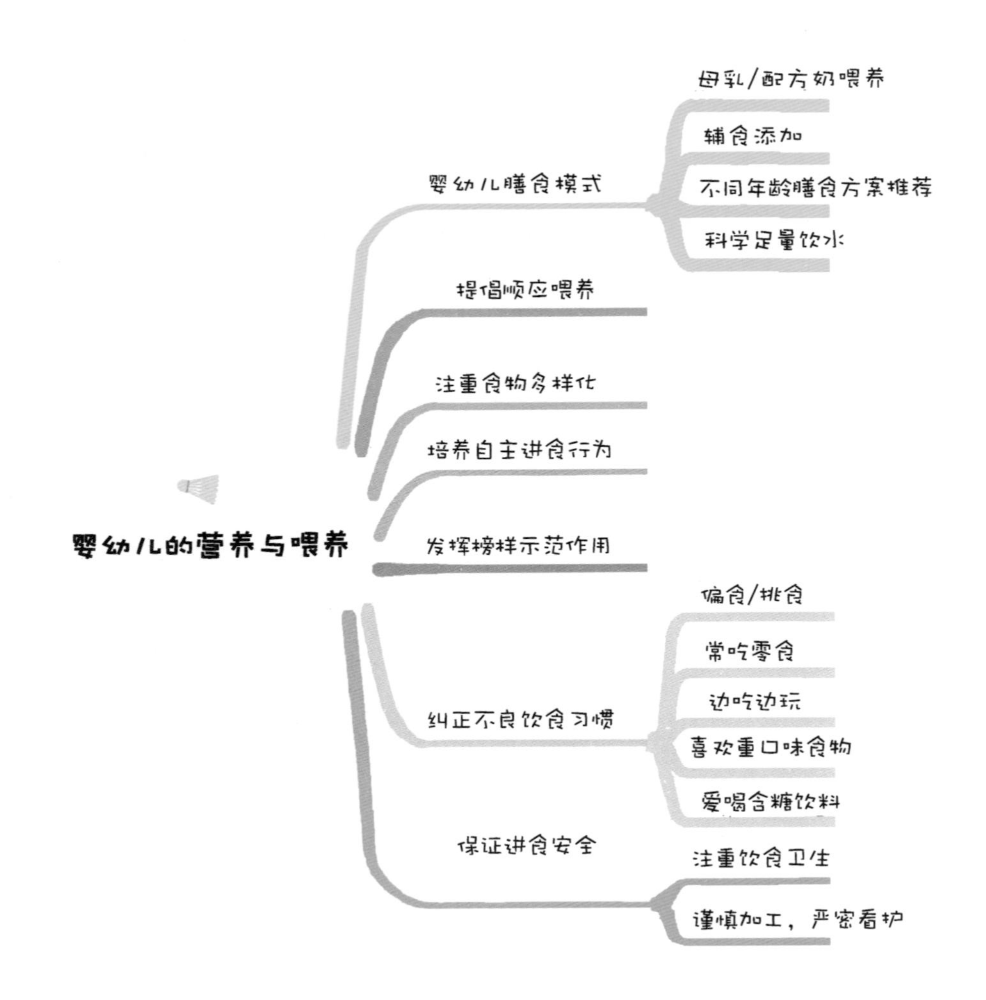

思考

1. 你认为不同年龄的婴幼儿，营养与喂养各有什么特点？

2. 如果遇到断乳期的婴幼儿，你会怎么应对呢？

3. 你听说过顺应喂养吗？

4. 你在喂养婴幼儿的工作中，遇到过哪些不良饮食习惯？你是如何帮助他们纠正的呢？

5. 你从周围人群中，听说过或观察到哪些你认为不正确的婴幼儿喂养方法？

案例

刚入园的娜娜

今天是周一，妈妈亲自送娜娜上仰茶园，娜娜特别开心。看着娜娜和小朋友一起走进教室，妈妈轻声叫住了阿美老师："老师好！我最近忙着照顾娜娜刚出生的小弟弟，疏忽了娜娜。听姥姥说，娜娜在班里吃饭不是很好，我挺担心的，怕影响孩子身体。您看我们家长应该怎么配合老师呢？"

儿童营养与健康状况不仅是每个家庭关注的焦点，也是衡量国家、地区的社会发展水平的重要指标。婴儿出生后 6 个月内，母乳喂养是最佳的方式；之后进入辅食添加和膳食过渡阶段，直至 2 周岁左右，基本接近成人的膳食模式。生命早期的良好营养与合理喂养，对儿童体格生长、智力发育、免疫功能等近期及远期健康指标均会产生至关重要的影响。因此，掌握正确的婴幼儿营养与喂养理念和方法，对于婴幼儿照护服务人员而言至关重要。需要注意的是，婴幼儿生长发育有其自身规律，过快或过慢生长都不利于远期健康；并且个体间可能存在差异，照护者不必相互比较孩子的生长指标，只要处于世界卫生组织颁布的《儿童生长曲线》的正常轨迹，即属于健康生长状态。因此，定期监测体格生长指标的变化非常关键，有助于了解婴幼儿现阶段的营养状况，从而及时调整喂养方式。同时，照护者还应当取得家长的配合，积极和家长沟通，从生命早期开始建立合理的膳食模式，纠正不良饮食习惯，真正实现家园共育的目的。

一、婴幼儿膳食模式

照护者需要为婴幼儿提供与其发育水平相适应的食物。一方面，母乳仍然可以为满 6 月龄后的婴幼儿提供部分能量，优质蛋白质、钙等重要营养素，以及抗体、低聚糖等各种免疫保护因子。因此，对于 7—24 月龄的婴幼儿，建议继续母乳喂养，不能母乳喂养或母乳不足时，需要以配方奶作为母乳的补充。另一方面，婴儿满 6 月龄后，胃肠道等消化器官已经可以消化母乳以外的多样化食物；同时，其口腔运动功能，味觉、嗅觉、触觉等感知觉，以及心理、认知和行为能力，也已准备好接受新的食物。此时开始添加辅食不仅能满足其营养需求，也能满足其心理需求，并进一步促进其感知觉、心理、认知和行为能力的发展。

(一)母乳/配方奶喂养

7—24 月龄婴幼儿继续母乳喂养可显著减少腹泻、中耳炎、肺炎等感染性疾病；继续母乳喂养还可减少婴幼儿食物过敏、特应性皮炎等过敏性疾病；此外，母乳喂养的婴幼儿到成人期时肥胖及各种代谢性疾病明显更少。继续母乳喂养还可以增进母子间的情感连接，促进婴幼儿神经、心理发育。母乳喂养时间越长，母婴双方的获益越多。7—9 月龄婴儿每天母乳量应不低于 600 毫升，10—12 月龄婴儿每天母乳量约 600 毫升，13—24 月龄幼儿每天母乳量约 500 毫升。对于母乳不足或不能母乳喂养的婴幼儿，满 6 月龄后需要继续把配方奶作为母乳的补充。

遵循正确的保存和复温方法，冷冻母乳也可以为低龄婴幼儿提供一定的营养。

六六(1 岁半)和轩轩(7 个月)都还没有断奶，妈妈们虽然不能亲自喂，但依然会按时送来冷冻母乳，由贝贝老师和佩佩老师妥善保存，并正确复温加热后给宝宝们食用。轩轩虽然这么小就和妈妈分开，但佩佩老师会特意在轩轩喝奶时轻声对他说："妈妈非常爱轩轩，每天都辛苦地为你背奶，你也要爱妈妈哟。"小轩轩似乎也听懂了，脸上露出甜甜的笑容，如图 3-1 所示。

进入婴幼儿照护服务机构的低龄婴幼儿会面临分离焦虑的情绪困扰。因此，注意在喂养过程中提供回应式照护比单纯喂养更能带给孩子愉悦的感受，也有利于婴幼儿对照护者建立信任感。

图 3-1　佩佩老师给轩轩喂奶

1. 冷冻母乳喂养注意事项

(1)冷冻之前一定标记好吸奶/挤奶的日期和时间，需要时按照标记的先后顺序加热后给宝宝食用。

(2)冷冻母乳保存期限：①单门冰箱冷冻室(—15℃)可存放 2 周；②双门冰箱独立冷冻室(—18℃)可存放 3 个月；③独立冰柜(—20℃)可存放 6—12 个月。

(3)冷冻母乳如果在冷藏室内解冻不超过 8 小时，可以再次冷冻保存；如果已经通过温水解冻，可以在冷藏室储存不超过 4 小时，但不能再次冷冻保存。

(4)冷冻母乳建议先放冰箱冷藏室过夜缓慢解冻(不要超过 24 小时)，然后用温水加热复温；也可以放在冷水中慢慢增加水温直至解冻复温；或者用温奶器解冻复温。

(5)母乳加热后需在4小时内喝完，否则就应该弃掉，以防变质，也不可以反复解冻。

(6)不可以通过煮沸或微波炉加热冷冻母乳。

2. 配方奶喂养注意事项

(1)每次使用后彻底清洗并消毒奶瓶、奶嘴，可用专用消毒设备或沸水中煮沸5分钟。

(2)冲配奶粉前需清洁相关区域并彻底洗净双手。

(3)保证冲配奶粉的饮用水卫生，需要用煮沸后自然冷却的水。

(4)严格按照说明冲配方奶，先加水再加奶粉，用罐内配套的量勺称量奶粉。过稀可能造成营养不良，过浓则可能造成肾脏损伤。

(5)喂哺前先滴几滴在手腕内侧试温，确保温度适宜。

(6)室温下放置超过1小时，或已经温热过一次的配方奶应弃用。

(二)辅食添加

辅食是指除母乳或配方奶以外的其他各种性状的食物，包括各种天然的固体、液体食物，以及商品化食物。满6月龄是添加辅食的最佳时机，此时纯母乳喂养已无法提供足够的能量，7－12月龄婴儿所需能量1/3～1/2来自辅食，13－24月龄幼儿1/2～2/3的能量来自辅食。适合婴幼儿的辅食应该满足以下条件：富含能量以及蛋白质、铁、锌、钙、维生素A等各种营养素；未添加盐、糖及其他刺激性调味品；质地适合该年龄段婴幼儿；婴幼儿喜欢；安全、优质、新鲜，如肉、鱼、禽、蛋类、新鲜蔬菜和水果等。辅食烹饪方法宜多采用蒸、煮，不用煎、炸。

需要注意的是，普通鲜奶、酸奶、奶酪等的蛋白质和矿物质含量远高于母乳，会增加婴幼儿肾脏负担，不宜喂给7－12月龄婴儿；对于13－24月龄幼儿，可以将其作为食物多样化的一部分进行尝试，但建议少量为宜，并且不能完全替代母乳或配方奶。普通豆奶粉、蛋白粉的营养成分不同于配方奶，也与鲜奶等奶制品有较大差异，不建议作为婴幼儿食品。

辅食添加原则：每次只添加一种新食物，由少到多、由稀到稠、由细到粗、循序渐进。通常从一种富含铁的泥糊状食物开始(如强化铁的婴儿米粉、肉泥、肝泥、蛋黄泥等)，逐渐增加食物种类，以提供不同的营养素，并逐渐过渡到半固体、固体食物(如烂面、肉末、碎菜、水果粒等)。

新食物适应期：每引入一种新的食物应适应2－3天，密切观察是否出现呕吐、腹泻、皮疹等不良反应；如发生，须及时停止喂养，待症状消失后再从小量开始尝试，待适应之后再添加其他新的食物；如仍然出现同样的不良反应，应尽快咨询医生，确认是否食物过敏。

喂养方式适应期：婴儿刚开始学习接受小勺喂养时，由于进食技能不足，只会吮舔，甚至将食物推出、吐出。可以用小勺舀起少量米糊放在婴儿一侧嘴角让其吮舔，切忌将小勺直接塞进婴儿嘴里，令其有窒息感，产生不良的进食体验。第一次只需尝试1小勺，第一天可以尝试1～2次，之后循序渐进。

(三)不同年龄膳食方案推荐

1. 7—9 月龄婴儿

优先添加富含铁的食物，逐渐达到每天 1 个蛋黄或鸡蛋(如果蛋黄适应良好，可尝试蛋白)和 50 克肉/禽/鱼，其他谷物、蔬菜、水果的添加量依需要而定。如婴儿对蛋黄或鸡蛋过敏，在回避鸡蛋的同时应再增加肉类 30 克。如果辅食以植物性食物为主，需要额外添加 5～10 克油脂，推荐富含 α-亚麻酸的亚麻籽油、核桃油等。具体喂养方案推荐如下。

早上 7 点：母乳或配方奶；早上 10 点：母乳或配方奶；中午 12 点：各种泥糊状的辅食，如婴儿米粉、浓稠的肉末粥、菜泥、果泥、蛋黄等；下午 3 点：母乳或配方奶；下午 6 点：各种泥糊状的辅食；晚上 9 点：母乳或配方奶。夜间酌情进行母乳或配方奶喂养 1 次。

2. 10—12 月龄婴儿

保证摄入足量的动物性食物，每天 1 个鸡蛋加 50 克肉/禽/鱼；一定量谷物；蔬菜、水果的量依需要而定。继续引入新食物，特别是不同种类的蔬菜、水果等，增加婴儿对不同食物口味和质地的体会。10 月龄时可尝试香蕉、土豆、馒头、面包片等比较软的手抓食物，12 月龄时可尝试黄瓜条、苹果片等较硬的块状食物，鼓励婴儿尝试自喂的行为。具体喂养方案推荐如下。

早上 7 点：母乳和/或配方奶，加婴儿米粉或其他辅食；早上 10 点：母乳和/或配方奶；中午 12 点：各种厚糊状或小颗粒状辅食，可以尝试软饭、肉末、碎菜等；下午 3 点：母乳和/或配方奶，加水果泥或其他辅食。以喂奶为主，需要时再加辅食；下午 6 点：各种厚糊状或小颗粒状辅食；晚上 9 点：母乳和/或配方奶。

3. 1—2 岁幼儿

每天 1 个鸡蛋加 50～75 克肉/禽/鱼，50～100 克谷物，蔬菜、水果的量仍然依需要而定。具体喂养方案推荐如下。

早上 7 点：母乳或配方奶，加婴儿米粉或其他辅食，尝试家庭早餐；早上 10 点：母乳或配方奶，加水果或其他点心；中午 12 点：各种辅食，鼓励尝试成人的饭菜，鼓励自主进食；下午 3 点：母乳和/或配方奶，加水果或其他点心；下午 6 点：各种辅食，鼓励尝试成人的饭菜，鼓励自主进食；晚上 9 点：母乳或配方奶。

4. 2—3 岁幼儿

提供多种食物构成的平衡膳食，每天不少于 3 次正餐和 2 次加餐。注意两次正餐之间应间隔 4—5 小时，加餐与正餐之间应间隔 1.5—2 小时。正餐应包括谷薯类、蔬菜、畜禽鱼蛋类、大豆类等不同食物类型，其中谷类为主；提倡餐餐有蔬菜，深色蔬菜应占 1/2；动物性食物优选鱼禽类。加餐以奶类、水果为主，搭配少量松软面点；分量宜少，以免影响正餐进食量；如果晚餐进餐时间较早，可以在睡前 2 小时安排 1 次加餐，但不宜进甜食，以预防龋齿。可以根据季节和饮食习惯，定期更换和搭配食谱。

由于目前我国儿童钙摄入量普遍偏低，培养和巩固饮奶习惯对于快速生长发育的

2—3 岁幼儿尤为重要。建议每天饮奶至少 300 毫升或相当量的奶制品。如果饮奶后出现胃肠不适(如腹胀、腹泻、腹痛)，可能与乳糖不耐受有关。为保证饮奶量，可采取以下解决方法：少量多次饮奶或饮酸奶；饮奶前进食一定量主食，避免空腹饮奶；改饮低乳糖或无乳糖奶，或饮奶时加用乳糖酶。

(四)科学足量饮水

6 个月内的婴儿应进行纯母乳喂养，不需要额外补充水分；6 个月后除了母乳之外，婴幼儿也开始直接饮水。7—12 月龄婴儿，每天母乳摄入量约为 630 毫升，辅食添加及饮品补充所提供的饮水摄入量应保证在 330 毫升；1—3 岁幼儿，每天总水量为 1300～1600 毫升，其中，奶类应不低于 500 毫升，饮水 600～800 毫升。

照护者需要注意的是，室温、体温、活动量等因素都会影响婴幼儿对水的需求。可以通过观察尿液的颜色和量、出汗情况等指标，酌情增加或减少饮水量。另外，婴幼儿胃容量小，应少量多次饮水，如上午、下午各 2～3 次，晚餐后视情况而定。注意不宜在进餐前大量饮水，以免影响食欲和消化功能。

最适合婴幼儿饮用的水是白开水，而纯净水和矿泉水都不适合婴幼儿长期饮用。如果长期饮用纯净水，可能造成部分矿物质缺乏；而大部分市售矿泉水的矿物盐含量偏高(尤其是钠)，婴幼儿肾脏功能尚未发育成熟，会增加脏器负担。

和娜娜妈妈一样，婴幼儿照护服务机构不同年龄段的家长，最关心的往往都是孩子“吃”的问题。以 2 岁的娜娜为例，我们推荐一个健康、易操作的食谱给大家：

早餐：菠菜蛋花面片汤 ＋豆沙包 ＋ 煮鸡蛋

加餐：牛奶

午餐：二米饭 ＋ 茄汁大虾 ＋ 肉末小白菜烧豆腐 ＋ 萝卜香菜汤

加餐：香蕉 ＋ 酸奶

晚餐：扬州炒饭 ＋ 香菇油菜 ＋ 冬瓜汆丸子

这份食谱的构成符合前面正文中介绍的平衡膳食原则。正餐包括谷薯类、蔬菜、畜禽鱼蛋类、大豆类等不同食物类型，加餐涵盖奶类和水果。当然，帮助婴幼儿建立健康膳食模式不是件容易的事情。进入婴幼儿照护服务机构之前，家庭照护者基于自身的养育知识，已经为孩子建立了和家人一致的饮食习惯，甚至可能养成了挑食、不专心进餐等一些不好的习惯，这些都会给婴幼儿照护服务机构的照护者带来挑战。

看，娜娜又遇到下面的难题了！

二、提倡顺应喂养

合格的小班长果果

果果是个外向、有主见的小姑娘，老师和小朋友们都很喜欢她。娜娜刚入园，性格害羞，还在慢慢适应绿芽班的新环境。于是我安排她和同龄的果果在一个活动小组，无论游戏、上课还是吃饭，让果果随时帮助她。娜娜尤其不爱吃蔬菜，经常悄悄地把菜叶挑出来扔在地上，如图 3-2 所示。有一次被阿美老师发现了，她批评娜娜挑食、不爱惜食物，娜娜也知道自己做得不对，伤心地低头啜泣。果果像姐姐一样走过去抱抱娜娜，轻声说了几句话，娜娜点点头破涕为笑了。我问果果："你刚才跟娜娜说什么呢?"果果回答说："我告诉娜娜，乔治也不爱吃蔬菜，后来爷爷把蔬菜拼成小恐龙，乔治就爱吃了，我们也试试吧。"

真是个机智又合格的小班长！

——安安老师

图 3-2　挑食的娜娜

顺应喂养（responsive feeding）是在顺应养育（responsive parenting）模式下发展起来的婴幼儿喂养模式，强调喂养过程中照护者与婴幼儿的互动，促进婴幼儿能量摄入的自我调节。这样不仅有助于培养健康的饮食行为，降低肥胖/超重的风险，还能帮助婴幼儿和照护者之间建立良好的情感基础和依恋关系，同时促进婴幼儿社会心理、认知和语言能力的发展。顺应喂养的核心是识别婴幼儿发出的饥饿与进食信号，立即合理回应婴幼儿的进食需要，并逐步学会独立进食。照护者不仅需要考虑其不同年龄段营养需求的变化，同时还要结合其认知、行为和运动能力的发展特点，提供顺应喂养。例如，2—3 岁幼儿的认知能力和生活能力逐渐增强，此阶段可通过生动的健康教育普及营养相关知识，并鼓励孩子多参与食物选择和制作过程。通过亲身体验，幼儿会认识和接受更多食物类型，避免挑食/偏食；并在制作过程中体会到乐趣和成就感，进而对进食产生兴趣。

①营造良好的、充满情感的进餐环境，安静、轻松、愉悦；培养必要的进餐礼仪；避免玩具、电视、手机、平板电脑等对婴幼儿注意力的干扰；为婴幼儿安排固定的座位和餐具；喂养时与婴幼儿面对面，以便交流；控制每餐时间不超过 20 分钟。

②准备好安全、营养、与婴幼儿发育水平相符的食物，并按需要及时提供（具体参见本节第一部分）。

③鼓励婴幼儿通过动作、面部表情和语言发出饥饿或饱足的信号，表达要求进食或拒绝进食的请求，增进其对饥饿或饱足的内在感受，发展其自我控制饥饿或饱足的能力。如婴儿看到食物表现兴奋、小勺靠近时张嘴、舔吮食物等，表示饥饿；而紧闭小嘴、扭头、吐出食物时，则表示已吃饱。照护者应及时感知、正确识别婴幼儿发出

的饥饿或饱足的信号，并有感情地、恰当地回应信号，提供或终止喂养，从而使婴幼儿得到预期的回应。因此，婴幼儿和照护者之间形成双向互动的良性循环。

④充分尊重婴幼儿意愿，接受个体差异，具体吃什么、吃多少，由婴幼儿自主决定。允许其挑选自己喜爱的食物。对于不喜欢的食物，可以反复提供并耐心鼓励其尝试，但决不能强迫喂养。

⑤进餐时无论婴幼儿出现什么“错误”，如弄撒食物、挑食、哭闹等，都不应恐吓、责骂或惩罚他们，以免影响其食欲和情绪。建议通过奖励、鼓励等方式，让孩子始终愉快地进餐，同时意识到自己的“错误”，避免“错误”重复发生(见表 3-1)。

表 3-1　顺应喂养行为评估维度①

维度	概念
食物奖励	把食物作为奖励或惩罚的措施
强迫进食	使用威胁、贿赂、制定光盘规定等方式促使儿童吃食物
照护者对儿童食物摄入的控制	照护者限制儿童摄食的种类和数量、吃饭时间等
情绪性喂养	照护者带有情绪地喂养儿童，使用食物安慰儿童，等等
对儿童饮食信号的回应/儿童自主性	照护者对儿童饱食信号的识别、接受和回应，对儿童停止吃饭时间的控制，对儿童自主摄食的支持，等等

在“合格的小班长果果”案例中，阿美老师希望帮助娜娜纠正挑食的不良习惯，动机是正确的，但采取的批评手段影响了娜娜的进餐情绪，需要改进教育方法，否则还可能会引起娜娜对绿芽班新环境的抵触。果果站在小朋友的角度，很自然地想到用大家都喜欢的小猪乔治的故事去安慰娜娜，很容易就产生了共鸣。老师们在工作中也要积极发挥小朋友的同伴教育作用哟，他们一定会成为老师的好帮手！

三、注重食物多样化

婴幼儿胃肠道等消化器官、感知觉以及认知行为能力等，都在不断发展的过程中，他们需要通过接触、感受和尝试，来逐步体验和适应多样化的食物。例如，提供含不同营养素的食物(主食、肉蛋奶、蔬菜水果等)，不同味道的食物(红薯、西红柿、芹菜、海产品等)，不同性状的食物(豆腐、土豆、排骨等)，不同颜色的食物(青椒、西红柿、胡萝卜等)。父母及喂养者不应以自己的口味来评判，避免先入为主。通过促进婴幼儿对各种膳食的接受适应能力，可以减少将来挑食、偏食的风险，还能保证所摄入营养的全面性。尤其对于某些味道特殊的食物(如胡萝卜、洋葱)，需要耐心引导婴幼儿去接受。婴幼儿的味觉、嗅觉还在形成过程中，在制作辅食时可以通过不同食物的搭配来增进口味，如牛奶土豆泥、西红柿蒸肉末等，其中天然的奶味和酸甜味是婴幼儿最熟悉和喜爱的口味，同时保证了食物的多样性。根据《中国居民膳食指南(2016)》，2—3 岁幼儿建议平均每天摄入 12 种以上食物，每周 25 种以上。

① 安美静等：《婴幼儿顺应喂养评估工具研究进展》，《中国儿童保健杂志》，2021(7)。

四、培养自主进食行为

被追着喂饭的六六

六六入园快2周了，已经逐渐和小朋友们熟悉了起来，每天跟在哥哥姐姐后面玩得可开心了，老师们都很喜欢他。但吃饭时候的六六，实在让我头疼。他总是在餐桌旁坐不住，不愿意自己拿勺吃饭，一不留神就溜去游戏区找小汽车玩具了。实在没办法，我只好全程喂六六吃饭，如图3-3所示。巡视的安安老师发现了这个情况，趁着午休时间给我支招。首先按照我平时的观察，六六现在的抓握能力发育得不错，可以基本胜任用小勺自喂，目前的困难应该是入园前没有养成良好的进食习惯所造成的。接下来我又和六六的父母进行了沟通，了解到六六在家基本由奶奶负责日常喂养。奶奶希望六六吃得又多又快，就会一边让六六看动画片，一边喂食，有时候还会追在六六后面喂饭呢。于是我和六六以及六六的奶奶约定：如果六六能够在绿芽班和在家，都一直坐在餐桌旁自己用小勺吃饭，我就会专门教一首好听的儿歌给六六听。小六六学得可带劲啦。

——贝贝老师

图3-3　被追着喂饭的六六

婴幼儿学会自主进食是其成长过程中的重要一步，需要反复尝试和练习。从被动接受喂养转变到自主进食，这一过程大多是从婴儿7月龄开始，到24月龄时基本完成。照护者应有意识地利用婴幼儿感知觉，以及认知、行为和运动能力的发展，逐步训练和培养婴幼儿的自主进食能力。7—9月龄婴儿喜欢抓握，喂养时可以让其抓握、玩弄小勺等餐具；10—12月龄婴儿手眼协调熟练，已经能捡起较小的物体，可以尝试让其自己抓香蕉、煮熟的土豆块或胡萝卜等自喂；13月龄幼儿愿意尝试抓握小勺自喂，但大多撒落；18月龄幼儿可以用小勺自喂，能吃到大约一半的食物，但仍有不少撒落；24月龄幼儿能比较熟练地用小勺自主进食，并较少撒落；2—3岁幼儿有更强的好奇心，学习能力和模仿能力也更强，是快速建立和巩固自主进食行为的关键时期。在婴幼儿学习自主进食的过程中，照护者应给予充分的鼓励，并保持耐心，避免批评、惩罚，否则会影响婴幼儿对自主进食的兴趣，甚至产生畏惧心理。同时，照护者不可因为暂时的困难(如食物撒落较多或弄脏衣物、自主进食用时过长等)，用成人喂养去代替孩子的自主进食行为，否则会让孩子形成不良饮食习惯。

五、发挥榜样示范作用

爸爸也不爱吃洋葱

今天的午餐有洋葱炒鸡蛋，念念不开心了，因为她实在不喜欢洋葱的味道。同桌的大力很不理解："洋葱多香啊，你为什么不喜欢吃呢?""哼，我爸爸也不爱吃，我们家不会做这个菜的!"坐在旁边的安安老师听见了，温柔地说道："安安老师小时候也有很多不爱吃的食物呢，后来老师告诉我，每种食物都有不同的营养成分，如果你吃的种类越多，身体就会越棒。念念如果以后当了姐姐，是不是也会这么告诉弟弟妹妹呢?"念念不好意思地笑了，轻声在安安老师的耳边说："我会的，我要做个不挑食的好姐姐。"

榜样示范是早期学习支持的重要技能。共同进餐者(如同班小伙伴、父母)的饮食行为习惯，会对婴幼儿的营养和饮食行为产生潜移默化的影响。因此，应鼓励其发挥好的榜样示范作用，尤其父母在家庭中的影响非常关键。父母应避免将个人不良饮食行为暴露在婴幼儿面前，如挑食、爱喝饮料、喜咸甜食物等；应以身作则、言传身教，不挑食、常饮奶、喝白开水、吃清淡饮食。照护者应当对不同食物保持中立态度，不能以食物作为惩罚或奖励，否则会影响婴幼儿对食物喜好的判断和对进食的兴趣。

六、纠正不良饮食习惯

(一)偏食/挑食

偏食/挑食是婴幼儿常见的不良饮食行为习惯，指仅吃自己喜欢的食物或对某些食物挑剔不吃。例如，有的婴幼儿只爱吃肉类，不爱吃蔬菜水果；有的不吃海产品；也有的不喜欢某种特定颜色的食物。纠正偏食/挑食的过程中一定要注意顺应喂养的原则，对于婴幼儿不喜欢的食物，决不能强迫喂养、甚至采用惩罚措施，否则会加重其对食物的心理抵触。建议采用的方法包括：变换烹调方法(如将蔬菜、瘦肉切碎，多种食物混合制作成包子或饺子等)；通过不同的餐具和盛放容器(如卡通人物、动物造型的筷子、勺子、碗盘等)吸引进餐食欲；反复提供小分量食物并耐心鼓励其尝试，及时给予表扬；增加身体活动量和能量消耗，提高进食能力。

(二)常吃零食

适宜的零食可以为2—3岁幼儿补充所需营养素，但应以不影响正餐为前提，尽可能与加餐相结合，睡觉前30分钟不要吃零食。零食可以选择含营养素丰富、新鲜天然、易消化的食物，如乳制品、水果、蛋类、坚果类等；不宜选用热量过高的食物，如油炸食品、膨化食品等。但婴幼儿如果养成了常吃零食的习惯，会导致胃肠道消化液不断分泌，缺乏必要的休息，最终可能引起消化功能减弱，并影响正常进餐时的食欲。各式各样的零食对婴幼儿极具吸引力，照护者应尽量避免让其出现在正餐环境中，尤其是婴幼儿视野可及的范围内，更不要在孩子面前常吃零食，发挥错误的示范作用。

(三)边吃边玩

婴幼儿注意力不易集中，容易受外界环境影响，因此进餐专注度对于保证其正常进食和营养摄入非常重要。提倡细嚼慢咽但不拖延，尽量在20分钟内吃完；进餐时不聊天、玩玩具、看电视、做游戏等；照护者避免追着喂，鼓励孩子自主进餐，增加对进食的兴趣。

(四)喜欢重口味食物

婴幼儿辅食或正餐应尽量保持原汁原味，有助于形成终生的健康饮食习惯。烹调方式宜采用蒸、煮、炖、煨等，尽量少用油炸、烤、煎等方式。口味清淡为宜，避免过咸、过甜、过油腻和辛辣，尽可能不添加或少用盐、糖、味精或鸡精，以及其他刺激性调味品，必要时可选用天然、新鲜的香料(如葱、蒜、洋葱、柠檬、香草等)或新鲜蔬果汁(如番茄汁、菠菜汁等)进行调味。清淡食物有利于提高婴幼儿对不同天然食物口味的接受度，减少偏食挑食的风险；还可以减少婴幼儿盐和糖的摄入量，降低儿童期及成人期肥胖、糖尿病、高血压、心血管疾病的风险。腌、熏、卤制食物不适合婴幼儿，尤其加工后的食品，其钠含量大大提高，并大多额外添加糖。如新鲜番茄几乎不含钠，而10克番茄沙司含钠量高达115毫克，并加入了玉米糖浆、白砂糖等；100克新鲜猪肉含钠70毫克，而市售100克香肠的含钠量超过2500毫克，即使是婴儿肉松，100克含钠量仍高达1100毫克。

(五)爱喝含糖饮料

无论成人还是婴幼儿，饮水都应以白开水为主，避免含糖饮料。婴幼儿缺乏自制力，容易形成对含糖饮料的嗜好，需要给予正确引导。照护者尤其是家长应该以身作则，不喝含糖饮料；托育场所或家中应常备温白开水，定时喂养或提醒孩子自己饮用；同时尽量不购买含糖饮料(如可乐、雪碧、调味乳等)。需要警惕的是，鲜榨果汁、100%纯果汁常被误认为是水果的替代品，但实际上其中的果糖、蔗糖等含量很高，纤维素含量少，其营养价值不如整个水果。为减少婴幼儿糖的摄入量，目前推荐6月龄前婴儿不额外添加纯果汁或稀释果汁；7—12月龄婴儿最好食用果泥和小果粒，可少量饮用纯果汁但应注意稀释；13—24月龄幼儿每天纯果汁的饮用量不超过120毫升，并且最好限制在进餐时或加餐时饮用。家庭自制的豆浆、果汁等天然饮品可适当饮用，但饮用后需及时漱口或刷牙，以保持口腔卫生。

七、保证进食安全

(一)注重饮食卫生

托育机构制作食品应保障食材安全，必须选择新鲜、优质、无污染的食物和清洁水来制作膳食。制备过程应严格把关，制作膳食前须先洗手，制作膳食的餐具、场所应保持清洁，注意生熟分开，以免交叉污染。辅食应煮熟、煮透。制作的膳食应及时食用或妥善保存。婴幼儿进食前和照护者喂食前必须洗手，保持餐具和进餐环境的清洁。需要注意的是，煮熟后的食物仍有再次被污染的可能，因此准备好的食物应尽快食用，未吃完的食物应丢弃。生吃的水果和蔬菜，也必须用清洁水彻底洗净。

(二)谨慎加工，严密看护

3 岁以内婴幼儿膳食应专门单独加工烹制，注意将食物切碎煮烂，完全去除皮、骨、刺、核等，并且进餐时必须有成人严密看护，以防意外发生。尤其需要警惕下列容易导致意外的食物：鱼刺等，会卡喉咙；大块食物，会导致哽噎；整粒花生、腰果等坚果，婴幼儿无法咬碎，整粒吞下而容易呛入气管，2 岁内应禁止食用，或者磨碎成粉、制成泥糊再食用；果冻等胶状食物如果不慎吸入气管后，不易取出，也不适合 2 岁以下婴幼儿；给予婴幼儿食用的水果和蔬菜，应提前去掉外皮及内核和籽，以保证食用安全。同时，应和父母及时沟通孩子个体化的过敏性食物，如鸡蛋、鱼、虾等，避免误食。

其他可能发生的意外还包括：筷子、汤匙等餐具插进咽喉、眼眶；舌头、咽喉被烫伤，甚至弄翻汤、粥而造成大面积烫伤；误食环境中的化学品；等等。这些与婴幼儿进食时随意走动、成人看护不严有密切关系。因此，婴幼儿进食时应固定位置，照护者严密看护，并注意进食场所的环境安全。

小结

在本节中，我们介绍了不同年龄婴幼儿的营养与喂养知识，尤其是顺应喂养的理念和策略，强调了食物多样化、培养自主进食行为的重要性，鼓励父母等共同进餐者发挥榜样示范作用，及时帮助婴幼儿纠正不良饮食习惯。同时，婴幼儿照护服务机构必须严格保证婴幼儿的进食安全。

问题

1. 为什么说培养良好的进餐行为习惯，对婴幼儿生长发育非常重要？
2. 如何为不同月龄的婴幼儿，制订科学合理的膳食计划？
3. 回想一下你和同事在工作中，采用过哪些婴幼儿顺应喂养的策略呢？具体效果如何？
4. 分析一下你遇到的婴幼儿不良饮食习惯，哪些与父母或其他照护者有关？你是如何与他们沟通帮助婴幼儿纠正的呢？
5. 回想一下实际工作中，你和同事是否采用过不正确的婴幼儿喂养方法呢？

第二节　婴幼儿的睡眠

思维导图

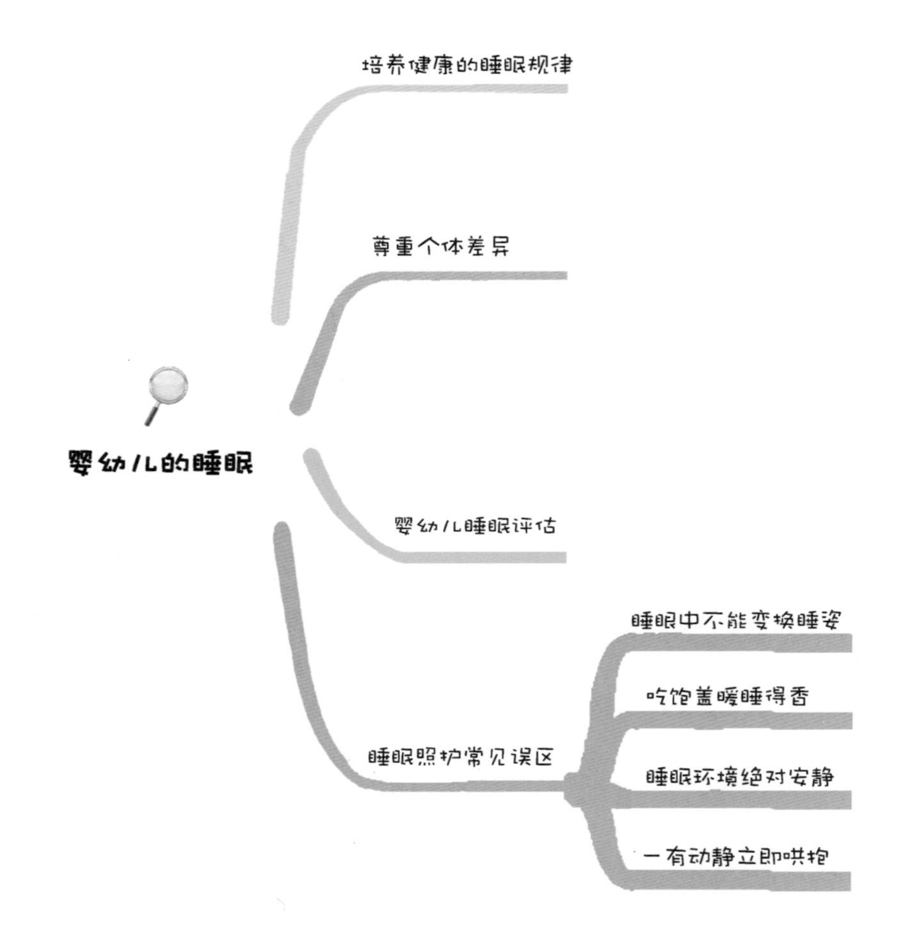

思考

1. 你认为婴幼儿健康的睡眠规律应该是什么样的?

2. 生活或工作中如果遇到不配合午睡的孩子，你会怎么应对呢?

3. 你在睡眠照护工作中，遇到过哪些突发问题？你是如何处理的呢?

4. 你从父母或者周围人群中，听说过或观察到哪些你认为不正确的婴幼儿睡眠照护方法?

案例

午睡小插曲

吃完午饭漱完口，孩子们准备上床午睡了。大力突然兴奋地大笑："我快有弟弟了，哈哈!"一下子就打开了小朋友们的话匣子。阿蒙："我喜欢妹妹，我妹妹叫小爱心。"念念有点不开心地嘟囔着："我也想。"正在学说话的六六也跟着附和："弟弟、妹妹。"午睡的氛围就这么被破坏了。今天中午值班的是阿美老师，她正打算趁着孩子们午睡的时间，准备六一儿童节的舞蹈节目呢。"宝贝们不许说话啦，赶紧睡觉。"可似乎孩子们对这个话题的兴致太高了，叽叽喳喳说个不停，阿美老师有点着急了。这时贝贝老师走了进来："孩子们，你们午睡起来，贝贝老师会讲一个特别好听的故事，是关于佩奇和乔治的。让我们看看谁先睡着，一会儿就可以坐在贝贝老师身边听故事哟。"话音刚落，房间里突然就安静了下来。又过了一小会儿，就可以听见孩子们此起彼伏的呼吸声了。

在"午睡小插曲"的场景中，阿美老师的命令式方法并没有控制住热闹的场面，贝贝老师采取的是顺势而为的引导策略，没有打压孩子们感兴趣的话题，而是去引发孩子们对午睡之后听老师讲故事的期待，从而带着愉快的心情顺利进入梦乡。

一、培养健康的睡眠规律

时间充足、高质量的睡眠，是保障婴幼儿体格生长和智力发育的关键因素。3—5个月起，儿童睡眠逐渐变规律，及时培养儿童健康的睡眠作息非常重要。但也不可以急于求成，尤其对于刚入园的孩子，需要在孩子逐渐熟悉照护者的过程中，与孩子积极沟通以建立信任关系，才能顺利实现目标。

奶睡的轩轩

刚进入种子班的轩轩(7个月)是我们全园最小的宝宝，平时主要是我负责照顾他。轩轩目前还没有断奶，在家里有含着奶嘴入睡的习惯。虽然性格开朗爱笑，但刚入园的他还是有一定的分离焦虑，有时会哭着喊奶奶，午睡也比较困难。我先和家长沟通了改掉轩轩奶睡习惯的建议，他们非常赞同，还了解到轩轩哄睡时喜欢听奶奶哼唱摇篮曲。于是慢慢地轩轩开始接受躺在小床里，听着我哼唱摇篮曲自己入睡了。他睡着的模样，真的就像一个小天使!

——佩佩老师

从上面案例可以看出，佩佩老师具有丰富的婴幼儿护理经验。采取以下策略，有助于培养婴幼儿的健康睡眠规律：

①在孩子第一次入园时，和家长沟通孩子在家的睡眠习惯，如睡觉姿势、习惯陪睡的物品(玩具、小被子)等，便于和孩子交流。

②每天晨间入园时，询问家长昨天孩子夜间睡眠的情况，以便及时调整午睡安排。

③尽可能保证婴幼儿2小时左右的午睡时间，尤其对于较小的婴儿，可根据其情绪反应，适当安排白天小睡。

④睡前可安排盥洗、如厕、讲故事等睡前活动，不安排容易让孩子兴奋的活动和游戏，活动结束后保持安静平稳的情绪状态。

⑤睡前给低龄婴幼儿换好干净纸尿裤，提醒较大的幼儿睡前排空小便。

⑥营造适合入睡的室内环境：空气清新，温度适宜，光线暗，无嘈杂声音干扰，枕头高度、被褥厚薄适宜。

⑦培养小床独立入睡的能力，不宜摇睡、搂睡。允许带陪伴玩具入园陪睡，如毛绒小熊等，增加安全感。

⑧引导较大的幼儿做力所能及的事情(如整理床、叠被、晾被、照顾较小幼儿等)，增加参与感。

⑨及时纠正不良睡眠习惯，如低龄婴幼儿的奶睡问题，入园之后可能会增加婴幼儿的焦虑感，还可能影响乳牙健康。

⑩注意保持进食或喂奶与睡眠的时间间隔，如尽量保证至少在睡前1小时喂奶。

二、尊重个体差异

个体差异不仅存在于成人，同样也会体现在婴幼儿的性格、生活习惯等各个方面。有些差异可能会影响到孩子的生长发育，需要及时纠正。但有些差异其实并不会产生不利影响。例如，有些婴幼儿夜间睡眠质量很好，睡眠时间总量充足，能够满足生长发育的需求，白天精力也很旺盛，没有困倦表现，因此不愿意配合午睡。如何尊重孩子们的个性、接纳正常差异，是照护者需要学习的一门功课。

不爱午睡的阿蒙

孩子们的午睡时间，老师们通常可以稍事休息、整理工作思路和情绪，或者完成一些文案工作。我们绿芽班的宝贝们经过一段入园适应期，大多可以自己香香地入睡了。不过也有例外，活泼的阿蒙几乎不用午睡，还能全天保持旺盛的精力。刚入园的时候，我和阿蒙的爸爸妈妈进行了沟通，他们说阿蒙在家里也没有午睡习惯。为了保持整个班级安静的午睡环境，我曾经试图哄他入睡，讲故事、听音乐、奖励贴纸……用尽了办法，都没有发挥作用。于是我想，或许我应该去接受孩子的个体差异，而不是勉强他去改变。有了这个想法，我开始去寻找另外一种解决方案。我发现阿蒙虽然不喜欢和人聊天，但他能够听懂老师讲的道理，知道在其他小朋友午睡的时候，自己应该乖乖地保持安静。而且他的妈妈告诉我，他们家有特别好的亲子阅读氛围。他们常常坐在客厅的绘本角，一起读各种绘本。有时候阿蒙还会以妈妈肚子里的小宝宝为主人公，自己编故事呢，名字叫作《小爱心奇遇记》。原来，活泼的阿蒙也有这么安静的一面！我们有了一个秘密约定，如果阿蒙不困，我不会勉强他午睡，他也会安静地在游戏区玩或者在图书区看绘本，不影响小朋友们午睡。如果一周都能做到，我会奖励他周末把最喜欢的班级绘本带回家，和妈妈肚子里的小爱心分享。

——安安老师

三、婴幼儿睡眠评估

采用逐级评估的方式进行：通过关键问题，初步评估婴幼儿在睡眠条件适宜的情况下，是否存在睡眠问题，包括睡眠启动、睡眠过程、睡眠时间和睡眠质量等方面的异常表现，如存在，进而使用睡眠评估问卷进行详细评估；如有异常再进行医学评估和诊断。

(一)睡眠时间

根据我国《0－5 岁儿童睡眠卫生指南》(中华人民共和国卫生行业标准 WS/T 579—2017)推荐睡眠时间：0－3 个月婴儿为 13－18 小时，4－11 个月婴儿为 12－16 小时，1－2 岁幼儿为 11－14 小时，2 岁后，幼儿个体睡眠时间的差异日趋明显，照护者需结合实际情况具体分析。

(二)入睡/就寝问题

重点评估婴幼儿从上床准备就寝到实际入睡需多长时间，是否存在拒绝就寝或拖延就寝时间、入睡困难等问题。

(三)睡眠期间的问题

重点评估婴幼儿睡眠中是否会经常醒来、打鼾、呼吸困难或其他问题。

四、睡眠照护常见误区

(一)误区一：睡眠中不能变换睡姿

有些照护者认为孩子睡着后就不要打扰他，任由孩子按照一个睡姿睡眠，但其实睡姿是关系生长发育和身体健康的重要问题。需特别注意的是，1 岁之前宜仰卧位睡眠，不宜俯卧位睡眠，直至婴幼儿可以自行变换睡眠姿势。大量研究显示：婴儿猝死综合征与睡眠姿势有关，特别是颜面朝下的俯卧位最具危险性(见图 3-4)。原因在于

图 3-4　喜欢趴着睡的轩轩

婴儿自主翻身能力较弱，并且不能主动避开口鼻前的障碍物，因而在呼吸道受阻时容易缺氧；加上消化器官发育不完善，中午饱餐后胃蠕动活跃、胃内压增高，午睡时食物可能会反流，阻塞已经狭窄的呼吸道，造成婴儿猝死。因此婴儿最安全的睡姿是仰睡，可保持呼吸道通畅，减少意外发生。需要注意的是，低龄婴幼儿吃奶后不要立即仰卧，可以侧卧，以减少吐奶。适当帮助婴幼儿变换睡姿，观察睡眠中的呼吸情况，是照护者需要关注的问题。

(二)误区二：吃饱盖暖睡得香

有些传统观念认为孩子睡前一定要吃饱，否则容易中途被饿醒。其实如上文所述，婴幼儿的消化系统发育尚不完善，多数婴幼儿照护服务机构的午餐时间和午睡时间较为接近，午餐食物还未被充分消化，午睡时可能发生反流问题，容易造成呕吐，严重时可能阻塞呼吸道。另外，婴幼儿新陈代谢旺盛，普遍容易怕热，如果捂得过于暖和，反而会造成不适。照护者在睡眠巡视时，应关注孩子手心、脚心的温度是否适中，是否大量出汗，而不以是否蹬被为唯一标准。

(三)误区三：睡眠环境绝对安静

婴幼儿的中枢神经系统尚未发育健全，噪声刺激会影响睡眠，造成生长激素等分泌减少，影响正常发育。但有些照护者为了避免外界声音对宝宝的影响，索性将宝宝放在绝对安静的环境中入睡，这样做其实同样会影响宝宝视觉、触觉及听觉的灵敏性。通常情况下，营造一个适合孩子的自然良好的入睡环境即可，例如，可以播放音量较低、柔和抒情的背景音乐。

(四)误区四：一有动静立即哄抱

婴幼儿在睡眠过程中会出现深睡眠和浅睡眠状态不断交替。浅睡眠时可能出现活动四肢、扭动身体，还会出现皱眉、挤眼、微笑等表情，这都属于正常表现。巡视中发现上述表现，照护者不必着急哄抱或喂奶，这样反而会打断宝宝的睡眠。可以继续观察，如果之后很快平静下来，并继续熟睡，就不用采取干预措施。但如果宝宝有其他反应如严重哭闹等，照护者就要及时安抚，并检查是否存在身体不适，及时送医务室就诊。

小结

在本节中，我们介绍了不同年龄婴幼儿的推荐睡眠时间，以及帮助孩子建立健康睡眠规律的有效策略，讨论了尊重个体差异的重要性，介绍了睡眠评估基本方法，并分析了婴幼儿睡眠照护中的常见误区。

问题

1. 为什么说培养健康的睡眠规律对婴幼儿生长发育非常重要？
2. 你和同事在工作中，为培养婴幼儿的睡眠规律采用过哪些策略？具体效果如何？

3. 回想一下你在睡眠照护工作中，遇到过不配合午睡的孩子或者突发状况吗？你是如何处理的呢？

4. 你所在的机构是否采用过不正确的婴幼儿睡眠照护方法呢？你有何改进建议？

第三节　婴幼儿的生活与卫生习惯

思维导图

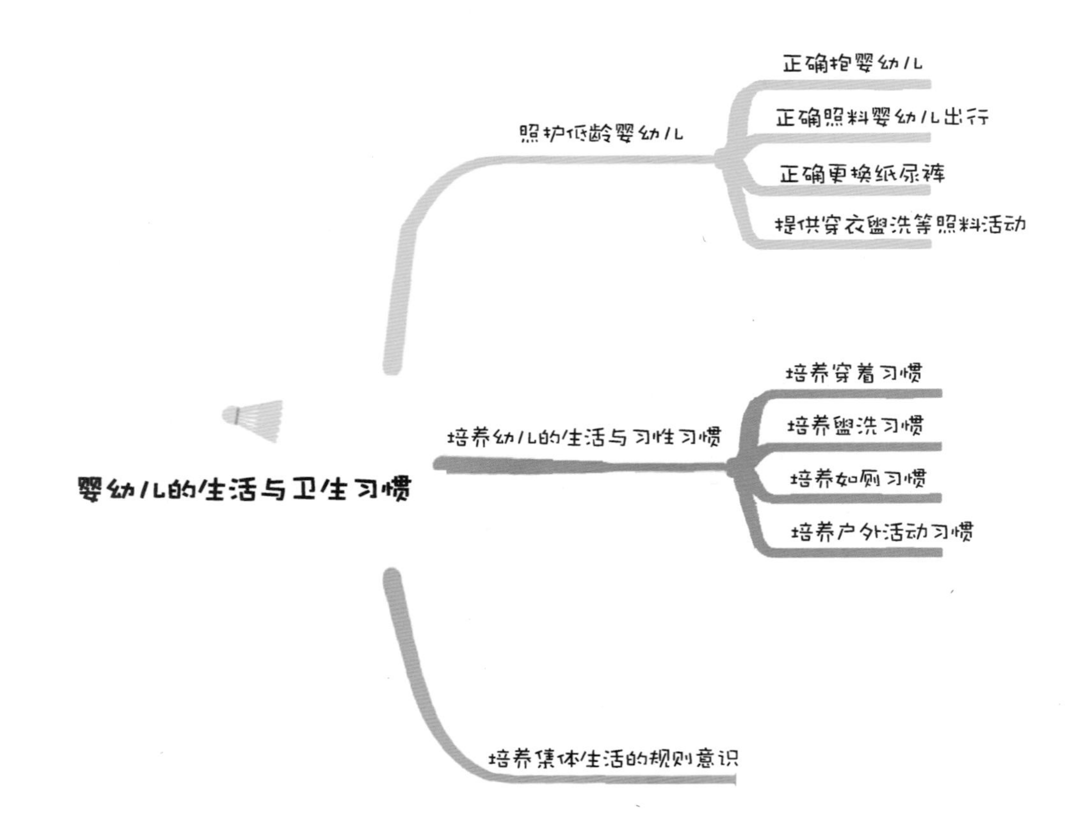

思考

1. 你认为照护低龄婴幼儿的日常生活，最重要的是什么？
2. 你在培养婴幼儿的生活与卫生习惯时，遇到过哪些不良习惯？
3. 你所照护的婴幼儿，是否都能遵守集体生活的规则？

案例

尿裤子的大力

午睡起来，小绿芽们正手忙脚乱地整理着自己的衣服。“哈哈，大力尿裤子啦!”煦煦像发现了新大陆似的大笑起来，其他小朋友也跑过来围观。大力羞得赶紧跑去卫生间，我也赶紧跟了过去。“大力，来，老师帮你换条干净裤子吧。今天午睡前小便了吗?”大力不好意思地摸了摸脑袋摇摇头：“没有，吃完午饭我就赶紧和阿蒙玩了一会儿，没顾上。”“你俩可真是好朋友呢，一会儿也不愿意分开对吗？不过午睡前一定记得小便哟，将来你还要教弟弟呢。”“嗯嗯，安安老师，我记住了。”大力又恢复了他自信的笑容。

——安安老师

一、照护低龄婴幼儿

(一)正确抱婴幼儿

6月龄后的婴儿基本可以头颈部直立、独立坐，因此横抱和竖抱姿势都适用。照护者抱之前需要清洁双手，保持衣物洁净，摘除手镯、戒指、手表等物品，体温和手部温度适宜。注意不要久抱婴儿，更不要抱着婴儿剧烈摇晃。

(1)横抱姿势：一只手托住婴儿头颈部，另一只手托住婴儿臀部和背部，让婴儿的头舒服地躺在手肘部位。

(2)竖抱姿势：便于婴儿自主活动、观察环境和与他人交流。一种抱法是让婴儿和照护者面对面，照护者一只手托住婴儿臀部，另一只手托住婴儿背部以及头颈部，让其贴近照护者的肩部以及前胸。另一种抱法是让婴儿的背部贴着照护者的前胸，坐在照护者前臂上面，另一只手环绕婴儿胸前。

(二)正确照料婴幼儿出行

对于不会走路的婴儿或刚学会走路的幼儿，可以用婴儿推车协助出行，注意调整好婴幼儿坐姿，并固定好安全带。需要注意以下方面内容：不推行的时候一定要将婴儿车刹住；不可以让婴幼儿在车里站起；不可以久坐；不可以将婴幼儿独自留在车里；路况特别颠簸时，应先将婴幼儿抱出，推空车。

（三）正确更换纸尿裤

1. 更换步骤

（1）将婴儿平放于床上或小桌上。打开新的纸尿裤，一只手把婴儿屁股抬起，把有腰贴的半边放在脏尿裤下面，注意纸尿裤顶端应该放在宝宝腰部的位置。

（2）打开脏尿裤的腰贴并折叠，把脏尿裤的前片拉下来；然后一只手抓住婴儿的两个脚踝上抬，另一只手把脏尿裤在婴儿屁股下面对折，干净的一面朝上，防止弄脏下面的干净纸尿裤。

（3）用湿巾或纱布清洁婴儿的会阴部和臀部，擦完之后自然晾干，或者用干净的布轻轻擦干；把脏尿裤拿走，放在一边。

（4）把新的纸尿裤打开，提起婴儿两腿，将其铺在婴儿屁股下面，放下婴儿两腿，将纸尿裤两端抻平，一边按下纸尿裤边缘，一边拉腰贴，左右对称贴好，从上方按下腰贴，从腰贴根部轻轻往上拉，用手顺着婴儿大腿根捋一遍，贴合屁股，褶边不要内折。

2. 注意事项

（1）如果纸尿裤很脏，更换新的纸尿裤前需要给宝宝清洗会阴部，可以在臀下先垫一块布或毛巾，以免弄脏新尿裤。

（2）清洁会阴部时，对于女宝宝按照从前往后的方向擦，防止细菌感染；男宝宝注意清洁阴囊及阴茎的皮肤皱褶处。

（3）腰贴松紧度需适中，以插入一指为宜，太紧可能造成皮肤破损和束缚感，太松可能发生尿液漏出。

（4）注意采用回应式照护技能，操作过程中与婴幼儿用眼神一对一的交流，并且边操作边简单解释操作内容。

轩轩，佩佩老师正在帮你换纸尿裤呢，换完之后你会觉得小屁屁特别舒服。（见图 3-5）

图 3-5　佩佩老师换纸尿裤

（四）提供穿衣盥洗等照料活动

低龄婴幼儿虽然生活不能自理，但有探索学习新技能的兴趣。在为他们提供穿脱衣服、鞋袜、洗脸、刷牙漱口、梳头等生活照料活动时，应尽可能多地给他们提供学习机会，并及时给予反馈，帮助他们逐渐建立起自己的生活经验。如穿衣服时可抬起一支袖管，示意宝宝将胳膊伸进来，然后反馈说："琪琪真棒，小火车钻出山洞啦。"(见图 3-6)吃完午饭可以先问："我们午睡前，还要做件什么事情呀?"小朋友们可能回答："咕噜咕噜!""对啦，我们要先漱口才能睡觉，要不然牙虫虫会在我们的牙齿上挖洞的。"这样做既培养了婴幼儿清洁口腔的习惯意识，还借机进行了爱护牙齿的健康教育。

图 3-6　学穿衣的琪琪

二、培养幼儿的生活与卫生习惯

对于具备一定自理能力的幼儿，可以着重培养其健康的生活与卫生习惯，强调集体生活的规则意识。过程中注意评估幼儿的压力，尤其在完成某些有难度的任务时，容易产生挫败感，特别需要照护者的积极关注和及时反馈，才能将好不容易建立的行为习惯巩固下来并内化于心。

(一)培养穿着习惯

早期建议穿着拉链衣服和粘扣鞋入园，方便幼儿自己穿脱。待精细动作进一步发育后，可以穿系扣衣服入园。午睡脱衣裤后自行整理衣物放在床头，脱鞋后自己把鞋摆在床边，并检查左右顺序，为起床穿鞋做准备。

(二)培养盥洗习惯

培养入园后、游戏前后、进餐前后、如厕前后勤洗手的习惯，培养进食(包括饮奶)后及时漱口的好习惯，可教较大幼儿正确刷牙，强调手卫生、口腔卫生的重要性。正确洗手方法具体如下：

(1)在流动水下淋湿双手。

(2)取适量洗手液(肥皂)均匀涂抹至整个手掌、手背、手指和指缝。

(3)认真搓双手至少 15 秒：

①掌心相对，手指并拢，相互揉搓；

②手心对手背沿指缝相互揉搓，交换进行；

③掌心相对，双手交叉指缝相互揉搓；

④弯曲手指使指关节在另一手掌心旋转揉搓，交换进行；

⑤右手握住左手大拇指旋转揉搓，交换进行；

⑥将五个手指尖并拢放在另一手掌心旋转揉搓，交换进行；

⑦揉搓手腕、手臂，双手交换进行。

(4)在流动水下彻底冲净双手。

(5)擦干双手。

(三)培养如厕习惯

与幼儿建立互相信任的关系，鼓励幼儿及时表达大小便需求，尤其不要因为畏惧新环境或害羞而不愿和照护者沟通。定时提醒幼儿如厕，如进餐前、午睡前。鼓励幼儿养成自主如厕的行为习惯，但对任何特殊情况(如遗尿、大小便弄脏衣裤)不予批评指责，积极正确引导，保护其自尊心。

例如，案例“尿裤子的大力”中安安老师发现大力尿裤子后并没有批评他，而是帮助他找到原因，并鼓励他发挥榜样作用，建立自己的如厕习惯。

(四)培养户外活动习惯

幼儿经常参加户外游戏活动，可以锻炼其体能和智力；促进皮肤中维生素 D 的合成和钙的吸收利用，有利于骨骼生长；有效预防近视的发生；身体活动与饮食互相配合，可以避免营养不良或超重肥胖。每天应至少进行 60 分钟户外体育活动，除睡觉外尽量避免连续超过 1 小时的静止状态。

三、培养集体生活的规则意识

婴幼儿照护服务机构是婴幼儿形成自我意识后接触的第一个集体，他们需要适应从家庭核心转变为班集体普通一员的过程，需要融入新的集体生活，进餐、饮水、如厕、午睡、游戏等各项活动，都需要遵守一定的规则。例如，按次序排队、使用个人用具、轮流值日、保持安静等。尽量避免采用批评惩罚等手段，来建立婴幼儿的规则意识。可以通过同伴的榜样示范作用、故事主人公的代入感等逐步引导，同时尊重个体差异，允许孩子们对规则的适应能力和速度存在不同。

插队的六六

上午的户外活动结束啦，小朋友们纷纷跑进教室准备洗手吃午饭。小六六跑得慢，进了班一看大家都已经在排队了，着急的六六就想插在阿蒙前面洗手。这下子可炸开锅了，大力、阿蒙、果果纷纷批评六六不对，六六也吓得大哭起来。(见图 3-7)贝贝老师赶紧走过来：“六六刚到咱们绿芽班，年纪小，还不太懂规则，小朋友们一起帮助他好不好？”班里终于安静了下来，果果举手说：“老师，我来帮助六六吧，让他和我排在一起，我会告诉他应该怎么做。”“太好啦，咱们绿芽班特别团结，大家互相帮助，一起进步！”

图 3-7 插队的六六

小结

在本节中，我们介绍了如何照料低龄婴幼儿，包括正确地抱婴幼儿，正确照料婴幼儿出行，正确更换尿布，提供穿衣、盥洗等照料活动；如何培养幼儿的生活与卫生习惯，包括培养穿着习惯、培养盥洗习惯、培养如厕习惯、培养户外活动习惯；如何培养集体生活的规则意识。

问题

1. 你和同事在照料低龄婴幼儿的工作中，采用过哪些回应性照料的策略？具体效果如何？

2. 回想一下你在培养幼儿的生活与卫生习惯时，遇到过哪些困难？你是如何处理的呢？

3. 你的班级在婴幼儿的生活与卫生习惯方面制定了哪些规则？你有何改进建议？

第四章

婴幼儿健康与安全

第一节 婴幼儿健康管理

思维导图

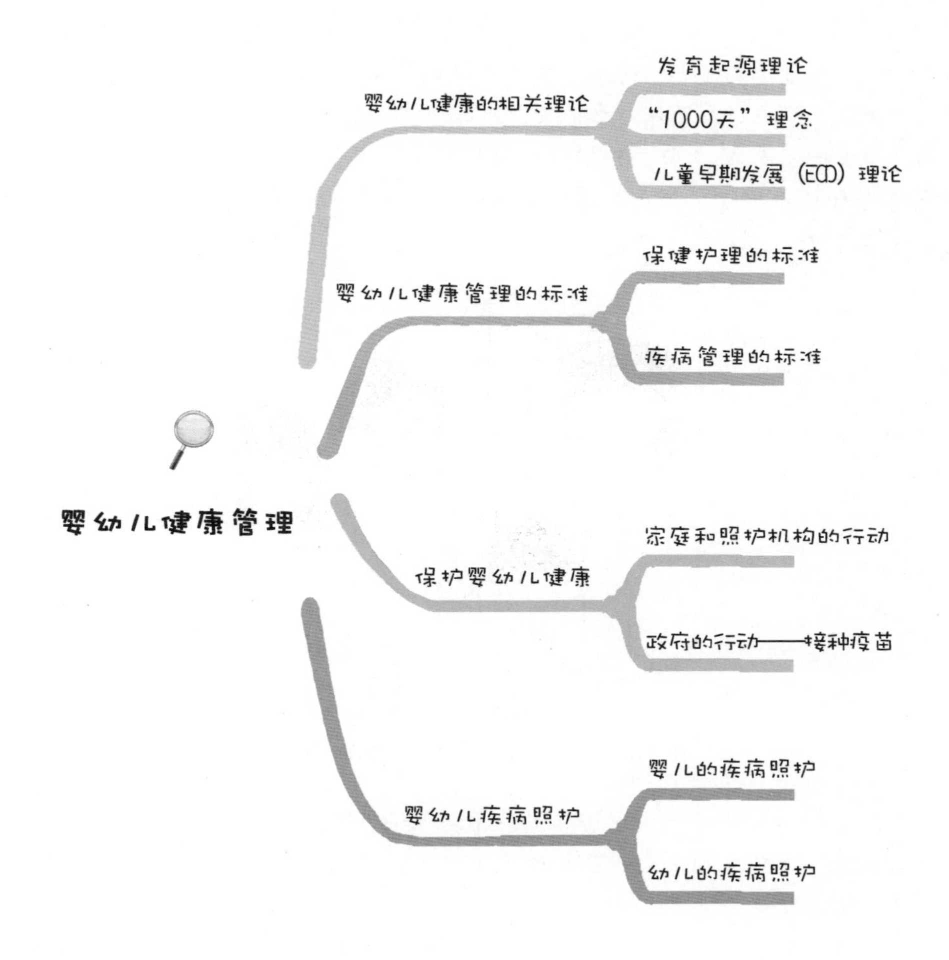

思考

1. 在你心目中，一个健康的孩子是什么样的？
2. 孩子是长得越高越快越好吗？

案例

六六需要打针吗？

六六有个非常细心的妈妈，她很关心六六在仰茶园的生活，每次来都会跟贝贝老师仔细地交流六六一天喝了多少奶，吃了多少辅食，最近身高、体重增长情况。

有一天，爸爸妈妈带六六去看了医生，他们很迫切对医生说："大夫，我的孩子特别矮，听说生长激素特别有效，也很安全，我们希望尽快对孩子进行生长激素治疗。"

医生做了一系列的检查，并对六六做了评估，结论是六六的生长发育非常健康，不用着急进行激素治疗。六六妈妈还是坚持要给孩子注射生长激素，她说自己和六六爸爸都是矮个子，不能让孩子输在起跑线上，如图 4-1 所示。

图 4-1　六六的爸爸妈妈担心孩子长不高

医生只好耐心地解释，由于个体的发育差异非常大，0—3 岁婴幼儿不建议注射生长激素，也不建议小朋友太早去检测生长激素。因为孩子体内的激素调控体系一般要到 4 岁左右才能完全成熟，在 4 岁以前，如果给孩子做与激素有关的激发试验，有可能会出现假阳性、假阴性等错误的结果，影响正常判断。所以，不建议一开始就用激素来干预孩子的生长发育，还是应该从饮食、睡眠、运动、预防疾病，以及养成健康的生活习惯等方面入手，同时加强监测，了解孩子的整体生长速度，让孩子健康茁壮地成长。

以上案例并不是个例，而是常常发生在矮小专科门诊。父母"不能让孩子输在起跑线上"的焦虑无处不在，不仅包括对孩子的智力、才艺、学业表现的焦虑，也包括对孩子身高、体重、健康的焦虑。然而，无论是医生还是科学研究者，都应该着眼于孩子更长远的生命周期。

所有的照护者都希望孩子健康地成长，尽情地享受生活。WHO描述关于健康的概念是指一个人在身体、心理和社会适应等方面都处于良好的状态。健康的婴幼儿在体格与运动、认知与行为、社会交流与情感等功能领域能发挥自己的潜能。在婴幼儿免疫系统发育成熟的过程中，发生一些轻微疾病也是常见的现象。本节将与您讨论婴幼儿健康的相关理论、婴幼儿健康管理的标准、保护婴幼儿健康的行动、婴幼儿常见疾病的照护等。

一、婴幼儿健康的相关理论

国内外科学研究证实，生命早期的营养环境以及生长发育状况，影响成年期健康，特别与成人慢性非传染性疾病的发生密切相关。学者们从不同角度提出了生命早期相关健康理论学说，如健康和疾病的发育起源理论、1000天理论、儿童早期发展理论。

(一)发育起源理论

健康和疾病发育起源(The Developmental Origins of Health and Disease，DOHaD)以生活史为基础，指的是在某些不利情况下，身体为了存活而出现了适应性的发育平衡现象，但其后果是增加了以后发生慢性非传染性疾病的危险。

DOHaD理论是一个多学科参与的领域，主要研究早期营养缺乏或不足与成人期非感染性疾病的关系，包括心血管疾病、肥胖、Ⅱ型糖尿病、骨质疏松症、代谢紊乱和慢性阻塞性肺疾病等；同时探讨环境改变对其他疾病发生的影响，如精神分裂症、骨质疏松症。由于生命早期发育的可塑性阶段环境因素与基因型变化的相互作用，使机体发生改变，对成人期的健康和疾病发生产生长期影响。

DOHaD理论研究环境因素在儿童发育中的作用，主要是营养对成人期慢性疾病的影响；同时涉及代际效应，如母亲妊娠期摄入低能量食物或营养缺乏对胎儿发育的影响。DOHaD理论对揭示慢性非感染性疾病发生的原因有重要作用，即胎儿期营养不良，胎儿生长缓慢，全身器官将发生永久的改变，特别是重要脏器如心脏、肾脏、骨骼，以后发生冠心病、糖尿病、肿瘤和骨质疏松等慢性非感染性疾病的易感性增加。近来，美国科学家用动物模型研究疾病的发育起源的代际作用，并在土著美国人中进行针对肥胖、糖尿病等的预防和干预研究。

DOHaD理论的研究者认为，母亲和家庭健康的模式改善可应用于公共卫生政策和临床实践。

(二)“1000天”理论

生命最初的1000天，是指胎儿期与出生后两年，这一阶段是儿童营养不良的干预“窗口期”。

2008年，《柳叶刀》杂志发表了5篇关于母亲与儿童营养不良的系列文章，分析全球国家和地区母亲与儿童营养不良的调查资料，发现母亲与儿童营养不良会增加儿童死亡率和疾病负担，35%的儿童死亡和11%的全球疾病负担与营养因素相关。大约220万儿童死亡与儿童矮小、严重消瘦和宫内生长受限有关，占5岁以下儿童伤残调整生命年(DALYs)的21%。婴儿和儿童营养不良增加儿童的患病率、死亡率，对儿童健康、认知和体格发育有着不可逆的长期影响。

母亲与儿童营养不良的系列文章证实，生命早期1000天的营养不足，对儿童发育造成的损伤是不可逆的；改善母亲与儿童营养状况，可以产生儿童的认知发育、个人收入、经济增长高的效益。以证据为基础的干预和治疗营养不足的成本效益分析结果显示，胎儿期9个月和出生后24月龄是投资回报率最高的关键期。

2010年4月21日在纽约召开的儿童早期营养国际高层会议一致认同母亲和儿童是改善全球营养的关键，在全球推动以改善婴幼儿营养为目的的1000天行动，提出"1000天：改变人生，改变未来"(1000 days, change a life, change the future)。至此，生命最初1000天被明确提出，成为发展中国家干预母亲与儿童营养的时间窗口。

(三)儿童早期发展理论

儿童早期发展(Early Childhood Development, ECD)理论在本书前文中已有叙述。儿童早期是人一生中生长发育最快的时期，ECD关注儿童早期发展的健康、营养、教育、环境卫生以及良好的社区服务，保护儿童生存、生长、发育的权利，使得儿童的身体健康与运动发育、社会与情绪发育、学习能力、语言发育、认知和一般知识(包括数学与科学知识)得到充分发展。

ECD的核心是照护者教育和支持照护者，发展其为儿童服务的能力。照护者应了解儿童早期不同阶段的发育特点与需要，根据儿童发育水平，发展儿童体格、认知、情感社会适应性及语言等五方面能力。

以上介绍了与婴幼儿健康的相关理论。需要说明的是，相关理论仍处于发展过程中，我们还需要密切关注各种学说和理论的研究进展。

二、婴幼儿健康管理的标准

从生命早期健康的相关理论可以看到，照护者对婴幼儿的健康管理需要科学的规范和明确的标准，至少应包含保健护理和疾病管理。

(一)保健护理的标准

照护者能为新生儿进行脐部护理，能为婴幼儿进行皮肤保健与护理，能为婴幼儿进行全身抚触，能对婴幼儿进行水浴、空气浴、日光浴"三浴"锻炼，能协助保健医生(保健员)进行晨、午、晚检并做好登记工作，能结合婴幼儿精神、情绪、饮食、睡眠、大小便和体温等，对婴幼儿健康状况进行全日观察，能提醒婴幼儿定期体检，并配合保健医生(保健员)测量身长(高)、体重、头围、体温等，能根据不同阶段体格发育指标，了解婴幼儿生长发育状况，能依据婴幼儿定期体检的结果调整保教策略，能对健康状况异常的婴幼儿进行重点观察和过程管理，并做好记录，能按时让婴幼儿接受预防接种，观察预防接种后婴幼儿的不良反应，并进行基本护理，能体察婴幼儿的心理感受，给予及时的安慰，能对有特殊需要的婴幼儿进行积极的关注、理解、安慰和情感支持等，能接纳并鼓励幼儿进行情绪表达和情感分享，能通过榜样示范等形式帮助幼儿掌握一些简单的情绪管理方法。

对于照护者而言，更高的标准是能对婴幼儿照护服务机构的晨、午、晚检以及传染病预防控制制度提出建议，能对婴幼儿视力、听力、牙齿等问题进行登记并配合引导矫治，能对健康状况异常的婴幼儿进行初步干预，并做好与家长、医生等的沟通工作，能帮助婴幼儿增长自信，能了解胎儿生长和孕妇生理心理变化规律。

(二)疾病管理的标准

照护者能识别婴幼儿常见病的早期症状。照护者能及时隔离疑似传染病患儿，并登记上报，能发现听障、视障、孤僻、口吃、吮指癖等生理、心理行为异常的婴幼儿，并做好登记。

对于照护者而言，更高的标准是能照顾常见病患儿，对其进行初步护理，能追踪疑似传染病患儿的确诊情况，通知并安排确诊患儿的接触者进行检疫与隔离，能对发育行为异常的婴幼儿进行初步干预，并做好家长、医生等的沟通工作，能对心理行为异常的婴幼儿进行初步干预，并做好家长、医生等的沟通工作。

三、保护婴幼儿健康

(一)家庭和照护机构的行动

1. 保证母亲的健康

母亲的良好健康状态，包括均衡营养、心理行为健康、养育技能储备等都有益于婴幼儿的健康和发展。

2. 保持卫生和提供良好环境

保持卫生：保持良好的卫生至关重要，特别是婴幼儿周围环境的卫生。被动吸入二手烟的婴幼儿，更可能患上过敏、哮喘、胸部感染，不能在婴幼儿的房间或者附近区域吸烟。婴幼儿的奶瓶和玩具都要保持清洁，使细菌感染的危险降到最低，特别是在婴幼儿把什么东西都放到嘴里的阶段，更要注意。

自然环境：良好的生态环境、充足的阳光、新鲜的空气、清洁的水源、植被丰富的自然环境，有益于婴幼儿健康生长。

家庭环境：家庭是婴幼儿生活的主要环境，直接影响婴幼儿的生长发育。家长的教育决定婴幼儿的健康状况，影响婴幼儿一生的生活方式，包括进食行为、体格锻炼、休息与睡眠习惯等。家长较好的养育态度、科学喂养和卫生保健知识均可对婴幼儿体格生长产生影响。

情感支持：适当的情感刺激不仅促进婴幼儿心理行为发育，同时有益于婴幼儿体格生长。情感剥夺的婴幼儿，血液中的生长激素水平明显低于生活在愉快家庭的婴幼儿。和睦的家庭氛围、父母稳定的婚姻关系都有益于婴幼儿生长发育。

3. 注重运动和锻炼

应当让婴幼儿从小就养成运动和锻炼的好习惯。

在 0—6 个月，每一次把婴幼儿抱起来时，都和他玩耍、对他说话、给他唱歌、轻轻拥抱、对他微笑或者抚慰他，帮助婴幼儿了解他的世界，让婴幼儿知道有人爱他。鼓励婴幼儿学会控制自己的身体(比如张开握住自己的手、翻滚身体、抬头等)，表达自己的需要和愿望。

在6—12个月，让婴幼儿的生长环境充满乐趣和启发，准备好合适的游戏和活动让婴幼儿舒展四肢，支撑着自己坐起来，然后四处爬行，自己扶着东西站起来，尝试着自己走上两三步，到处转一转。

在12—24个月，积极鼓励幼儿拓展自身的能力，并认识周围的环境，学会独立行走、停止、转弯，还可能学会跑。鼓励幼儿运用所有的感官来感受和了解世界，通过活动增长身体技能，而在身体技能的发展和练习中，幼儿对世界有了新的认识，也增强了他的认知和学习能力。

在24—36个月，对幼儿因势利导，帮助他继续全面发展，动作变得更加协调和平衡，身体更加强壮，语言表达能力更强，情感更加丰富。

(二)政府的行动——接种疫苗

接种疫苗是预防控制疾病传染最有效的手段。疫苗的发明和预防接种是人类最伟大的公共卫生成就。疫苗接种的普及，避免了无数儿童残疾和死亡。世界各国政府均将预防接种列为最优先的公共预防服务项目。不断提高免疫服务质量，维持高水平接种率是全社会的责任。

接种疫苗使用人工制备的疫苗类制剂(抗原)或免疫血清制剂(抗体)，通过适当的途径接种到机体，使个体或群体产生对某种传染病的自动免疫或被动免疫。疫苗刺激免疫系统产生抗体(抗感染的蛋白质)。如果婴幼儿接触到病菌，抗体可以起到保护作用。

在我国，疫苗分为第一类疫苗和第二类疫苗。第一类疫苗(免费疫苗)，是指政府免费向公民提供，公民应当依照政府的规定受种的疫苗，包括国家免疫规划确定的疫苗，省、自治区、直辖市人民政府在执行国家免疫规划时增加的疫苗，以及县级以上人民政府或者其卫生主管部门组织的应急接种或者群体性预防接种所使用的疫苗。包括乙肝疫苗、卡介苗、百白破等，具体接种疫苗种类和时间可参考国家免疫规划疫苗儿童免疫程序说明(见表4-1)，具体到不同省份，可能有细微差异。

第二类疫苗(自费疫苗)，是指由公民自费并且自愿受种的其他疫苗。包括B型流感嗜血杆菌、肺炎十三价、轮状病毒、手足口、水痘等疫苗。

一类疫苗和二类疫苗不是根据疫苗的重要性区分的，而是根据疫苗生产能力、经济承受能力、疾病传染性等综合考虑的。一类疫苗预防的疾病传染性更强、波动面更广，部分一类疫苗造价较低、制作工艺较为简单，所以一类疫苗免费强制接种。很多二类疫苗在发达国家属于一类疫苗。

例如，肺炎十三价疫苗能够预防肺炎球菌引起的侵袭性和非侵袭性的感染。2018年公布的最新研究显示，全球＜5岁死于肺炎球菌感染的儿童约为29.4万名，发展中国家和地区的发病率高于发达国家和地区，大多数死亡发生在非洲和亚洲，全球＜5岁儿童肺炎球菌性疾病病例数最高的10个国家全部位于非洲和亚洲，占全球总

表 4-1　国家免疫规划疫苗儿童免疫程序表(2021 年版)

可预防疾病	疫苗种类	接种途径	剂量	英文缩写	接种年龄														
					出生时	1月	2月	3月	4月	5月	6月	8月	9月	18月	2岁	3岁	4岁	5岁	6岁
乙型病毒型肝炎	乙肝疫苗	肌内注射	10 或 20μg	HepB	1	2					3								
结核病[1]	卡介苗	皮内注射	0.1ml	BCG	1														
脊髓灰质炎	脊灰灭活疫苗	肌内注射	0.5ml	IPV			1	2											
	脊灰减毒活疫苗	口服	1 粒或 2 滴	bOPV					3								4		
百日咳、白喉、破伤风	百白破疫苗	肌内注射	0.5ml	DTaP				1	2	3				4					
	白破疫苗	肌内注射	0.5ml	DT															5
麻疹、风疹、流行性腮腺炎	麻腮风疫苗	皮下注射	0.5ml	MMR								1		2					
流行性乙型脑炎[2]	乙脑减毒活疫苗	皮下注射	0.5ml	JE-L								1			2				
	乙脑灭活疫苗	肌内注射	0.5ml	JE-I								1、2			3				4
流行性脑脊髓膜炎	A 群流脑多糖疫苗	皮下注射	0.5ml	MPSV-A							1		2						
	A 群 C 群流脑多糖疫苗	皮下注射	0.5ml	MPSV-AC												3			4
甲型病毒性肝炎[3]	甲肝减毒活疫苗	皮下注射	0.5 或 1.0ml	HepA-L										1					
	甲肝灭活疫苗	肌内注射	0.5ml	HepA-I										1	2				

注：1. 主要指结核性脑膜炎、粟粒性肺结核等。

2. 选择乙脑减毒活疫苗接种时，采用两剂次接种程序，选择乙脑灭活疫苗接种时，采用四剂次接种程序；乙脑灭活疫苗第 1、2 剂间隔 7—10 天。

3. 选择甲肝减毒活疫苗接种时，采用一剂次接种程序，选择甲肝灭活疫苗接种时，采用两剂次接种程序。

病例数的66%，中国位列第二，占全球总病例数的12%。① 婴幼儿(尤其是小于6个月的婴儿)免疫系统还不完善，易受肺炎球菌侵袭，造成严重后果。该疫苗被世界卫生组织列为极高度优先使用疫苗。

随着综合国力的不断提升，我国也在逐步健全国家免疫规划疫苗调整机制，推动将安全、有效、财政可负担的第二类疫苗纳入国家免疫规划，使人民群众享受到更加优质的接种服务。

在我国，婴儿一出生，医生就会给家长一本预防接种证，或者在婴儿出生后一个月内到附近社区卫生服务中心或乡镇卫生院领取。预防接种证上详细写明了婴幼儿应该注射的疫苗和注射时间，照护服务人员应提醒父母严格按照规定的免疫程序和时间进行接种。

接种前一天要给婴幼儿洗澡，接种当天给婴幼儿穿清洁宽松的衣服，便于医生接种。

接种当天要带好预防接种证，在注册之后，医生会在预防接种证上登记本次接种的时间、疫苗名称、批次等信息。接种地点一般在社区卫生服务中心、乡镇卫生院、村卫生室。户籍在外地的儿童在暂住地接种单位接种疫苗。

接种之前，医生一般会对婴幼儿的健康状况进行检查，如检查体温、心跳等，照护者或父母可以向医生提出疑问，帮助医生准确地掌握婴幼儿的健康信息，更好地保护婴幼儿的安全。如果婴幼儿有不适，可能需要暂缓接种。

接种分为口服和注射两种方式。注射，一般会在婴幼儿的上臂外侧三角肌或大腿前外侧中部。为防止婴幼儿乱动，照护者或父母可用双手将婴幼儿固定住，尽量分散婴幼儿的注意力，以免婴幼儿哭闹得太厉害。接种疫苗后，应用棉签按住针眼几分钟，不出血时方可拿开，棉签不可揉搓接种部位。接种完毕，要在接种门诊留观区休息30分钟，如有明显的不良反应，可及时报告医生，及时处理。

接种疫苗以后，照护者或父母要让婴幼儿适当休息，多喝水，注意保暖，防止触发其他疾病。接种当天不要洗澡，要保证接种部位的清洁，防止局部感染。接种百白破疫苗后，若接种部位出现硬结，可在接种后第二天开始进行热敷，以帮助硬结消退。

在通常情况下，接种疫苗以后不需要就医。照护者或父母应密切观察婴幼儿的情况，如果出现轻微发热、食欲缺乏、烦躁哭闹的现象，可做好记录，一般几天内会自行消失。如果反应强烈且持续时间长，婴幼儿在接种疫苗以后体温上升到39℃以上，有抽搐、惊厥等反应，应立即带婴幼儿去医院就诊。如果婴幼儿的注射部位有剧烈疼痛或者严重变红，或身体有大面积的皮疹，也应当及时就诊。如果婴幼儿有其他不能确定的症状，应咨询医生。

---

① 中华预防医学会疫苗与免疫分会：《肺炎球菌性疾病免疫预防专家共识(2020版)》，载《中华流行病学杂志》，2020，41(12)。

四、婴幼儿疾病照护

(一)婴儿的疾病照护

1 岁以下的婴儿会患上一些和稍大的幼儿相同的病症，但他不会像稍大的幼儿那样表达。照护者与婴幼儿长期接触会越来越了解他正常的时候是什么样子，也会逐渐锻炼出觉察婴幼儿不舒服的直觉。对以下这些迹象应当特别加以注意。

比往常哭得更频繁；可能因疼痛而引起的尖叫；不正常的哭声；不正常的无精打采；腹泻或呕吐；囟门下陷或突出；呼吸急促，发烧或出汗；不愿吃东西；发冷或者出冷汗。当婴幼儿觉得不舒服的时候，他可能表现出很强的依赖性，愿意被抱着而不愿被放下来，不像平时那么活泼，笑容也会减少，表现出不耐烦甚至痛苦的样子；在吃奶的时候，会需要更多的时间；在不舒服的时候，会睡得比平时多/少一些。

婴幼儿的正常体温为 36.5℃到 37℃，如果婴幼儿的腋下温度高于 37℃，就是发烧。如果婴幼儿很烦躁，或者他的皮肤发红出汗，特别是在脖颈和背部，那就应该看看婴幼儿是不是发烧了。这些都是皮肤温度偏高的迹象，照护者需要使用温度计测量体温，确定婴幼儿是否发烧。发烧会使婴幼儿感到很不舒服，会导致脱水甚至抽搐。如果怀疑婴幼儿有以下疼痛症状，照护者应及时带他就医。

婴幼儿常见的疾病及症状有以下几种：

尿布疹：氨和尿液中的其他化学成分会刺激婴幼儿敏感的肌肤，在尿布使用时间过长的情况下较易发生，所以要经常给婴幼儿更换尿布，特别是婴幼儿的排泄物较稀的时候。如果婴幼儿患有尿布疹，照护者在帮他清洗后，可彻底擦干其臀部，先不给他裹尿布，让他躺在小褥子上或毛巾上待 10－20 分钟，并陪在他身旁，一天至少这样做 3 次，直到疹子消失。在换上清洁的纸尿裤之前，给婴幼儿涂上一层薄薄的乳液，让他的皮肤更舒服一些。

绞痛：婴儿如有两周左右的、长时间的无法劝止的啼哭，可能是绞痛。这种剧烈的大哭，在婴儿出生后的三个月中较为常见，特别是在晚上，在绞痛发作时，婴儿可能曲起膝盖，小脸涨得通红，并握紧拳头。试着抱起婴儿，温柔地抚慰他，跟他说话，但不宜过度地刺激，观察他是否慢慢变得平静舒适。如果发现婴幼儿长时间不明原因地大哭，应及时就医，排查婴幼儿是否发生肠套叠或肠梗阻。

胀气：很多婴幼儿在喂奶后都会有胀气的现象，有些婴幼儿会更频繁一些。在喂奶的过程中和喂奶之后频繁的排气是很重要的，如果婴幼儿容易肠胃胀气，应咨询医生，医生认为有必要使用辅助手段的话，会推荐使用婴儿配方的滴剂，有抑制泡沫、吸收气体的作用。

反流：反流是在喂奶时或者喂奶后，胃酸和食物在食道中逆流而引起的，会引起婴幼儿腹部疼痛。婴幼儿食道底端的贲门还没有发育成熟，不能完全发挥作用，往往在每次喂奶时或喂奶后发生反流的症状。在喂奶后尽量让婴幼儿保持直立的姿势，这对防止反流会有所帮助。

脱水：婴幼儿在呕吐或腹泻的情况下会失掉水分，患胃肠炎的时候可能两种症状都有，更容易脱水。要学会辨认脱水的症状，比如婴幼儿的尿布比往常要干。在脱水的时候，婴幼儿的皮肤不像平时那么有弹性，腹部会显得干燥有皱纹，囟门会下陷，眼眶也会比平时深陷，婴幼儿会变得懒散昏沉。以上都是严重脱水的迹象，如果婴幼儿有以上症状，应立刻联系医生或到医院就诊。

肚脐突出：如果婴幼儿的肚脐在哭时显得向外鼓出，他可能患有脐疝。照护者应带婴幼儿就医，由医生为婴幼儿做进一步的诊断，比如腹股沟疝气是可以自行痊愈的，但可能需要几个月甚至几年的时间。

(二)幼儿的疾病照护

当婴幼儿长大，病了的时候能够更容易地表达自己的感受，他能指着疼痛的部位，比如耳朵或者腹部，告诉照护者哪儿疼，哪里觉得难受。即使婴幼儿不能说出他的感受，他的脸色也会因此变得苍白，或者脸颊因为发烧而变得通红，或者他的胃口可能不好，或者喝水比平时少了或可能多了，或者毫无预兆地剧烈呕吐，或者不像平时那么爱玩爱笑，可能很容易就哭，或者比平时更加“黏人”。

婴幼儿是病了，还是只是因为什么事情而感到不安？如果他足够大的话，照护者可以问问他哪里出了问题。如果觉得婴幼儿不对劲，可以用温度计来测量他的体温。如果照护者基本能够判断婴幼儿状况，可采取简单适当的治疗措施。每半小时看看婴幼儿的情况有无变化，并认真记录下来。如果情况紧急，请立刻就医。

婴幼儿生病的时候，作为照护者着急是很自然的，但此时照护者要尽量沉着、迅速地采取行动，不要过于焦虑，因为焦虑的情绪会对婴幼儿产生影响。

如何照顾发烧的婴幼儿

发烧不是疾病，而是婴幼儿努力和疾病做斗争的迹象，因此发烧不一定需要治疗措施，但如果婴幼儿感到不适或者体温超过 38℃，要帮助他退烧。在少数情况下，高烧可能导致抽搐，特别是在 5 岁以前。控制婴幼儿的体温，可以预防抽搐的发作。发烧也会引起脱水和头疼，而脱水反过来又会引起发烧。

穿着：婴幼儿发烧时给他脱去多余的衣物，只需要穿着内衣、睡衣或家常的轻质便服。

喝水：让婴幼儿喝大量的水，有助于控制体温，补充消耗的水分，防止脱水。照护者需确保婴幼儿身边随时放好他心爱的水杯，里面盛满了水。如果他不愿意喝水，试着给他喝平时不让他喝的果汁或饮料，甜味饮料虽对牙齿不好，但可以给婴幼儿补充能量，并刺激他的味蕾。喝水的原则是少量多次，每次不要喝得太多，这对呕吐的婴幼儿尤其重要，因为他的胃承受不了太多的水。

进食：不必为婴幼儿吃饭的问题太担心，当身体好转的时候，胃口自然会慢慢恢复。在发烧时期，水分比食物更重要。水分充足的水果、清淡的稀粥，都是很好的补充食物。

用药：如果婴幼儿的体温超过 38.5℃，可服用扑热息痛糖浆或布洛芬糖浆，注意控制好剂量，严格按照药物说明服用。

物理降温：用海绵/毛巾/棉布蘸微温的水帮婴幼儿轻轻地擦拭身体，不要用太凉的水，因为这会引起血管收缩，从而减慢热量的散发。还可以用温水给婴幼儿洗个澡，20 分钟后再检查一下体温。在婴幼儿生病的过程中，要坚持监测体温，如果达到 39℃或以上并持续 24 小时以上，请立即就医。

陪伴：生病的婴幼儿可能没有平时精力旺盛，但仍然需要娱乐来消磨时间，照护者应尽量陪在他身边，一起阅读或一起玩不耗费体力的游戏，同时不要显露出担忧焦虑的情绪。

小结

在本节中，我们梳理了生命早期健康理论学说，学者们从不同角度提出了婴幼儿的营养以及生长发育状况，与成年后的身心健康，特别是与成人慢性非传染性疾病的发生密切相关，因此确保婴幼儿的健康和安全显得尤为重要，对于婴幼儿健康护理制定规范和标准也十分必要。婴幼儿的健康需要家庭、照护机构和全社会的投入，包括保证母亲的健康、确保婴幼儿生活环境安全和卫生、引导婴幼儿养成健康生活习惯以及按时按需接种疫苗。一个生命个体的成长史，也是新生命与各种病毒、细菌做斗争的战斗史，按照科学规范照料生病的婴幼儿，针对婴幼儿常见的疾病提供基础的护理、陪伴，是照护者不可或缺的技能。

问题

1. 生命最初的“1000 天”是指的哪一段时间？
2. 有家长认为二类疫苗不如一类疫苗重要，可以不打，这种观点对吗？
3. 宝宝发烧是感冒吗？如果发现宝宝发烧，你会采取哪些行动？

第二节　婴幼儿伤害预防

思维导图

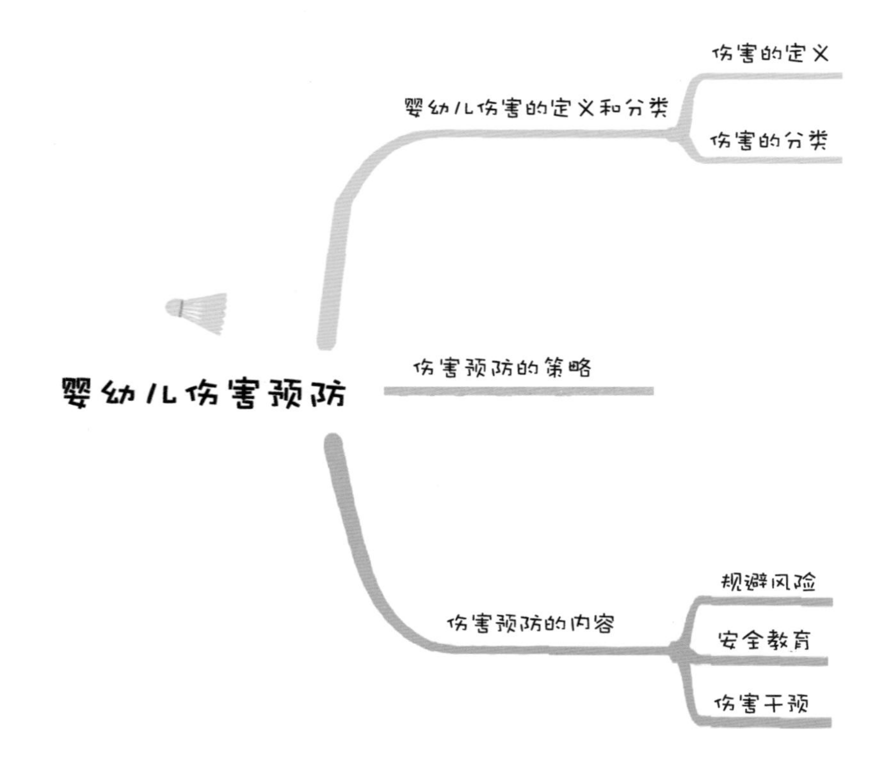

思考

1. 在你心目中，你所在的机构对婴幼儿是安全的吗？
2. 婴幼儿的安全意识如何培养？

案例

轩轩坠床了

奶奶今天早上把轩轩送到仰茶园，细心的佩佩老师观察到轩轩前额有个红红的肿包，马上向奶奶了解情况。

奶奶告诉佩佩老师，轩轩昨晚睡觉很不安稳，一直在哼哼唧唧。后来奶奶听到轩轩哭闹了，可能是拉了或者尿了，让他感觉很不舒服。奶奶打开安全护栏，想尽快给轩轩换上干爽清洁的尿不湿，让他舒舒服服地睡觉。然而手边正好没有尿不湿了，于是奶奶去另一个房间拿，就在奶奶离开的期间，轩轩迷迷糊糊翻了个身，从婴儿床上掉了下来。轩轩哇哇大哭，前额上鼓起了一个大包，如图 4-2 所示。

图 4-2　轩轩不小心坠床了

奶奶听到哭声，慌忙赶来，看着轩轩哭红的小脸和额头上的大包，奶奶充满了自责。后来奶奶给轩轩换了尿不湿，从婴儿床上把他抱起来，一边轻轻抚摸他的后背，一边哼着摇篮曲，轩轩从大哭变成了啜泣，后来慢慢停止了哭泣，渐渐睡着了。

佩佩老师抱着轩轩，跟他简单互动了一会儿。轩轩看到佩佩老师，脸上露出微笑。教学主管听说轩轩在家坠床了，也过来抱抱轩轩，并继续向奶奶了解情况。教学主管很关心从晚上坠床到早上送园期间，轩轩是否变得嗜睡，是否经常哭闹，以及是否呕吐过，或者是否有其他异常反应，并细心地一一记录下来。教学主管叮嘱佩佩老师，要在坠床后的 48 小时继续密切关注轩轩的情况。

以上案例并非偶发，根据上海儿童医学中心的一项关于儿童坠床的调查，坠落是婴幼儿直至儿童期最常见的意外伤害，占全部意外伤害的 25%以上，50%以上的坠落往往发生在家庭及婴幼儿长期生活环境附近，绝大多数坠落意外都是在照护者的视线离开孩子的几分钟，甚至是几秒内发生的。

婴幼儿时期是一个稚嫩的、脆弱的，需要成人精心照顾和保护的时期。所有的照护者都希望婴幼儿远离伤害，在安全的环境中无忧无虑地成长。然而，总有一些情况导致意外的发生：一是婴幼儿大肌肉迅速发展，同时具有活泼好动的特性，对外界事物感觉特别好奇；二是婴幼儿控制调节自己心理活动和行为的能力比较差，其思维和行为活动具有明显的随意性；三是由于缺乏生活经验，婴幼儿对周围环境潜在的不安全因素缺乏正确认识。以上原因使得婴幼儿伤害总是防不胜防。本节将讨论婴幼儿伤害和预防、伤害预防的标准和指南。

一、婴幼儿伤害的定义和分类

(一)伤害的定义

伤害是指突然发生的各种实践或事故对人体所造成的损伤，包括各种物理、化学和生物因素。伤害是生活中对人体生命安全有严重威胁的客观事件。婴幼儿伤害是婴幼儿遭受到的各种身体和心理的伤害，包括生理上和心理上两部分内容。

(二)伤害的分类

WHO 将儿童伤害按严重程度分为致死性伤害与非致死性伤害(见表 4-2)；按伤害的偶然性分为无意伤害和有意伤害(见表 4-3)。[①]

表 4-2　儿童非致死性伤害

原因	伤害情况
外伤	车祸、摔伤、砸伤、切割伤、动物致伤等住院治疗、活动受限>1 日、昏迷或丧失知觉、骨折、脱臼、扭伤、切割伤>5 厘米(面部>3 厘米)
溺水(被救)	
中毒	有明显中毒症状的食物中毒、药物过敏等
烧伤或腐蚀伤、冻伤	面积>10 平方厘米(面部>5 平方厘米)伴水泡或有瘢痕
窒息	住院治疗、昏迷或丧失知觉
触电	住院治疗、昏迷或丧失知觉
中暑	住院治疗、昏迷或丧失知觉
虐待	包括忽视或遗弃、躯体虐待、性虐待、心理虐待

表 4-3　儿童无意伤害和有意伤害

无意伤害	有意伤害(家庭成员、伙伴、陌生人)
交通事故	虐待
中毒	自杀行为(在婴幼儿阶段少见)
摔伤	自伤行为(在婴幼儿阶段少见)
烧伤、烫伤	集体暴力(在婴幼儿阶段少见)
溺水	
其他	

① 黎海芪：《实用儿童保健学》，610 页，北京，人民卫生出版社，2020 年。

在照护实践中，根据不同年龄段，婴幼儿常见的意外伤害类型略有不同。

0—6个月婴儿：窒息、吐奶误吸、洗澡溺水、捂被综合征、无安全座椅导致的交通安全事故。

6个月—1岁婴儿：这个年龄段的婴儿，已经开始添加辅食，而且婴儿会翻身、会爬，有的还会扶着墙或沙发边站立或行走，正处于手部敏感期，无论抓到什么东西都会往嘴里塞，所以这个年龄段，要预防的是坠落伤、烧(烫)伤、窒息、气道异物阻塞等。

1—2岁幼儿：这个年龄段的幼儿，已经会走能跑，但是身体平衡性不好容易摔倒，而且他们往往好奇心强，对什么都很感兴趣。所以要注意的是走路不稳或者地面湿滑，在此情况下幼儿就容易出现跌倒，此外还有烧(烫)伤、气管异物、交通事故、中毒、溺水等意外。

2—3岁幼儿：孩子们可探索的区域更加广阔，因此要注意幼儿玩具安全、跌倒摔伤、烧(烫)伤、溺水、中毒、动物咬伤、交通事故、走失等意外。

二、伤害预防的策略

婴幼儿伤害的发生除了与其自身生理和行为特点有关，也与被照护情况、环境等诸多因素有关。伤害一旦发生，无论是致婴幼儿残疾还是危及生命，都会给家庭带来抹不掉的伤痛。所以，必须提高安全意识，做好伤害控制和预防，让婴幼儿远离伤害，健康成长。

伤害的预防包括三级：通过I级预防，降低儿童伤害发生与死亡率。同时，需要II级预防和III级预防，包括有效的医学急诊服务、创伤护理、特殊的儿科康复服务等，尽可能让儿童恢复到正常，提高生命质量。

I级预防：伤害发生前，阻断伤害可能发生的所有环境因素，1970年威廉·哈登(William Haddon)提出儿童伤害预防10项基本策略。

(1)预防危险因素的形成：如危化品生产、原子反应堆建立时的防护措施；

(2)减少危险因素的量：如机动车限速，降低涂料中的铅含量；

(3)防止或减少危险因素的释放：如生产巴氏消毒奶；

(4)减少危险因素释放率及空间分布：如降低初学者滑雪坡度；

(5)分离危险因素与易伤害者(从时间/空间)：如繁忙公路建步行道；

(6)利用屏蔽分离危险因素与易伤害者：如佩戴头盔，戴防护眼镜；

(7)减少危险因素的危险性：如为家具包上圆角；

(8)增加对危险因素的抵抗力：如自然灾害易发地区建立专门的建筑标准；

(9)快速处理伤害的反应能力：如配备灭火器和预警系统、电源截断系统；

(10)有效急救治疗和康复治疗能力：如现场即时医疗救助、合理医疗。

II级预防：使儿童损伤减少到最低的策略，如乘坐汽车时使用安全座椅，在婴儿车里系上安全带。

III级预防：儿童伤害病情危急，死亡率高，及时救治，病情迅速好转。积极救治受伤害的儿童。首先切断引起儿童伤害的因素（如脱离中毒环境，迅速清除毒物，切断电源，扑灭火焰，等等），避免继续伤害儿童；处理组织器官的损伤，保护重要器官功能，积极治疗并发症，康复训练等。

三、伤害预防的内容

综合以上婴幼儿伤害的种种情形，对于婴幼儿的伤害预防也需要科学、规范，至少应包含以下三个方面的内容：规避风险、安全教育和伤害干预。

（一）规避风险

照护者能确保婴幼儿一直在成人的视线和监护范围内；能排查婴幼儿生活环境中潜在的危险；能在陪同婴幼儿出行时，及时觉察外部环境中潜在的危险，比如乘车使用安全座椅，乘坐飞机时使用婴幼儿安全带。

对于照护者而言，更高的标准是能采取预防措施，避免事故的发生；能对婴幼儿照护机构或场所的安全制度建设提出合理化建议；能避免对婴幼儿身心有害、轻视、歧视和缺乏尊重等行为。

（二）安全教育

照护者能在婴幼儿进行特定活动前，与婴幼儿一起回顾安全守则以及没有遵守安全守则时产生的可能后果；能鼓励婴幼儿保护自己或互相保护；照护者能自觉遵守安全规则，为婴幼儿树立榜样，比如过马路不闯红灯。

对于照护者而言，更高的标准是能设置可以被幼儿理解和遵守的简单安全规则；能通过游戏和日常生活，给婴幼儿练习自我保护的技能的机会。

（三）伤害干预

照护者能及时发现并制止婴幼儿可能引发危险后果的行为。照护者能对婴幼儿之间可能发生的互相伤害保持警觉，并判断介入时机，能对婴幼儿进行意外伤害事故紧急处理。能自觉抵制虐童行为；能尊重和保护婴幼儿及家庭隐私。

对于照护者而言，更高的标准是能明确告知其他照护者，哪些活动或情景对婴幼儿的身心有害，能在处理虐童事件过程中，根据婴幼儿基本权益及利益最大化做出决定和行动。

总之，在婴幼儿不断成长的过程中，保证安全的最好方法就是从婴幼儿的角度出发来看世界，因为有太多的东西吸引着婴幼儿去探索，婴幼儿在丝毫不知危险的情况下采取行动。为了帮助婴幼儿避免那些潜在的危险，照护者需要始终在婴幼儿进入每个发展的新阶段时，多想一步，先行一步。国家卫生健康委组织编写了《托育机构婴幼儿伤害预防指南（试行）》，指南主要针对3岁以下婴幼儿常见的伤害类型包括窒息、跌倒伤、烧烫伤、溺水、中毒、异物伤害、道路交通伤害等，为照护者在安全管理、改善环境、加强照护等方面开展伤害预防提供技术指导和参考。

小结

在本节中，我们对婴幼儿常见伤害和预防措施进行了讨论。根据婴幼儿身体发育的情况，不同年龄段的婴幼儿可能遭遇的意外伤害有所不同，确保婴幼儿安全的最好方法，就是从婴幼儿的角度出发来看世界，在他进入每个发展的新阶段，保持警惕，防患于未然。照护者应当从事前、事中、事后三个环节做好风险规避、安全教育和伤害干预。

问题

1. 在本节案例中，如果宝宝坠床后睡着了，是否需要隔一段时间摇醒他，看看他的反应是否和平时一样?

2. 按照规避风险的原则，检视一下你所在的机构，它存在哪些安全漏洞?

3. 开车带婴幼儿外出时，乘坐安全座椅是必须的吗? 大人抱着宝宝系上安全带乘车是安全的吗?

第三节　应急处置

思维导图

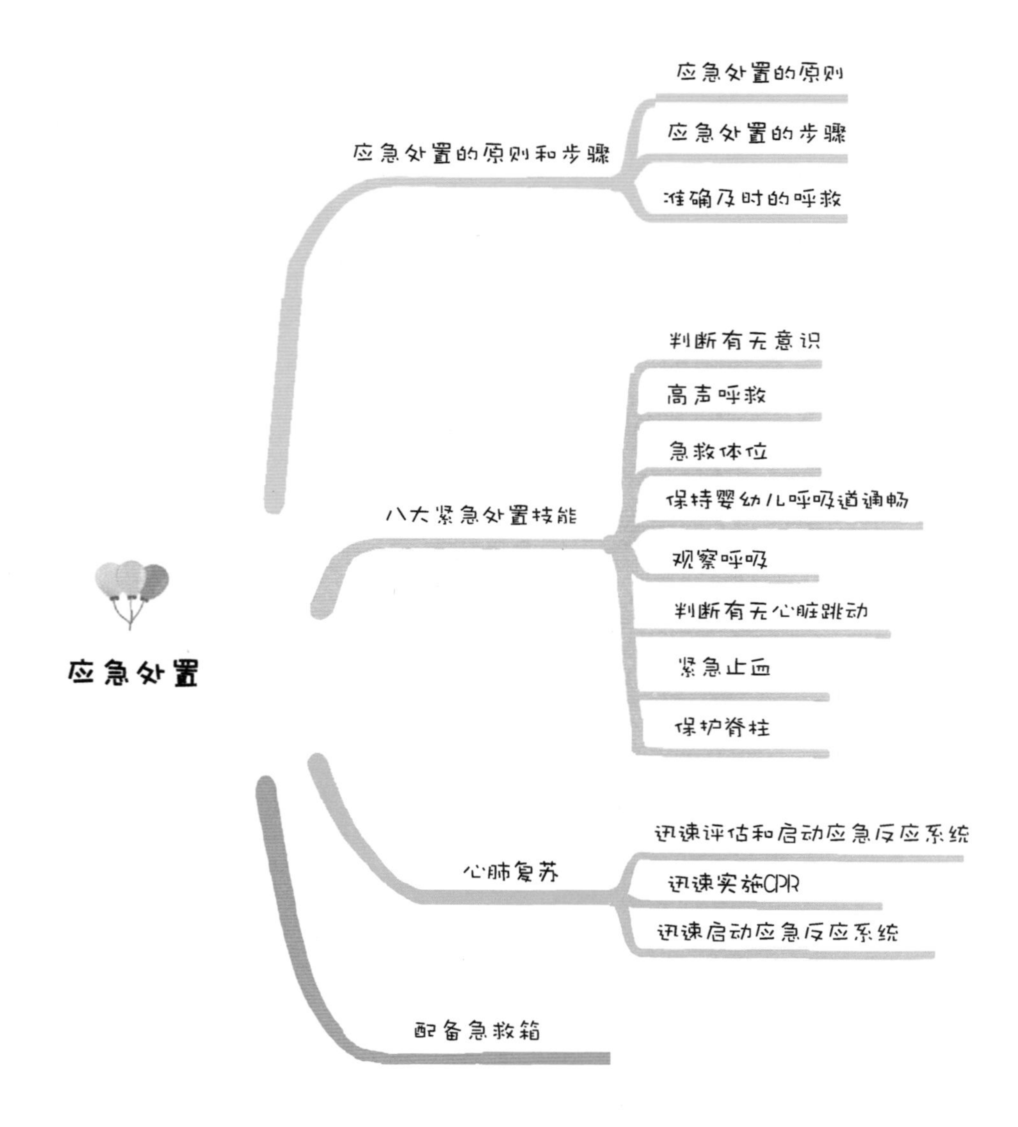

思考

1. 你所在的机构里备有急救箱吗？急救箱里的物品需要定期更换吗？

2. 普通人需要掌握急救常识吗？

案例

娜娜呕吐了

早上，爸爸把娜娜送到仰茶园就匆忙走了。阿美老师给娜娜测了体温，37.5℃，有点低热。阿美老师问娜娜：早上有不舒服吗？吃过早餐了吗？娜娜摇摇头，说没有不舒服，在家吃过早餐了。阿美老师一一做了记录，然后领着娜娜去洗手，到活动区玩耍。

娜娜是个安静的宝宝，还有点害羞，跟老师和小伙伴说话总是细声细气的。阿美老师留意到，娜娜平时很喜欢在建筑区专心工作，但今天她只是安静地待着，还有点恹恹的，好像不太舒服的样子。阿美老师问娜娜要不要喝水，娜娜点点头，于是阿美老师领着娜娜去喝水。

刚喝完水，娜娜就开始呕吐，阿美老师一边清理呕吐物，一边温柔地告诉娜娜不要害怕，同时请保健医也过来看情况。保健医提醒阿美老师再次给娜娜测量体温，此时娜娜的体温上升到 38.5℃了。阿美老师迅速与娜娜妈妈联系，告知其娜娜呕吐、发热的情况，并询问娜娜昨晚和今天早上是否有异常，如图 4-3 所示。娜娜妈妈说今天早上来不及做早餐，她和娜娜都喝了一点隔夜的银耳汤，她自己也觉得有点肠胃不适，怀疑是食物中毒。娜娜妈妈说会联系娜娜爸爸尽快赶到仰茶园，带娜娜去医院检查。

图 4-3　保健医给娜娜做检查的时候，阿美老师通知了娜娜妈妈

安安老师指导阿美老师，继续给娜娜喝温水，防止脱水；继续观察娜娜的状况，除了发热、呕吐，是否还伴随腹痛、腹泻；同时做好记录，保留好呕吐物的样本，便于医生对症治疗；如果有剧烈腹痛，不要等待家长来园，迅速拨打 120 急救电话，送医治疗。

当孩子突发疾病或者发生意外伤害，医务人员未到现场时，照护者要根据孩子发生危险的原因，采取适当的急救措施，减轻疾病或意外伤害带来的严重后果，最大程度地保证婴幼儿的安全。照护者的应急处理能力会直接影响到婴幼儿生命健康和预后，需要照护者具备基本的医学急救知识和技能，特别是对突发事件的应急处理，需要进行正规的培训。本节将讨论应急处置的原则、步骤和常用技能。

一、应急处置的原则和步骤

(一)应急处置的原则

对于婴幼儿伤害的应急处置应以婴幼儿利益最大化为判断标准和行事准则。坚持预防为主，需要应急处置时能够正确处置，同时避免错误处置造成二次伤害，照护者应始终保持冷静和理智。

照护者沉着、镇定、果断，有信心地实施救治，充分利用现场可支配的人力、物力来协助急救，才能取得最佳效果。

(二)应急处置的步骤

照护者需要结合自己的观察和经验，采取以下行动：

(1)基础判断，根据婴幼儿不适的表现识别疾病或伤害的大致类型；

(2)迅速联系照护机构的保健医，请保健医接管婴幼儿；

(3)同时向上级汇报，并联系家长告知并问询情况；

(4)根据保健医判断，联系急救或让家长尽快赶来，尽快转介给专业医疗机构；

(5)或根据保健医判断，对孩子情况进行初步处置；

(6)在采取(1)—(5)行动的同时，做好相关信息的准确记录；

(7)注意留样，如婴幼儿的呕吐物、排泄物等。

(三)准确及时的呼救

无论何时何地，婴幼儿发生危重病、意外伤害，首先拨通120急救电话，120值班调度人员会指令就近的急救站或医疗机构派人前去救护。

呼救电话应简单明了，主要说明以下几点：

(1)孩子的姓名、年龄、性别。

(2)孩子目前最危急的状况，如呼吸困难、窒息等。

(3)发病的时间、过程、过去病史，以及与此次发病相关的因素。

(4)家庭或发病现场的详细地址、电话，等候救护车的准确地点，最好选择有醒目标志处或容易找到的标志性建筑物等。

二、八大紧急处置技能[①]

(一)判断有无意识

针对1—7岁儿童，轻轻拍其肩部或面部，在耳边呼唤“喂，你怎么了？”以试其有

① 戴淑凤：《学前儿童常见病与意外伤害应急处理速查手册》，2—7页，北京，教育科学出版社，2019年。

无反应。

针对1岁以下婴儿，用中指弹其足底或掐其合谷穴(在拇指与食指之间)。如婴儿能哭泣，则表明有意识。

(二)高声呼救

如果无反应，表明意识丧失，立即在原地高声呼救，如周围无人支援，即刻拨打120急救电话。

(三)急救体位

让患儿仰卧在木板床或水平地面上。

(四)保持婴幼儿呼吸道通畅

头侧位，解开衣扣，如口腔内有分泌物应及时清理，防止误吸入气道。气道内如有异物可用力猛推膈下腹部，通过增加胸腔内压，造成人工咳嗽，排出异物。1岁以内婴儿可用叩背法，如图4-4所示。

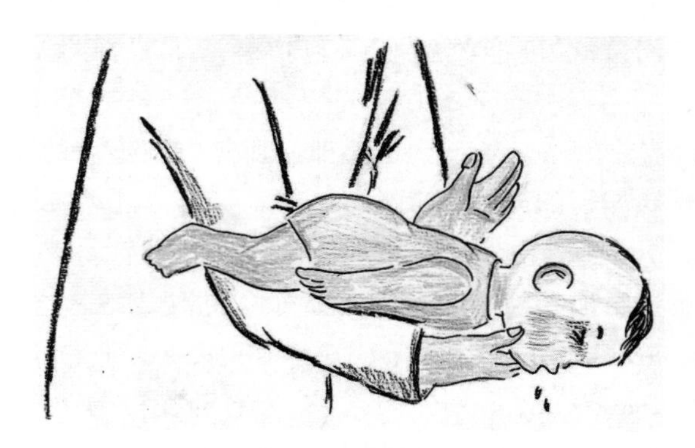

图4-4 叩背法示意图

(五)观察呼吸

一看，是否有胸腹部的起伏；二听，有无呼吸的气流声；三感觉，有无气流的吹拂感。如无自主呼吸，应立即实施人工呼吸。

(六)判断有无心脏跳动

针对1—7岁儿童，触摸其颈动脉，用3—5秒感知孩子的脉搏。如孩子有脉搏，可进行人工呼吸；若无脉搏，方可施用胸外心脏按压。

(七)紧急止血

有严重外伤者，如有严重出血，应采取紧急止血措施。

加压包扎和直接压迫止血是紧急时最常用的止血方法。

动脉破裂大出血时，宜采用止血带止血。注意记录缚扎时间，每隔30分钟至1小时放松一次，每次5分钟，以免肢体因长时间缺血引起缺血性组织坏死。在放松止血带时采取局部加压止血。

(八)保护脊柱

因意外伤害、突发事故造成严重外伤，在现场急救中，要注意保护伤者脊柱，采用滚动法及平移法进行搬动、转运。

搬运方法为：将伤者下肢伸直，两上肢也应伸直放于身体两侧；平板放在伤者一侧，两至三人扶伤者躯干，使其成一整体滚动，移动至平板上；或两至三人用手同时将伤者平托至平板上。

禁用搂抱或一人抬头、一人抬足的方法。因为这种方法会增加脊柱弯曲，加重椎骨和脊髓损伤。

三、心肺复苏

“心肺复苏(cardiopulmonary resuscitation，CPR)是指在心搏呼吸骤停的情况下所采取的一系列急救措施，包括胸外按压形成暂时性人工循环、人工呼吸纠正缺氧、电击除颤转复心室颤动等，其目的是使心脏、肺脏恢复正常功能，以挽救生命。”[①]在重建呼吸循环的基础上，尽可能维持脑细胞功能，不留神经后遗症，又称心肺脑复苏。

基本生命支持(basic lifesupport，BLS)即心搏呼吸骤停后的现场急救，包括快速判断和尽早实施心肺复苏，如开放气道(airway，A)、人工呼吸吧(breathing，B)和胸外按压(chest compressions/circulation，C)，以及迅速启动应急反应系统。受过训练的医务人员或婴幼儿照护者等非医务人员都可以实施BLS，这是自主循环恢复(return of spontaneous circulation，ROSC)、挽救心搏呼吸骤停患者生命的基础。

高级生命支持(advancedlifesupport，ALS)为心肺复苏的第二阶段，是在BLS基础上，在不导致胸外按压明显中断和电除颤延迟的情况下，建立血管通路，使用药物、电除颤、气管插管、使用人工呼吸器、进行心电监测等，以维持更有效的通气和循环，最大限度地改善预后。儿童心搏呼吸骤停后对人工通气或供氧有反应，或需要ALS时间<5分钟，复苏后神经系统正常的可能性较大。

对于心搏、呼吸骤停，现场抢救十分必要，应争分夺秒地进行。心肺复苏强调黄金4分钟，即在4分钟内进行BLS，并在8分钟内进行ALS。

(一)迅速评估和启动应急反应系统

包括“迅速评估环境对抢救者和患儿是否安全、评估患儿的反应性和呼吸(5～10秒之内做出判断)、检查大血管搏动(婴儿触摸肱动脉，儿童触摸颈动脉或股动脉，10秒之内做出判断)，迅速决定是否需要CPR。”[②]

(二)迅速实施CPR

迅速和有效地CPR对于自主循环恢复(ROSC)和避免复苏后神经系统后遗症至关重要。婴儿和儿童CPR程序为C－A－B方法，即胸外按压(C)、开放气道(A)和

---

① 王卫平、孙锟、常立文：《儿科学》，439页，北京，人民卫生出版社，2018年。

② 王卫平、孙锟、常立文：《儿科学》，440页，北京，人民卫生出版社，2018年。

建立呼吸(B)。对于新生儿，心搏骤停主要为呼吸因素所致(已明确为心脏原因者除外)，其CPR程序为A—B—C方法，本节不展开叙述。

(1)胸外按压(C)：当发现患儿无反应，没有自主呼吸或只有无效的喘息样呼吸时，应立即实施胸外按压，其目的是建立人工循环。

“胸外按压方法：为达到最佳胸外按压效果，应将患儿放置于硬板上，对于新生儿或婴儿，单人使用双指按压法，将两手指置于乳头连线下方按压胸骨；或使用双手环抱拇指按压法，将两手掌及四手指托住两侧背部，双手大拇指按压胸骨下三分之一处。对于儿童，可用单手或双手按压胸骨下半部；单手胸外按压时，可用一只手固定患儿头部，以便通气；另一只手的手掌根部置于胸骨下半段，手掌根的长轴与胸骨的长轴一致；双手胸外按压时，将一手掌根部重叠放在另一手背上，十指相扣，使下面手的手指抬起，手掌根部垂直按压胸骨下半部。注意不要按压到剑突和肋骨。按压深度至少为胸部前后径的三分之一(婴儿大约为4cm，儿童大约为5cm，青春期儿童最大不超过6cm)。按压频率为100～120次/分钟，每一次按压后让胸廓充分回弹，双手不可在每次按压后倚靠在患者胸上，以保证心脏血流的充盈. 应保持胸外按压的连续性，尽量减少胸外按压的中断(<10秒)。”①

(2)开放气道(A)：儿童、尤其是低龄儿童，主要为窒息性心搏骤停，因此开放气道(A)和实施有效的人工通气(B)是儿童心肺复苏成功的关键措施之一。

“首先应清理口、咽、鼻分泌物、异物或呕吐物，必要时进行口、鼻等上气道吸引；开放气道多采取仰头抬颏法(headtilt—chinliftmaneuver)：用一只手的小鱼际(手掌外侧缘)部位置于患儿前额，另一只手的食指、中指置于下颏将下颌骨上提，使下颌角与耳垂的连线和地面垂直；注意手指不要压颏下软组织，以免阻塞气道；疑有颈椎损伤者可使用托颌法(jawthrust)，将双手放置在患儿头部两侧，握住下颌角向上托下颌，使头部后仰程度为下颌角与耳垂连线和地面成60度角(儿童)或30度角(婴儿)；若托颌法不能使气道通畅，应使用仰头抬颏法开放气道。”②

(3)建立呼吸(B)。

①口对口人工呼吸：此法适合于现场急救。“操作者先深吸一口气，如患儿是1岁以下婴儿，可将嘴覆盖口和鼻；如果是较大的幼儿或儿童，用口对口封住，拇指和食指紧捏住患儿的鼻子，保持其头后倾；将气吹入，同时可见患儿的胸廓抬起。停止吹气后，放开鼻孔，使患儿自然呼气，排出肺内气体。应避免过度通气。”③

②口对口人工呼吸即使操作正确，吸入氧浓度也较低(<18%)；操作时间过长时施救者容易疲劳，也有感染疾病的潜在可能。如条件允许、或医院内的急救，应尽量采取辅助呼吸的方法，如球囊—面罩通气(bag-maskventilation)，本节不展开叙述。

③胸外按压(C)与人工呼吸(B)的协调：“单人复苏婴儿和儿童时，在胸外按压30次和开放气道后，立即给予2次有效人工呼吸，即胸外按压和人工呼吸比为30 ：2，

---

① 王卫平、孙锟、常立文：《儿科学》，440—441页，北京，人民卫生出版社，2018年。

② 王卫平、孙锟、常立文：《儿科学》，441页，北京，人民卫生出版社，2018年。

③ 王卫平、孙锟、常立文：《儿科学》，441—442页，北京，人民卫生出版社，2018年。

若为双人复苏则为15 ：2。若高级气道建立后，胸外按压与人工呼吸不再进行协调，胸外按压以100～120次/分钟的频率不间断的进行；呼吸频率为8～10次/分钟(即每6～8秒给予1次呼吸)，注意避免过度通气。如果有2个或更多的救助者，可每2分钟交换操作，以防止实施胸外按压者疲劳，导致胸外按压质量及效率低下。”①

(4)除颤(defibrillation，D)：在能够获取自动体外除颤器(automated external defibrillator，AED)或手动除颤仪的条件下进行。

“医院外发生且未被目击的心搏骤停先给予五个周期的CPR(约2分钟)，然后使用AED除颤；若有人目击的心搏骤停或出现室颤或无脉性室性心动过速时，应尽早除颤。婴儿首选手动除颤仪，<8岁的儿童首选带有儿童衰减器系统的AED，也可以使用普通AED。除颤初始能量一般为2J/kg，难治性室颤可为4J/kg；随后除颤能量可升至4J/kg或以上，但不超过10J/kg。除颤后应立即恢复CPR，尽可能缩短电击前后的胸外按压中断时间(<10秒)。2分钟后重新评估心跳节律。”②

(三)迅速启动应急反应系统

如果有2人参与急救，则1人在实施CPR的同时，另1人迅速启动应急反应系统(如电话联系“120”或附近医院的急救电话)和获取AED或手动除颤仪。如果只有1人实施CPR，则在实施5个循环的CPR(30 ：2的胸外按压和人工呼吸)后，迅速启动应急反应系统和获取AED或手动除颤仪，并尽快恢复CPR，直至急救医务人员抵达接管患儿或者患儿开始自主呼吸(ROSC)。

四、配备急救箱③

婴幼儿在日常生活中总会发生一些意外情况，如外伤、急性疾病等。如果尽快得到处理或治疗，就会大大提高治疗效果，减低损伤，提高治愈率，因此除了具备急救的知识与技能以外，家庭和照护场所也应该配备急救箱。

急救箱必备的药品：消毒剂(如碘伏、酒精、双氧水)，外用软膏(如红霉素软膏)，外用洗剂(如硼酸溶液、蒸馏水等)，止痛药，感冒药，止泻药，等等。

急救箱内必备的用品：一次性无菌消毒盘(内有镊子)、小剪刀、无菌纱布、绷带、消毒棉签、脱脂棉、脱敏胶带、创可贴、三角巾、止血带、注射器等。

其他用具：冰袋、手电筒、打火机、别针。

急救箱内的物品要定期检查更换，最好半年清理一次。并配备一本急救手册。

急救箱应放置在婴幼儿拿不到的地方。

除了了解以上指导性的常识，建议家长及照护工作者更深入地学习急救的知识。为了更好地保护婴幼儿，照护者应参加正规的急救课程，接受正规的急救训练，拯救婴幼儿生命的可能性就会大大增加。此外，随着婴幼儿的成长和外部环境的变化，推荐照护者每隔几年参加一些新的急救课程，定期更新急救的知识和技能。

---

① 王卫平、孙锟、常立文：《儿科学》，442页，北京，人民卫生出版社，2018年。

② 王卫平、孙锟、常立文：《儿科学》，442页，北京，人民卫生出版社，2018年。

③ 戴淑凤：《学前儿童常见病与意外伤害应急处理速查手册》，175页，北京，教育科学出版社，2019年。

小结

在本节中，我们讨论当伤害发生以后，照护者应急处置的原则，最重要的是保持冷静和理智，根据观察到的事实，做出科学的预判，同时利用一切可以利用的支持资源。掌握常用的应急处置手段、心肺复苏技能、配备急救箱，能够让婴幼儿的成长更有保障。

问题

1. 应急处置的原则是什么？
2. AED 的主要功能是什么？
3. 烫伤后可以在患处用冰块直接冷敷吗？可以涂抹牙膏镇静消炎吗？

第五章
婴幼儿早期学习支持

第一节　什么是早期学习支持

思维导图

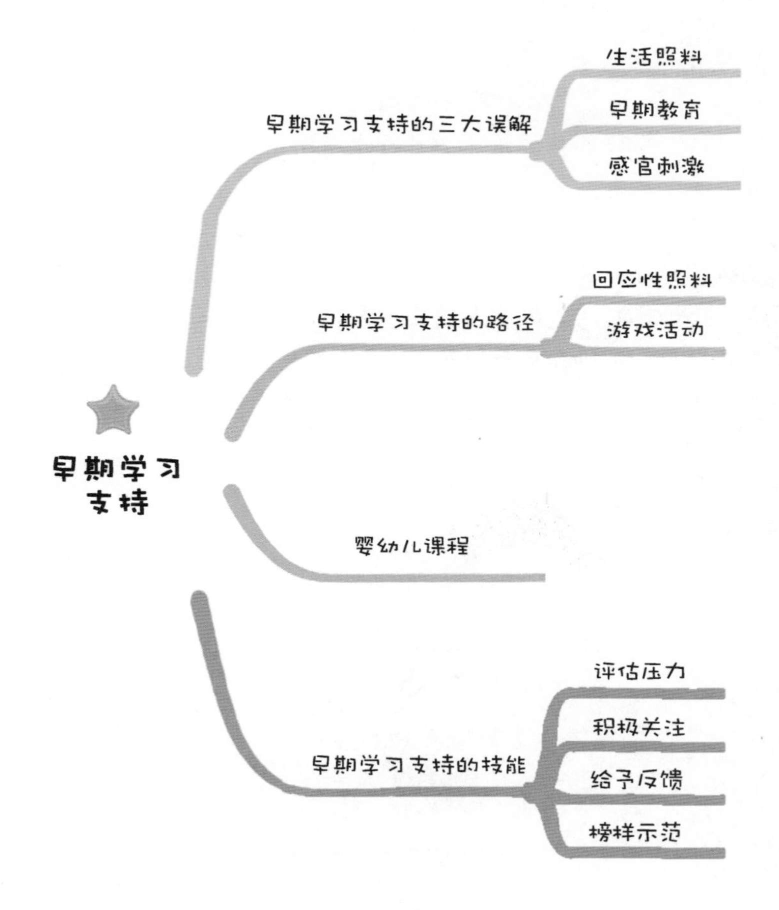

思考

1. 在你心目中，婴幼儿的早期学习是什么样子的？

2. 婴幼儿获取他人注意的典型方式有哪些？回想下你平时想引起别人注意的时候，都会采用哪些方式？

3. 你平时怎样对待婴幼儿的“不当行为”？

4. 请回想下你是怎么从父母那里继承生活习惯、言谈举止、生活态度等的？是父母刻意教导，还是在不知不觉中就学会了父母的言行？

案例

果果摔倒了

2 岁的果果在室外活动区的通道上推小平板车，车上放着几块积木(见图 5-1)。转弯的时候，大力冲了过来，果果扭转车头躲闪，结果没有掌握好平衡，小车翻了，她也摔倒在地。果果趴在地上，车掉进通道旁边的攀爬架中，车轮被攀爬架上的麻绳缠住了，积木也撒了一地。果果愣了一下，大哭起来。阿美老师赶紧跑过去，蹲在她身边，但没有立刻将她扶起来。阿美老师看着果果问：“你还好吗?”果果听到阿美老师的声音，哭得更起劲了。阿美老师轻声说：“你摔倒了。”听到这话，果果止住了哭泣，并且试图爬起来。阿美老师问：“需要我扶你起来吗?”并伸手想扶她，但是果果自己爬了起来。

图 5-1　推玩具推车的果果

阿美老师仔细看了看果果，确认她身上没有明显的伤痕，关切地问了句：“你没事吧？觉得哪里疼吗?”果果用袖子擦擦眼泪和鼻涕，有些抹在了脸上，她抽抽搭搭地回答：“不疼。”阿美老师从衣服口袋里抽出一张纸巾递过去：“你要自己擤擤鼻涕吗?”果果没有说话，眼睛看着阿美老师，她在等待着。阿美老师笑着说：“那我给你擤擤鼻涕吧。”阿美老师给果果擦干净眼泪和鼻涕，果果渐渐平静了下来。果果捡起几个积木抓在手里，走到小车旁，然后把积木放在地上，伸手扶住车把，试图把小车扶起来。但是，车轮被缠住了，果果试了几下都没有成功。阿美老师指着车轮说：“果果，车轮被绳子缠住了，我帮你一起把车扶起来，好吗?”果果想了一会儿，终于点了点头：“嗯。”阿美老师轻轻用力将车轮取出，果果扳着车把，把小车重新扶正了。阿美老师拍拍手说：“我们把车扶起来了，太棒了!”然后，阿美老师向果果举起手，果果与阿美老师击掌，高兴地笑出声来。果果把小车推回通道，装上积木后又欢快地绕起圈来。

在“果果摔倒了”的场景中，阿美老师并没有刻意安排什么活动或设定预期目标，你觉得她在支持果果的早期学习吗？如果你觉得这段场景看起来不太具有“教育”意义，可能是因为你对婴幼儿早期学习支持存在一些误解。

一、早期学习支持的三大误解

(一)生活照料

有些人认为照护者只需照顾好婴幼儿的日常生活，确保其安全和健康，婴幼儿就可以通过自己的探索来顺其自然地发展。如果照护者对婴幼儿充满爱心，有耐心与婴幼儿积极互动，婴幼儿也很听话，那么提供专业的早期学习支持似乎看起来是多余的。但是现实情况中，照护者有时候很难确定婴幼儿的需要，比如1岁半的琪琪正在搭积木，她还不能把积木平稳地放在其他积木上，所以积木倒了好几次。琪琪大哭起来，贝贝老师试图把她抱起来安抚，她用力推拒着，哭得越发撕心裂肺起来。面对这种情况，只做好婴幼儿生活照料的观点就需要被重新审视了。

换纸尿裤

我家孩子刚出生的时候，我没有经验，像换纸尿裤这种照料行为在我眼里就是令人头疼的家务活。我通常用玩具或者其他有趣的东西转移孩子的注意力，这样她不来干扰我，我就能集中精力翻动孩子的身体，尽快完成换纸尿裤的任务。我当时想的是，赶紧把这些工作做完，我就有时间陪孩子做好早期阅读，跟她有更多游戏和温馨的互动，但是我的大部分时间其实都被孩子的吃喝拉撒、清洁卫生等家务活占据了。经常是，我手上的活还没干完，孩子就开始哼哼唧唧，甚至哭闹起来。我像只没头苍蝇一样，一边做家务，一边抽空照顾孩子的基本生存需要，等把家务活做完，我已经没有多少时间和耐心陪孩子好好玩了。我全职照顾一个孩子都照顾不好，这让我很沮丧。

后来我接受了专业培训，我发现我错失了很多与孩子一对一的优质互动机会。我给孩子换尿布、喂饭、穿衣服的时候，我只把她当作照料的对象，并没有意识到这些可能是孩子感兴趣的活动，她也可以成为参与者，她在这类经历中可以学习自理技能、词汇语言，并提升自信心、注意力，还能建立依恋、发展人际关系，等等，这些对孩子来说都是受益匪浅的。

现在我成为托育机构的老师，我给孩子换纸尿裤的时候，会先跟他们打招呼：“宝宝，你在玩什么呢?”有的孩子还不会说话，他会看着我的脸笑，并发出咿咿呀呀的声音。我会回应他：“哦，你在和心爱的小猴子玩呢。你的纸尿裤的线全变蓝了，我们该换新的了。换了纸尿裤，干干净净的，你会很舒服的。”在把孩子抱起来之前，我会告诉他：“现在我要把你抱起来了。”然后换纸尿裤的过程中，我会一直看他的眼睛，向他描述和解释我要做的事情：抬起或分开他的腿，擦或洗干净屁股，晾晾屁股，穿上纸尿裤，理顺纸尿裤的褶皱等。我以前觉得那么小的孩子，听不懂大人的话，结果他会手脚欢快地挥动或者咿咿呀呀对我的话做出反应，有时还会配合我抬起腿，真是太神奇了。

——安安老师

可以看出，虽然爱心、耐心和责任心对于照护者来说是十分重要的品质，但是照护者仅仅依靠这些天性和感觉是远远不够的。婴幼儿学习与发展具备一个必要条件：婴幼儿需要与周围的环境、人和事互动，产生参与感。例如，婴幼儿向照护者微笑，照护者能回以微笑或者开启一段对话、玩耍。照护者如果只关注解决婴幼儿吃喝拉撒等基本生理需求，婴幼儿对于照料的接受是被动的，他们没有参与感，那么照护者和婴幼儿之间就难以产生适宜的、有意义的互动。所以，专业的照护者需要接受一定的培训，以避免婴幼儿错失唾手可得的早期学习良机。尤其是同时照护多个婴幼儿，“听话好带”的婴幼儿反而容易被照护者忽视，致使其发展受到影响。

(二)早期教育

这类观点在国内最为流行，很多婴幼儿照护项目经常以早期教育模式开展各种专门为智力发展而设计的活动，例如，围圈教学或分组教学。在活动环节中，照护者希望教会婴幼儿识别颜色和形状，甚至数字、文字和语言，但是这显然并不适合婴幼儿。在人生的头 1000 天，婴幼儿的智力发展无法与其他方面的发展分离开。在重视婴幼儿认知、语言等领域发展的同时，不应忽略婴幼儿生理、情绪与社会性的发展。而且，婴幼儿的智力发展也并不取决于某个小玩具或某项活动，重要的是日常生活、人际关系、生活体验、游戏玩耍，以及诸如喂养、换尿布、协助如厕、辅助穿衣等照料行为。

元宵节

我带的是小小班，班里都是两岁多不到三岁的孩子。我曾经带孩子们上过很多手工类课程，经常会遇到有些孩子对活动不感兴趣，可能是因为主题确实对他没有吸引力，也可能是他发展水平还不到，完成不了设计好的活动内容。如果你去引导他，他就很勉强地跟你去做一做，但是如果你不去管他，他就会跑去玩其他的材料了。比如说，我跟小朋友说快要过元宵节了，元宵节会挂花灯，今天我们要做灯笼，让大家一起来把纸片卷一卷、剪一剪、贴一贴。有的小朋友对这个活动不感兴趣，他就痴迷于车，或者精细动作发展水平不够，他做着做着就不想动弹了。他就把纸片随便一弄，说着“这个是我的垃圾车。”“这个是我的公交车。”就开始沉迷在自己的世界里。

在最初的一两年的时间里，我会着急怎么办。针对这类孩子，我让他多练，就跟家长说在家里面多给他提供练习的机会，让他在这方面的能力能尽快地发展起来，要不然孩子自己也会觉得很挫败。但是一方面家长都很忙，另一方面家长也并不一定知道好的方法，因为我作为专业的老师都已经这样了，让家长“强迫”孩子做一些他不喜欢的活动其实也很难，所以效果也不是很好。

后来，我慢慢意识到教育的本质应该是让孩子能够主动探索，我原来的方式其实是磨灭了孩子探索的兴趣，让他感觉到一种挫败感，对自己有不自信的感觉，这是很糟糕的。现在我同样要带孩子做一个动手活动，我就不会要求说一定要做个东西，我可以告诉他们说最近要过元宵节了，元宵节都吃元宵，我们今天中午也要吃元宵。然后给孩子们提供已经揉好的白面团、豆沙馅、紫薯泥，或者胡萝卜汁、菠菜汁做成的颜料，再给他们展示元宵的做法，感兴趣的小朋友可以跟着老师一起做元宵。虽然大多数孩子做的元宵都是“奇形怪状”的，但是中午吃饭的时候，孩子都很喜欢找自己碗里是否有自己做的元宵。不感兴趣的小朋友就可以问问他们，他们想用这些材料做什么，让他们选自己感兴趣的，根据自己的能力水平去做相应的事情，然后老师提供不一样的支持。有些小点的孩子就是对面团感兴趣，会在手里捏来捏去。有些就想尝尝馅料和颜料的味道，我也会同意他们试吃。后来，孩子们用手蘸着剩余的颜料，在一张大涂鸦纸上做手指画，玩得不亦乐乎。这才是现在更适合我们孩子的一种集体教学活动。

——阿美老师

从以上案例可以看出，在以早期教育模式开展的活动中，照护者通常会提前设定活动目标，然后试图教婴幼儿以设计好的特定方式使用材料。但是，现实情况中，婴幼儿经常会跑来跑去，出乎意料地探索玩具和材料，在自己身上或周围的桌椅板凳、地板墙壁上乱涂乱画，把手工材料扔得满地都是或者放进嘴里……所以照护者会花很多时间限制婴幼儿的探索行为。可是主动探索恰恰是婴幼儿的天性，他们通过观察、探索、尝试和互动等来认识各种事物的运行原理。他们还会反复试验、不断试错，对他们得出的结论进行一再检验，并产生新想法，得出新结论。

(三)感官刺激

感官刺激指通过激发或影响婴幼儿的五大感官以促进其学习与发展的一种教育方法。有研究证明，经过电击训练的白鼠能更好地学会走迷宫；需要特殊教育的婴幼儿经常独处，缺乏感觉输入，需对其有意识地增加感官刺激，婴幼儿刺激的教育理念正是基于此类研究。当然，适量的刺激对于所有人来说都很重要，婴幼儿尤其如此。但是，至今并没有人能证明，精心设计的刺激对于正常发展的婴幼儿是否具有特别的益处。

研究者普遍认为，大多数婴幼儿从日常生活中接受的刺激都是足够的，甚至对那些被各种玩具、声和光包围的婴幼儿而言，刺激可能是过多的。在婴幼儿早期学习支持中，没有必要总是刻意对婴幼儿提供感官刺激，这样做与训练白鼠走迷宫没有什么差别。

二、早期学习支持的路径

我们在本章开头就提供“果果摔倒了”的案例是为了渗透这样的理念，早期学习支持并不是成人专门为促进婴幼儿“认知学习”所设计的活动，它通常发生在每天最基本的生活起居玩耍等活动或照料行为中。婴幼儿与环境、人和事互动的任何机会都有助于他们的大脑发育，为以后的学习奠定基础。当婴幼儿运用他们的五官、移动他们的身体、听到和使用语言、体验不同的地方、与人互动、探索不同对象的时候，他们都在进行早期学习。

提供回应性照料和适宜的、有意义的游戏活动是早期学习支持的重要路径。婴幼儿在照料和游戏过程中，可以与他人建立人际关系，并在解决问题的过程中获得与学习、合作等有关的体验。

(一)回应性照料

回应性照料需要照护者以及时、恰当的方式注意、理解和回应婴幼儿所发出的信号，这有利于促进安全关系和依恋纽带的建立。“关系”是回应性照料的核心内容，与他人建立安全的关系是婴幼儿身心健康发展的基础。

婴幼儿处于依赖性较强的状态，大多时候需要由成人照顾。婴幼儿，尤其是不满1岁的婴儿，习惯用哭闹来表达自己的需求，他们可能是因为感到饿了、累了、尿布湿了，也可能是受到的外界刺激过低或过高，或者是需要被安慰，需要人抱……这时候，如果照护者积极满足婴幼儿的需要，就能使婴幼儿获得基本信任(见图5-2)。所谓基本信任，就是婴幼儿如果感到自己的需求能被满足，他们就会相信周围的环境是安全的，照护者是爱自己的。这种对照护者的信任会扩展为对一般人的信任，并内化为积极的感受——“她和妈妈一样”“别人喜爱我”“其他人是可以信任的”。

图5-2 信任的建立过程

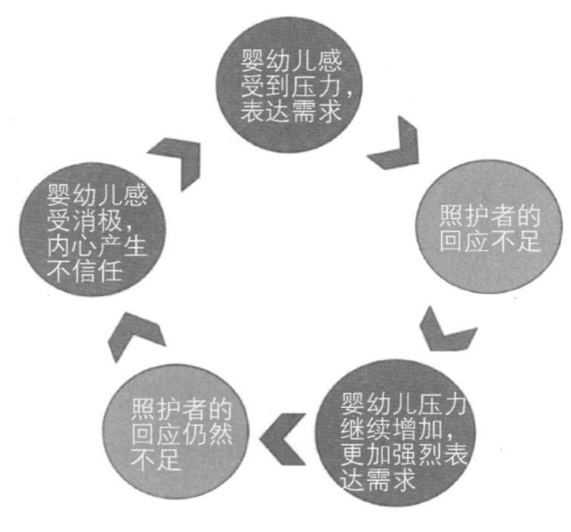

图5-3 基本不信任的形成过程

婴幼儿如果得不到周围人的关心与照顾，他们就会产生害怕与怀疑的心理。例如，有些照护者经常说：“别管他，让他哭去吧，哭一会儿就不哭了。”“老抱他，他会被惯坏的，以后谁有力气天天抱着他?”任凭婴幼儿哭闹几分钟没多大关系，但是长时间漠视他们的需求，放任其不断啼哭，这些不好的经历会让婴幼儿觉得其他人对自己不友好，不能被信任，并内化成他们对自己的认知——“我不够好”“别人不喜欢我”(见图5-3)。

婴幼儿会爬会走以后，他们就有了

独立自主的要求，想要自己吃饭、拿玩具、穿衣服等。这时候，如果照护者允许并支持婴幼儿干一些力所能及的事情，他们就会获得自主感。所谓自主感，就是婴幼儿开始相信自己有能力解决问题。如果照护者过分爱护婴幼儿，处处包办代替，什么也不需要他们动手；或过分严厉，这也不准那也不许，稍有差错就粗暴地斥责，甚至采用体罚，使婴幼儿遭遇许多失败的体验，他们就会产生自卑感。例如，成人由于婴幼儿不小心打碎了杯子、尿湿了裤子动辄对其进行打骂，婴幼儿就会认为“我不够优秀”“我什么也做不好”。自卑感容易让婴幼儿产生退缩，对他们的早期学习形成阻碍。

所以，无论婴幼儿有何种需求，可能是需要照料、交流，也可能是想要自己发展生活技能，照护者都应该积极地、恰当地给予回应，以帮助婴幼儿获得基本信任和自主感。安全的依恋关系也正是通过这些一点一滴的互动逐渐建立起来的。

(二)游戏活动

全世界的婴幼儿都玩游戏，他们或看别人玩，或自己一个人玩，或和其他孩子一起玩，或和成人一起游戏。所有能拿到的物品都有可能成为婴幼儿的游戏道具，他们玩各种专门为婴幼儿制作的玩具——积木、球、娃娃等，也会玩从日常生活环境中找到的各种东西——木棒、石头、树叶等。成人和大孩子还会教给婴幼儿一些代代相传的游戏，比如说捉迷藏。

0—3 岁婴幼儿与更大孩子的游戏方式不同：更大孩子的游戏规则性强，比较容易被划分成“过家家”“丢手绢”“跳舞”等，但是 0—3 岁婴幼儿的游戏似乎更喜欢享受探索所带来的感官变化，并沉浸在重复、惊奇和互动带来的快乐中。观察婴幼儿的游戏可以发现，他们喜欢主动探索事物的特性，如通过啃啃咬咬、敲敲打打来感受材料的味道、软硬、重量、表面光滑度等；他们喜欢用自己“独特的方式”摸索事物间的规律，如通过扔积木来认识到“扔”和“积木掉地上”之间的因果关系，并观察扔出去的积木落到不同物体上(或人身上)会发生什么反应(见图 5-4)；他们还喜欢模仿成人的生活，如摇哄假想的婴儿或给生病的娃娃打针。我们一直认为婴幼儿的注意力维持时间较短，其实他们在游戏中也可以很投入，注意力维持时间并不短。例如，婴幼儿可以在水池边玩半小时水，并搞得周围一片狼藉。

图 5-4　婴幼儿喜欢用“独特的方式”玩

很多照护者喜欢一直为婴幼儿“忙碌”，忙着为婴幼儿清洁洗漱、制作辅食以及教孩子认字数数等，只留出不多的空闲时间陪伴婴幼儿玩，这源于他们没能充分认识游戏的价值。一直以来，研究者都把婴幼儿游戏视为难得的早期学习机会，学习效果虽然不会立即显现，但是婴幼儿深深地沉浸其中，并获得从其他地方无法得到的收获。

三、婴幼儿课程

婴幼儿照护项目要做好早期学习支持工作，课程至关重要。一提到“课程”，很多人头脑中出现的可能是成人带着一群小可爱做手指操、讲故事或蹦蹦跳跳的场景，这种传统的课程设计通常会提前设置一个“狭窄”的学习目标，围绕目标发生的活动是由成人设计和控制的。不同于传统做法，适合婴幼儿的课程包含婴幼儿一日生活的所有活动，其中日常的基本照料和婴幼儿自发的游戏玩耍是课程的重要组成部分。婴幼儿课程着重于成人与婴幼儿的关系，核心是发展婴幼儿解决问题的能力。

“果果摔倒了”是典型的照料课程，照护者的行为自然地融入婴幼儿的生活过程中，这恰恰是早期学习支持的完美范例。我们常常可以看到，婴幼儿摔倒后，很多照护者将孩子一把捞起来，有的埋怨孩子不听话，有的为了哄孩子不哭而去“责怪”地面把孩子绊倒了。与这些做法不同，阿美老师并没有直接代劳，例如，不管果果的感受，自顾自地把她抱起来，给她擦鼻涕，把车搬回原地，这对成人来说是轻而易举的。阿美老师也没有责怪或糊弄果果，她一直在细心观察果果，尊重并恰当地回应果果的需要。果果刚摔倒的时候，阿美老师没有着急把果果扶起来，而是先表达了关切：“你还好吗?”“你摔倒了。”“需要我扶你起来吗?”这安抚了果果的不安、尴尬，受到惊吓等负面情绪，回应了果果的安全感需要。阿美老师后来想扶果果一把，但是她看到果果想自己爬起来，想自己把车扶起来，就尊重了果果的自主意愿，放手让她尝试。发现果果没有能力自己把车扶起来时，阿美老师直接询问：“我帮你一起把车扶起来，好吗?”得到了果果的确认后，才帮她把车扶了起来。通过这种互动，照护者会越来越清楚婴幼儿的真实需求，婴幼儿也会越来越擅长清楚表达自己的想法，这有助于婴幼儿与照护者建立安全的人际关系和依恋纽带。

如果你观察一个婴幼儿，就会发现婴幼儿面对的问题多种多样。在“果果摔倒了”中，果果面临了许多问题(见图 5-5)。例如，生理方面的问题，摔倒的疼痛；动作方面的问题，自己爬起来，擦鼻涕，把车搬起来，推车中保持平衡；认知方面的问题，自己能不能把车扶起来？自己扶不动车怎么办？语言、情感与社会性方面的问题，怎样从摔倒的惊吓中平静下来？怎样告知别人自己的想法？怎样与别人合作？整个过程其实是由果果自己来决定的，她在尝试各种解决问题的方法，并且探索什么情况下问题可能解决，什么情况下要学会放弃。阿美老师只是在旁边提供必要的支持。婴幼儿不断经历日常生活中各种问题，有些问题是在吃喝拉撒、衣食住行等日常琐事中碰到的，有些是在游戏中碰到的。如果婴幼儿开始相信自己有能力解决问题，这说明他们接受了良好的早期学习支持。

图 5-5　果果摔倒了

高质量的婴幼儿课程不是平白无故就能生成的，即便是婴幼儿自发的游戏活动也与成人的引导分不开。照护者要生成婴幼儿课程，就需要掌握婴幼儿发展的基础知识，并根据自己所照料婴幼儿的个性、兴趣、学习风格和家庭背景等，将尊重和回应的原则体现在婴幼儿一日生活的所有活动中。

四、早期学习支持的技能

目前婴幼儿照护者面临的最大挑战是如何在“早期学习支持不足”(即对课程重视不足，导致婴幼儿早期学习机会的缺失)和“幼儿园化教学”(即对认知发展的课程过于关注，对婴幼儿的全面发展或个性化发展关注过少)之间取得平衡。婴幼儿课程着重于成人与婴幼儿的关系，核心是发展婴幼儿解决问题的能力。在建立关系和解决问题的情境中，照护者经常需要运用评估压力、积极关注、给予反馈和榜样示范四项技能。

(一)评估压力

评估压力是指照护者应该观察判断婴幼儿承受的压力水平，并允许婴幼儿适当地面对压力。强度适宜的压力能够鼓励和激发婴幼儿参加各种活动(包括解决问题)，可以有效促进婴幼儿的早期学习。在“果果摔倒了”中，阿美老师判断果果可以自己爬起来，就没有把她抱起来，而是让果果自己面对问题，自己解决问题。

当婴幼儿面临的压力不足时，他们很可能在生活中没有遇到足够的问题，缺乏机会锻炼自己解决问题的能力。出现这种情况的原因也许是婴幼儿生活中发生的事情太少，也许是环境缺乏多样性与挑战，也许是照护者替婴幼儿解决了所遇到的问题。很多照护者在日常生活中极力避免让婴幼儿面对压力，他们担心婴幼儿承受不了挫折而出现负面情绪。例如，婴幼儿摔倒后，有的照护者赶紧把婴幼儿抱起来安慰，有的照护者为了哄婴幼儿不哭，还会一边拍打地板，一边“责怪”地面不平把婴幼儿绊倒了。这些照护者夺走了婴幼儿自己解决问题的机会，他们没有意识到“不请自来的帮助”会阻碍婴幼儿的早期学习，让婴幼儿逐渐失去尝试的勇气，不相信自己能够将事情做好。

当问题带来的压力太大时，婴幼儿可能变得过分情绪化，或者表现出退缩，这会妨碍或抑制婴幼儿解决问题的能力。如果是遇到的问题太多，照护者应帮助婴幼儿减少问题的数量；如果是婴幼儿感到问题解决起来太难，照护者应及时提供适当的支持。例如，7个月的轩轩还没有能力自己把手伸入衣袖，但是他又很想参与穿衣过程。佩佩老师将右手伸过袖管，摇动右手邀请轩轩将手伸过来，然后佩佩老师握住轩轩的手，用左手把衣服撸到轩轩的胳膊上(见图5-6)。试想一下，如果佩佩老师只是拎着衣袖对着轩轩的手，轩轩多次尝试却无法把手顺利穿过衣袖，挫折感很有可能会让他大声哭闹并放弃尝试自己穿衣服。佩佩老师只提供了点滴的帮助，就能减少轩轩的挫败感，支持他继续参与穿衣。在“果果摔倒了”中，阿美老师也是意识到，将车轮从麻绳中取出对果果的挑战难度过高，所以她直接提议帮果果把车取出来。等车取出来后，阿美老师放手让果果自己把小车推回通道。果果装上积木后，重新推着小车绕起圈来。所以，帮助的目的并不是让婴幼儿逃避挫折，而是让婴幼儿继续坚持解决问题。

图5-6　以游戏的方式，支持婴幼儿参与穿衣

(二)积极关注

积极关注是指照护者需要给予婴幼儿充分的关注。每个人都需要他人的关注，依赖成人照料的婴幼儿尤其如此，但是关注并不是越多越好，而是要“适量”。没有人能够时刻做到全身心投入地关注他人，尤其是在同时照料好几个婴幼儿的时候，照护者很难集中精力只关注其中某个婴幼儿。这种情况下，照护者应该充分利用换尿布、喂养、洗澡、穿衣服等照料活动，让每个婴幼儿得到足够的关注。在照料过程中，照护者全神贯注地投入与婴幼儿的互动，他们的注意力不会游离到其他人或其他事情上去。这让婴幼儿能够最大限度地享受照护者的关注。如果照护者在日常照料中就能给予婴幼儿足够的关注，那么在照护者忙得顾不上与婴幼儿互动时，大多数婴幼儿也能独自玩耍一会儿，他们不会对成人的关注有迫切的需要。

当婴幼儿无法获得足够关注的时候，他们会通过各种各样的方式吸引他人的注意，包括惹人生气、大声吵闹、装病等。照护者需要分辨婴幼儿做出这些行为究竟是为了吸引成人的注意力，还是在表达自己的真实需求(饿了、病了或者其他的合理需求)，这并非易事。如果一个婴幼儿需要通过“不当行为”来获得照护者的关注，那么照护者要平静地对待婴幼儿的“不当行为”，并且可以试着将婴幼儿的需求说出来：“宝宝，我知道你想让我注意到你。”研究者认为，比起斥责或惩罚婴幼儿，照护者花20—30分钟，专注于与婴幼儿的一对一互动，能更有效地制止婴幼儿的“不当行为”。

这段短暂的共处时光被称为“地板时间”(见图 5-7)。

图 5-7 “地板时间”让婴幼儿享受积极的关注

当照护者想纠正婴幼儿的“不当行为”时，尽量不要使用否定语气。例如，阻止试图爬到高处的婴幼儿，比起“你不要往上爬”，清晰明确地传达信息更合适——“宝贝，你下来。”同时，照护者可以尝试“正强化”。正强化是指某种行为出现后给予积极的回应(即奖励)，以此增加该行为重复出现的可能性。例如，照护者可以在婴幼儿出现适宜行为时，适时夸奖婴幼儿。夸奖应尽量具体明确，而不是用一些笼统的评价(见图 5-8)。比起简单地夸奖“你真棒”“你真乖”等，这样夸奖婴幼儿更合适些：“宝宝，你能耐心等我喂完妹妹，没有打扰我，你真的很体贴。”“你对待弟弟很友好，你和弟弟一起玩小汽车，你做得很好!”

图 5-8 夸奖应具体明确

需要注意的是，正强化不宜频繁使用。夸奖具有很强的激励作用，但是它也可能让婴幼儿产生过分依赖。许多活动本身就具有奖励意义，例如，学会自己用勺子吃饭能够给婴幼儿带来巨大的成就感。如果照护者在婴幼儿吃饭的过程中不断夸奖，发出的信号就是："学会自己吃饭"这件事本身并不有趣，所以需要额外的激励。久而久之，一旦没有外在的奖励和他人的称赞，婴幼儿就无法从活动本身获得快乐。如果婴幼儿每取得一点小成绩都想要照护者夸奖，需要常常有人对他说："你太聪明了！""你真厉害！"那么照护者应该反思，是否在平时对婴幼儿夸奖过多？研究者认为，成人应有节制地夸奖婴幼儿，例如，"你能自己用勺子吃饭了，你一定感到很高兴吧。"承认婴幼儿的内在愉悦感、成就感、满足感等，可以让婴幼儿对自我产生更积极的感受。

当然，对待婴幼儿的"不当行为"，最根本的解决方法就是照护者需要改变自己的做法，在平时加强对婴幼儿的关注，而不是在婴幼儿表现出"不当行为"的时候才注意到他。如果照护者在平时就给予婴幼儿足够的关注，大多数婴幼儿的"不当行为"慢慢地不会再出现。

(三)给予反馈

给予反馈是指婴幼儿的周围环境和他人应该给婴幼儿提供清晰的回应。婴幼儿喜欢探索身边事物的特性，他们几乎对每个新接触的人和事物都感兴趣，并且在摆弄各种事物和与他人打交道的过程中进行早期学习。照护者早期学习支持的质量在一定程度上取决于婴幼儿是否能获得清晰的反馈。

一方面，婴幼儿会探索自己的行为给周围的环境和他人带来什么后果。例如，推倒积木后，会看到积木撒了一地，这让婴幼儿认识到"推"和"积木倒塌"之间的因果关系。有时，照护者只需要站在旁边观察，婴幼儿能否认识刚刚发生的事情？他们知道该如何解决面对的问题吗？有时，照护者则需要用语言说出婴幼儿的体验，以帮助他们理解自己的感受或者周围环境的回应。例如，"你摔倒了。""是的，推积木，积木会倒塌。""你对猫咪大喊大叫，把它吓跑了。"婴幼儿的某些行为会让照护者产生生气、痛苦等负面情绪，而负面情绪的表达也是一种回应。例如，照护者可以对咬自己的婴幼儿说："你咬疼我了，我不喜欢你这样。"照护者用语言把婴幼儿和自己的感知觉表述出来，这样婴幼儿就能学会如何清晰地表达自己的感受。而且，这有助于婴幼儿分析、整理和比较自己对事物的感知，建立经验。

另一方面，婴幼儿通过照护者的回应来学习如何解决问题。例如，2 岁的娜娜想跟念念一起玩，一不小心把念念抓疼了。阿美老师对娜娜说："你抓得念念很疼，她都哭了。你如果想和念念玩，那你要轻轻地摸她的胳膊，像这个样子。"阿美老师边说边示范如何正确地进行肢体接触，并拿起娜娜和念念的手轻轻地互相摸对方的胳膊。这就是比较适宜的回应，婴幼儿由此学习了如何进行人际交往。但是，照护者要保持谨慎，给予反馈是帮助婴幼儿更好地体验事物，不要干扰了他们对事物的专注。经常可以看到照护者在带婴幼儿的过程中，发现婴幼儿探索事物的方式与自己的已有经验不符，就贸然打断婴幼儿的学习过程。例如，婴幼儿刚开始学习用勺子的时候，经常把勺子拿反了。有些照护者发现婴幼儿反着拿起勺子的时候，就会说："你这样拿，舀不起饭来。要反过来拿。"同时，伸手把勺子扳回正确方向。这种反馈容易分散婴幼儿的注意力，而且破坏了婴幼儿通过探索进行学习的过程。如果婴幼儿在探索的过程中没有领会客观世界的反馈，这时照护者就可以运用语言来描述体验内容，甚至帮助婴幼儿解决问题。例如，婴幼儿反着用勺子，多次尝试都舀不起来饭，在婴幼儿有挫败感想要放弃时，照护者可以给予一些提示：“你把勺子反过来试试？看，像这样。”

(四)榜样示范

榜样示范是指照护者应该表现出可以让婴幼儿观察和模仿的行为、动作以及交往方式。模仿是婴幼儿的重要学习方式，树立榜样比单纯说教更有效。

一方面，照护者应树立积极的正面榜样。例如，想教会婴幼儿与人分享，照护者自己应成为一个乐于分享的人。尽管照护者可以利用奖励或权威命令婴幼儿与他人分享，但是这不会让婴幼儿真正成为乐于分享的人。只有当他们理解了“占有”(当幼儿对“占有”有所认识后，他们经常会强调“我”“我的”)并且有人为他们树立了足够的分享榜样之后，他们才能成为乐于分享的人。其他的美德，诸如友好和善、尊重待人、轮流等待等，都是那些得到了足够善待的婴幼儿更容易表现出的美德。

另一方面，照护者也会表现出一些不好的行为。没有人能时刻成为他人的榜样，很多时候照护者也会有负面情绪和不当行为。那么，照护者如何面对自己的弱点，这也是在为婴幼儿做出榜样。例如，当照护者愤怒时，如果用打骂婴幼儿的方式发泄自己的情绪，那么婴幼儿在与他人交往的时候，终将学会用打骂的方式来解决交往中的冲突；如果照护者能正视自己的愤怒，告诉婴幼儿：“我现在很生气，我需要到走廊冷静一下。”那么婴幼儿也将学会通过向别人倾诉、进行体育运动或到“安全屋”冷静等方式来正面处理冲突和解决问题。当照护者犯错时，自己主动承认错误，原谅自己并寻求改进方法，可以让婴幼儿理解无心的错误是可以被原谅的，重要的是改正错误，获得进步。

总之，榜样示范是一项极具影响力的技能，充分利用好它对照护者来说十分重要。

小结

在本节中，我们澄清了早期学习支持发生在婴幼儿一日生活的所有活动中，其中回应性照料和婴幼儿自发的游戏玩耍是重要组成部分。婴幼儿课程着重于成人与婴幼儿的关系，核心是发展婴幼儿解决问题的能力。照护者应该在婴幼儿的一日生活中有效使用评估压力、积极关注、给予反馈和榜样示范等技能，以促进婴幼儿在体格、运动、语言、认知、情感与社会性等方面的全面发展。

问题

1. 你认为“果果摔倒了”是婴幼儿课程吗？为什么？

2. 果果的父母看到了“果果摔倒了”中的场景，会认为阿美老师对果果过于冷漠吗？假设你是果果的老师，你会对他们如何解释？

3. 如果你向他人讲解早期学习支持，提及哪三种观点时应说明它们不适合婴幼儿？为什么？

4. 请举一个你与婴幼儿经历过的课程，并结合这个课程，谈谈你对婴幼儿早期学习支持的认识与体会。

5. 成人需要具备哪四种技能，才能更好地支持婴幼儿的早期学习？

第二节 照料课程

思维导图

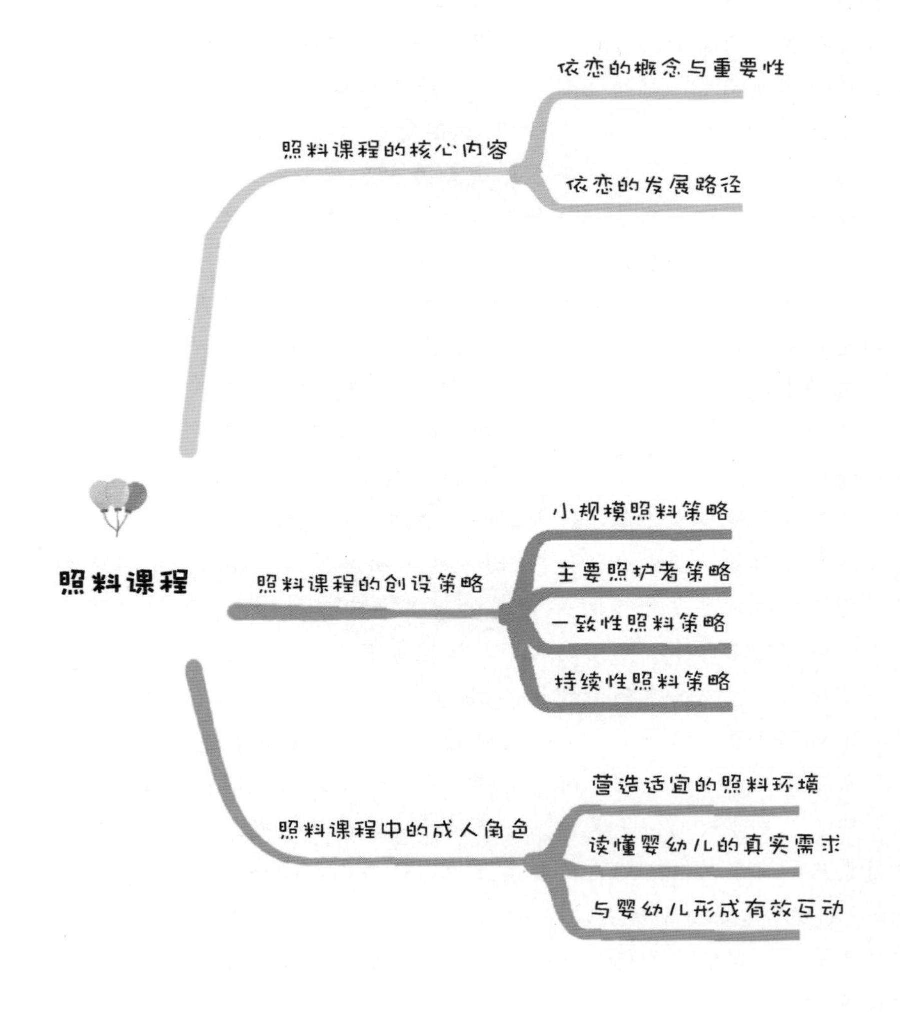

思考

1. 你觉得给婴幼儿换尿布、穿衣服、洗漱、喂食等日常照料行为是课程吗？

2. 你平时如何评估婴幼儿照料的质量？你最看重的评价维度是什么？

3. 你平时怎样表达自己的需求？对于不能说话的小婴儿，你觉得应该如何判断他的需求？

案例

分牛奶

加餐时间到了，四个2岁的幼儿大力、煦煦、阿蒙和念念正围坐在餐桌旁，聚精会神地看着安安老师。

安安老师按照通常的顺序发给每个孩子一个小杯子。“现在每个人都有杯子了。”安安老师边说边拿出来一桶牛奶和一个大的透明水杯，她把少量牛奶挤到大水杯中给孩子们展示：“今天加餐喝牛奶。牛奶对我们的身体很有好处。现在你们轮流把牛奶倒入自己的小杯子中，一个接一个。还是大力先来。”安安老师把大水杯递给了大力。大力兴奋地接过大水杯，然后把牛奶倒进自己的小杯子里。“轮到你了，煦煦。”安安老师又倒出少量牛奶到大水杯中，然后把大水杯递给了煦煦。煦煦接过大水杯，很快给自己倒了一些牛奶，然后把大水杯递给了阿蒙。阿蒙高高兴兴地接过了大水杯，想把剩下的牛奶一股脑倒入自己的小杯子中，不小心牛奶洒出来一些，掉在桌子上。安安老师一边抽出几张纸巾递给阿蒙，一边平静地说：“牛奶洒了。它流得到处都是，会弄脏桌子和你的衣服。我们用纸巾把洒了的牛奶擦干净吧。”

阿蒙清理桌上洒出来的牛奶时，大力和煦煦已经开始喝自己小杯子里的牛奶了。这时果果突然从其他餐桌上凑了过来，安安老师跟她打招呼：“果果。”果果没有回应，而是好奇地盯着阿蒙。安安老师说：“阿蒙的牛奶洒了，他在清理呢。”看到负责果果的阿美老师在叫她，安安老师说：“果果，阿美老师在叫你，她要给你发饼干了。”果果回头看了看阿美老师手里举着的饼干，转过身刚想回到自己的餐桌，又停下，回头继续看阿蒙擦桌子。安安老师看到说：“果果，你想回去吃饼干，可你也想留下来看阿蒙擦桌子对吧？”果果点点头。安安老师说：“那你就等阿蒙擦完桌子再回去吧。”很快，阿蒙清理完洒出来的牛奶。阿美老师拿着饼干走过来，蹲在果果身边说：“果果，轮到你分饼干了。今天的饼干是你上午帮忙做的，很好吃呢。老师还把饼干放在了漂亮的塑料袋里。”果果回头看到自己餐桌上的小伙伴都在吃饼干，依然没动。阿美老师接着说：“你可以拿着饼干回去，或者我把饼干放到你的小口袋里带回去。”果果想了想，撑开衣服上的口袋，等待着。阿美老师把饼干放到果果的口袋中，果果快步走回自己的餐桌。

阿美老师和果果商量的时候，念念等不及叫起来：“安安，我也要。”安安老师问：“你是想要牛奶吗？”念念说：“饼干。”安安老师笑着说：“等倒完牛奶咱们就分饼干。”

安安老师重新倒了些牛奶到大水杯里，并递给阿蒙："阿蒙，你再倒些牛奶到自己的小杯子里吧。"阿蒙这次小心翼翼地把牛奶倒入自己的小杯子里，然后心满意足地紧盯着自己杯中的牛奶。念念的牛奶也倒好后，安安老师开始分发饼干了。

如果你觉得本节开篇案例就是一个普通的生活场景，那你需要深入地理解什么样的课程更适合婴幼儿。不同于传统的做法，真正适合婴幼儿的课程包含婴幼儿一日生活的所有活动，其中日常的基本照料和婴幼儿自发的游戏玩耍是课程的重要组成部分。照护者会比较容易理解把游戏活动作为课程，但是如何将换尿布、穿衣服、洗漱、喂养等日常照料行为转化为课程？这一节将重点介绍相关内容。

一、照料课程的核心内容

照料课程的核心内容就是促进照护者与婴幼儿之间安全依恋的建立。依恋是指婴幼儿和其主要照护者之间存在的一种特殊的情感纽带。

(一)依恋的概念与重要性

20 世纪 50 年代，心理学家做了一个著名的实验——恒河猴实验，把小恒河猴和两个"代育妈妈"关在同一个笼子里。一个"代育妈妈"是用铁丝做的，可以提供食物；另一个"代育妈妈"是用毛巾做的，它虽然不能提供食物，但是柔软的毛巾就像恒河猴妈妈的皮毛，为小恒河猴提供了温暖和舒适。观察发现，尽管小恒河猴会到铁丝妈妈那里寻找食物，但是大部分时间它依偎在毛巾妈妈身边(见图 5-9)。这表明，温暖、舒适、爱抚等与食物同样是生存所必需的。此结果后来被扩展应用到人类身上。研究者认为，眼神的接触、皮肤的触摸、温柔的照料等亲子互动会让婴幼儿和母亲产生特殊的情感联结，他们将这种联结称为依恋。

图 5-9　恒河猴实验

最初，研究者认为婴幼儿的依恋对象是母亲，现在则普遍认为婴幼儿能够与多个照护者建立起多重依恋。大多数婴幼儿都会依恋自己的父母，母亲通常是婴幼儿第一个也是最主要的依恋对象，随后婴幼儿会越来越强烈地对父亲产生依恋，尤其是母亲需要外出工作时。婴幼儿与父母会建立长期甚至终生的亲子依恋。

良好的亲子依恋关系对婴幼儿有两个重要作用——提供安全感和鼓励自主性，这些是他们身心健康发展的基础，会影响他们终身的信任关系。但是如果他们长时间离开父母，对其他照护者的次级依恋就会使他们格外受益。次级依恋是婴幼儿亲子依恋的补充，并不会代替亲子依恋。建立良好次级依恋关系的婴幼儿会更加爱他们的父母，所以父母和其他照护者应互相支持，共同合作养育和照料婴幼儿。

(二)依恋的发展路径

1. 前依恋阶段(0—12 周)

这个阶段的婴儿尚未形成依恋，任何成人都可以照护他们。他们表现出来的哭闹、注视、抓握、觅乳等行为是为了吸引成人注意，以获得成人的照料和安慰。研究者认为，啼哭是婴儿天生的一种向父母和其他照护者发出需求信号的能力，是婴儿与他人建立联系、产生依恋的第一步。成人很难忽略婴儿的啼哭，很多妈妈隔着非常远的距离就能听到婴儿的哭声，于是哭成了婴儿表达自己需求的最强烈信号。婴儿饿了会哭，希望有人能来喂他；尿布湿了也会哭，希望能换上干净清爽的新尿布；累了、困了也会哭，表达自己不舒服了。如果照护者能理解婴儿是通过哭与人交流，并及时满足其需求，那么照护者和婴儿之间的依恋关系就在逐步发展。如果照护者认为婴儿在哭闹，恨不得能躲开清静一会儿，婴儿的需求长期得不到回应，那么他们可能会经历负面影响。

大部分婴儿生来就具备的其他依恋行为还有目光追随、眼神接触、主动抓握等。当你观察婴儿，你会发现他们习惯把头转向母亲，用目光追寻母亲的脸。他们会与母亲进行长时间的眼神接触，那专注的目光能融化大部分成人的心。如果你把手指放到婴儿的手心里，他们通常会紧紧握住你的手指。婴儿这些天生的行为很容易打动成人，成人通常会用爱抚、交谈、喂养等行为进行回应。在这种互动中，婴儿获得生理和情感的双重呵护，婴儿与依恋对象之间的“信任”在逐渐萌芽。

2. 依恋建立阶段(12 周—8 个月)

在这个阶段，婴儿开始对依恋对象有不同的反应。他们会对亲密的照护者做出社交式的行为，诸如微笑、咿呀学语、玩耍互动等。如果母亲起身离开婴儿的视线，他们就会哼哼唧唧甚至大哭，希望母亲能回到自己身边。等到他们会爬了，他们就会向母亲爬去。这些迹象表明婴儿与依恋对象的“信任”正在逐步建立。

一旦婴儿能够区分依恋对象与其他人，他们就出现焦虑和压力。8—10 个月，婴儿开始对陌生人产生恐惧，称为“陌生人焦虑”。原本见人就笑的“小可爱”变得不愿意亲近陌生人，会长时间警惕地盯着陌生人，也不肯让陌生人抱。这种情况是婴儿大脑发育的表现，说明他们已经开始具备区分和识别的能力。

3. 依恋明确阶段(8 个月—2 岁)

10—12 个月开始，婴幼儿与依恋对象分离时会绝望地哭闹，这是一种典型的依恋行为，称为“分离焦虑”(见图 5-10)。一方面，婴幼儿已经能区分陌生人与亲密的照护者，他们对陌生人开始产生恐惧不安；另一方面，在婴幼儿的眼中，看得到的事物才是存在的，看不到的事物就意味着消失了，所以婴幼儿不能理解与亲密照护者的分离只是暂时的，害怕亲密的照护者离开后不再回来。当婴幼儿黏着妈妈，哭着不让走的时候，他在表达“我需要你”的心理需求。如果周围的环境很友好，即便妈妈离开了，婴幼儿的需求也能得到满足，那么安全感和信任感就会在婴幼儿心里慢慢滋生。

图 5-10　分离焦虑

逐渐地，婴幼儿从与照护者的依恋关系中获得安全感，并发展自主性。婴幼儿把亲密的照护者作为“安全基地”，从照护者身上获得安全感后，他们就会离开“基地”四处活动，探索周围环境。其间，婴幼儿会不时回望，确认照护者是否还在附近，一旦发现照护者在视线范围内，就能获得勇气去继续探索。如果婴幼儿受到惊吓，他们会跑回“基地”寻求安慰，获得鼓励后重新出发。

4. 互惠互利期(2 岁以后)

当婴幼儿获得同一个照护者的持续照料时，他们会逐渐认识提供照料的人，并获得信任感和安全感。照护者与婴幼儿的亲密互动为婴幼儿提供了丰富的感官体验、语言输入、无尽的乐趣和享受，也是婴幼儿学习社会技能、锻炼动作技能和发展认知的好机会。照护者也会从依恋关系中受益，他们与婴幼儿的交流更顺畅，更容易理解婴幼儿的需求。

二、照料课程的创设策略

根据依恋理论，我们知道婴幼儿与照护者形成稳定、良好的关系至关重要，而形成稳定良好关系的关键在于照护者对婴幼儿提供回应性照料。如果每隔几个月就换一位新的照护者，或者好几个没有受过专业训练的照护者同时照料婴幼儿，就容易出现对于婴幼儿的需求，照护者有时会回应，有时不会回应；有时这样回应，有时那样回应。这些混乱会给婴幼儿造成困惑，甚至给某些婴幼儿带来无法承受的压力。所以，在创设照料课程时，应该认真考虑以下四个策略，它们都是为了支持照护者更好地回应婴幼儿的需求。

(一)小规模照料策略

《托育机构设置标准(试行)》中规定，乳儿班招收婴儿(6－12 个月)不超过 10 人，托小班招收幼儿(12－24 个月)不超过 15 人，托大班招收幼儿(24－36 个月)不超过 20 人，这种制度设计体现了小规模照料策略。分配到同一个班级的婴幼儿数量足够少，照护者才能有效地接收婴幼儿的需求信号。这让婴幼儿的生活更加自在，容易与照护者、同班婴幼儿建立起良好的关系。在良好关系的基础上，婴幼儿能获得更多早期学习支持，有更多的能量和机会去自由探索、自主学习。如果班级规模太大，婴幼儿会因材料和共享者太多而产生压力，他们需要花费更多的时间和精力去适应周围环境、熟悉照护者和小伙伴的习惯、理解照护者的信号，这容易限制婴幼儿的探索学习。

在婴幼儿照护服务机构中，通常有两种班级构成方式——同龄班级和混龄班级。两种方式各有利弊。同龄班级规模较小，管理相对容易一些，但是需要随着婴幼儿的成长，或者改造教室的环境创设，或者整班搬到另一个教室。混龄班级规模较大，容易招收到新的幼儿，但是混龄班的环境创设比较困难，很难满足不同年龄幼儿对区域、设施设备和物品的不同需求，而且年龄较小的幼儿可能无法避免会受到更活跃的年龄较大幼儿的影响。如果混龄班级的空间足够大，例如，可以容纳 20 个以上幼儿，那么建议尝试用坚固且方便拆装的隔板将空间分割成更小规模的班级。当使用隔板创设更小规模的班级时，每个班级都应该有独立的入口、进餐区、换尿布区和午睡区，而且应保证游戏区域足够宽敞。

(二)主要照护者策略

对于集中托育的婴幼儿，照护服务机构应该为每个婴幼儿锚定一位主要照护者。这样可以确保每名婴幼儿都能与主要照护者建立亲密、信任、有爱的关系，并在婴幼儿离开父母的时候给予他们充分的支持。虽然婴幼儿在机构中喜欢和伙伴互动、共同进餐，也喜欢和每一个照护者待在一起，但是当婴幼儿遇到问题、累了、饿了、受伤了、生病了时，通常只有主要照护者才能给予安慰与支持。在“分牛奶”中，安安老师主要负责照料四个幼儿，他们的吃喝拉撒都是由安安老师来管理。相比所有老师无区别地照料整个班的婴幼儿，仅负责照料少数几名婴幼儿可以让老师与婴幼儿建立更强烈的依恋关系，这种做法符合主要照护者策略。

主要照护者在婴幼儿的生活中扮演主要照料角色，但并不是唯一角色。主要照护者难免有生病、休假、开会等缺席情况。例如，安安老师带着几个幼儿去户外活动，但是念念希望留在室内玩耍，这时念念会由其他照护者来代为照料。平时，主要照护者除了自己负责的婴幼儿之外，也会与班级里的其他婴幼儿互动。在“分牛奶”中，对于晃悠到自己餐桌边的果果，安安老师就很自然地跟她互动了一番。这就意味着，采用主要照护者策略通常需要成立照护小组(具体人数通常和婴幼儿的年龄有关，可参照《托育机构设置标准(试行)》的标准设计[①])。一个照护小组内，有两位到三位主要照护者(小组内的成人互为对方的次要照护者)，以及被组内成人照料的婴幼儿(见图 5-11a)；或者一位到两位主要照护者，一位稳定的次要照护者，以及被组内成人照料的婴幼儿(见图 5-11b)。这样，在主要照护者缺席的情况下，婴幼儿也不会感觉到日常生活被扰乱了，会有一个他熟悉的成人来提供安全一致的照料。

---

① 最低师幼比：乳儿班 1∶3，托小班 1∶5，托大班 1∶7。

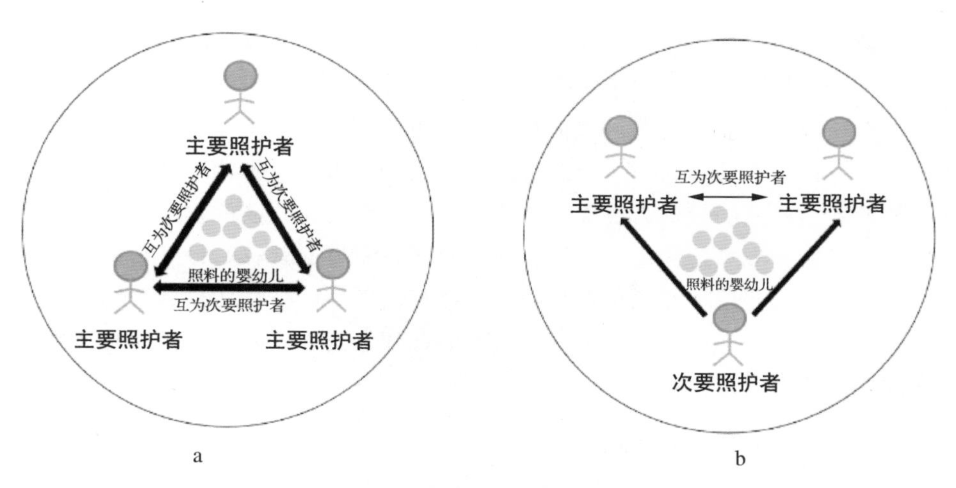

图 5-11　照护小组的两种常见组成方式

(三)一致性照料策略

在“分牛奶”中，安安老师分杯子、牛奶和饼干都是按照同样的顺序——大力、煦煦、阿蒙、念念，这样他们就能知道什么时候会轮到自己。注重照料一致性的照护者通常会按照特定流程来安排婴幼儿的一日生活，尽管有时婴幼儿会因为活动转换或等待而发出抗议，但是比起事情总是无规律地发生变化，能够预测将要发生什么会让婴幼儿觉得自己更有力量，更有安全感。

图 5-12　保留换拉拉裤中的“常规环节”

采用一致性照料策略通常需要照护小组里的照护者每天在一起共事，了解组内所有婴幼儿的情况，这样在主要照护者缺席的情况下，次要照料者也能为婴幼儿提供一致的照料和支持。例如，贝贝老师是 1 岁半的六六的主要照护者，她最近给六六换拉拉裤时，通常会在晾干屁股的过程中，给六六唱一会儿关于认识手、脚和身体其他部位的儿歌，并伴随着儿歌内容，摸摸六六的小手、小脚丫等。六六通常会伸出手脚来配合贝贝老师，并高兴地笑出声来。某天，贝贝老师请假了，安安老师接手照料六六。安安老师在给六六换拉拉裤的时候，也按照六六习惯的方式开展唱儿歌的“常规环节”(见图 5-12)。照料一致性有助于婴幼儿和照护小组的成人之间建立起信任关系，并产生对照护小组的归属感。

(四)持续性照料策略

前面三个策略是帮助照护者与婴幼儿建立牢固的信任与情感关系，持续性照料策略是确保这种良好关系能够连续存在几年。当婴幼儿长大而以前的环境不适合的时候，照护者或者调整环境，或者和婴幼儿一起搬到新教室，总之照护小组应尽量保证稳定性，直至婴幼儿离开机构。

现实中，我们经常会遇到主要照护者离职或调整岗位。这种情况下，照护服务机构应该尽量让这个照护小组中的婴幼儿留在原来的教室，并保证次要照护者不变。在规模比较大的混龄班级中，如果是按照幼儿的年龄分照护小组，那么某个幼儿离开出现了一个空托位，可能需要把另一个幼儿转移照护小组，以便充分容纳所有幼儿。这种情况下，应将幼儿转移到同一个班级的其他照护小组，以保持环境和同伴关系的持续性。新换的主要照护者也需要提前一段时间与换组的幼儿彼此熟悉。如果必须将婴幼儿换教室，那么应尽量让主要照护者或次要照护者一起转移，最好与同班级其他婴幼儿一起转移。有些婴幼儿照护项目缺乏连续性，例如，婴幼儿达到新的发展水平就会升班，离开了熟悉的教室、照护者，甚至是同伴，这样不利于照护者与婴幼儿建立更强烈的依恋关系。

三、照料课程中的成人角色

照料课程质量最重要的评价维度就是婴幼儿的需求是否得到了适宜的回应。对婴幼儿进行养育照料的时候，照护者不仅要满足婴幼儿的生理需要，同时也要满足他们的情感需要，这有助于建立一种持久的信任纽带。同时，日常照料也是吸引婴幼儿积极参与照料过程的机会，他们可以学习并使用新的概念和技能。在穿衣、喂养、洗澡时的互动中，婴幼儿能发展语言能力，学会预测事情的发展，学习与其他人建立关系等。在日常照料中，照护者通常需要使用以下技能：营造适宜的照料环境、读懂婴幼儿的真实需求、与婴幼儿形成有效互动。

(一)营造适宜的照料环境

照护者需要借助区域分割、设施设备布置、物品选择与摆放等，为婴幼儿创设安全舒适的照料环境。强调小规模照料和主要照护者策略的项目中，每个班级的婴幼儿数量不多，环境布置应方便照护者观察和进出所有区域。入口是婴幼儿、家长和教师的共享空间，标志着家庭和机构之间的过渡，可以邀请婴幼儿和家长参与入口处的布置。例如，在入口处摆放婴幼儿的家庭照片和机构照片。游戏区域和照料区域的邻近性是非常重要的，游戏区域的周围一般有换尿布、如厕、进餐、午睡的空间，方便随时解决婴幼儿的生理需求。但是，在照料课程中，保持一定程度的安静和隐蔽同样重要。例如，换尿布、喂奶和午睡区域要远离通道，保证照护者与婴幼儿的一对一优质互动，让婴幼儿可以在这段时间得到照护者的全部关注。虽然在一对一互动时，照护者的注意力主要放在某一个婴幼儿身上，但是照护者还是要能看到游戏区域发生的事情，而且其他婴幼儿也需要看到自己的主要照护者，所以低隔板、矮柜、半透明纱布等经常被用于分割游戏区域和照料区域。

(二)读懂婴幼儿的真实需求

清楚地读懂婴幼儿的真实需求对很多照护者来说是一件困难的事情。作为照护者，如果你能理解婴幼儿传达的需求，最好把这种需求用语言表达出来。例如，“哦，你累了，你想休息一下。”如果你不确定婴幼儿传达的需求，可以问问婴幼儿。例如，“你是饿了吗？你想不想喝点奶?”如果你照料的是小婴儿，询问的同时注意通过观察、聆听和触摸等来确认婴儿的真实需求。婴幼儿的非语言沟通经常被人忽视，仔细观察会发现即便是小婴儿也能通过注视、微笑、发出声响或舞动手脚来表达他们的兴趣、愉悦和兴奋，而把头转开可能就是“没兴趣”“够了”“太过了”。如果你照料的是已经可以尝试表达自己的幼儿，你很有可能会直接从幼儿那里得到答案。在“分牛奶”中，安安老师就直接询问念念：“你是想要牛奶吗?”得知念念想要饼干，安安老师告诉她倒完牛奶就分饼干。通过这种互动，婴幼儿会越来越擅长清楚表达自己的想法和需求，照护者也能更好地理解每个婴幼儿独特的交流方式，这有助于照护者与婴幼儿建立起安全的依恋关系。需要注意的是，我国文化倾向于含蓄、婉转，有些家长可能并不希望自己的孩子直接表达需求，照护者应审慎地对待家长的期望。

有时候，照护者会错误地判断婴幼儿的需求。例如，有些照护者会习惯性地用食物来安抚“任性”的婴幼儿。尽管婴幼儿不饿，他可能只是想有人陪他玩或有人抱抱，但是照护者如果用食物来安抚他通常也会奏效。长此以往，婴幼儿可能会失去识别个人需求的能力，或者习惯于用一种需求替代另一种需求。研究者认为，有些成人在有其他需求的时候，习惯于用食物来满足自己，可能就是从婴幼儿期的经历习得的。研究者还认为，婴幼儿经常得不到满足的需求是积极的关注、新鲜的空气和户外玩耍（见图 5-13）。

图 5-13 婴幼儿经常缺乏足够的户外玩耍

有时候，照护者也容易遇到成人或婴幼儿群体的需求与某个婴幼儿的需求有冲突。例如，户外玩耍时间结束，要吃饭了，总会有个别婴幼儿没玩够，舍不得走。注重照料一致性的照护者通常会按照特定流程来安排婴幼儿的一日生活，有时婴幼儿没玩够，但是到了吃饭时间还是要引导他去吃饭。虽然婴幼儿有时会因为活动转换或等待而闹情绪，但是比起事情总是无规律地发生变化，知道将要发生什么会让婴幼儿更有安全感。例如，在“分牛奶”中，安安老师总是按特定顺序分杯子、倒牛奶、发饼干等，虽然念念等不及要分饼干，但是她还是能在安安老师的安抚下耐心等待，因为她知道早晚会轮到自己。

需要注意的是，如果成人的需求总是先于婴幼儿的需求和兴趣，那么婴幼儿可能会经历负面的影响。一方面，照护者需要想一想，是否必须在这一刻去吃饭？是否必须马上去睡觉？在不影响照护一致性的情况下，能否尊重婴幼儿的专心致志，再等他们一会儿？例如，在"分牛奶"中，安安老师允许果果看完阿蒙擦桌子再回去，她努力以平等尊重的方式去理解果果通过观察进行学习的需求。让我们来想象以下场景：绿芽班结束午餐后，有些幼儿昏昏欲睡，但是有些幼儿则精力旺盛，他们需要玩一小会儿，才能逐渐安静下来。阿蒙几乎不用午睡，他每天中午都自己在地板上安静地玩玩具、看书。安安老师不用看护午睡的婴幼儿，她在阿蒙旁边的矮桌上填写给家长的日志，并时不时抬头看看阿蒙。我们可以看到，老师们没有强迫所有幼儿都遵循一个固定的作息流程，她们调整了自己的步调和行为，以适应和支持幼儿的节奏和风格。另一方面，照护者需要掌握一些引导和安抚婴幼儿的技巧，帮助他们顺畅地进入下一个活动，或让等待中的婴幼儿相信迟早会轮到自己。例如，在"分牛奶"中，面对不肯回自己餐桌的果果，阿美老师引导果果参与一项小任务——把饼干拿回去，并提供了切实可行的选择方案："你可以拿着饼干回去，或者我把饼干放到你的小口袋里带回去。"面对沉迷于玩小汽车，不肯和其他小朋友一起去吃饭的婴幼儿，可以用游戏的方式引导他："时间到了，我们去执行新任务了。我们要去洗车场洗洗车，顺便把小手洗干净。""车洗干净了，它要回车库检修了。现在请小司机把小手洗干净，然后把车上运的菜送到餐桌上。"再如，在等待的过程中，可以告诉婴幼儿："排好队，一个接一个。数到 10 就换下一个小朋友了，1、2、3…"

(三)与婴幼儿形成有效互动

照护者和婴幼儿之间的安全依恋关系是通过日常照料中的互动建立的，但并不是所有互动都能建立起安全的、信任的关系，只有尊重的(respectful)、回应的(responsive)、双向的(reciprocal)互动才有助于良好关系的建立。

曾经，"尊重"一词很少会用在婴幼儿身上，现在国内外优秀的婴幼儿照护项目都提倡要尊重婴幼儿。什么是尊重呢？我们先想想如果是一个同桌进餐的成人想喝牛奶，我们会怎么做？可能会把牛奶递给对方。如果他不小心洒了一点牛奶在桌子上，我们会如何帮助他？可能会先看看他是否需要帮助。如果对方觉得没有大碍并试图清理洒出来的牛奶，我们可能会递个抹布或纸巾，顺便安慰两句。但是我们经常可以看到很多婴幼儿想自己倒牛奶，有些照护者担心他把牛奶弄洒了，不肯让婴幼儿尝试。一旦婴幼儿不小心弄洒了牛奶或其他液体，有些照护者会冲到婴幼儿身边，先一把抱开婴幼儿，然后一边清理现场，一边埋怨婴幼儿"瞎捣乱"。有些照护者还会因为婴幼儿的突然哭闹，假装责怪杯子、桌子等来转移和分散婴幼儿的注意力。在这些过程中，照护者把婴幼儿视为可以任人摆布、糊弄的小东西，缺乏对婴幼儿的尊重。为什么不能放手让婴幼儿尝试参与一些力所能及的活动？牛奶洒了，为什么不先问问婴幼儿需要什么帮助？也许他只是感到恼火、尴尬或者被吓了一跳，需要成人的接纳和安慰；也许他需要成人告诉他牛奶洒了该怎么办；也许他什么都不需要，他在观察牛奶洒了后的形态。在"分牛奶"中，安安老师与幼儿的互动是尊重的。安安老师主动提供机会让幼儿分牛奶。阿蒙把牛奶洒了，安安老师递给他纸巾，鼓励他尝试自己擦干净桌子。照护者理解并接纳婴幼儿的情绪、感受和期望，将婴幼儿视为平等的合作者，与婴幼儿共同完成日常照料过程，这就是对婴幼儿的尊重(见图 5-14)。

在“分牛奶”中，老师与幼儿的互动无疑是回应的，老师能够识别并积极回应幼儿的需求，幼儿也及时回应了老师。安安老师也许是发现了有些幼儿想参与协助布餐，也许是有些幼儿最近对探索液体的特性感兴趣，所以她主动让幼儿分牛奶，回应了幼儿的需求。安安老师还多次运用了判断压力、积极关注和给予反馈的技能，支持幼儿完成倒牛奶的任务。例如，对四个幼儿来说，直接将牛奶桶里的牛奶倒入自己的小杯子难度过高，所以安安老师只倒出少量牛奶到大杯子里，让幼儿用大杯子倒牛奶。虽然阿蒙还是不小心弄洒了牛奶，但是比起牛奶倒了一桌子，并溅到衣服上、地板上，清理少量牛奶污渍对他来说压力可控。安安老师还明确告诉阿蒙如何解决牛奶洒了的问题，她建议阿蒙“用纸巾把洒了的牛奶擦干净”(见图 5-15)。过程中，安安老师需要细心观察幼儿的真实需求或独特的信号(通过语言和非语言表达的信号，包括一些引人注意的“不当行为”)，并积极给予恰当的回应。总之，回应性互动让婴幼儿体验被看到、被听到、被理解的感觉，他们相信自己是被关爱、被照顾的。换句话说，婴幼儿学会了基本信任。

图 5-14　允许婴幼儿参与餐前准备是对孩子的尊重

图 5-15　安安老师支持阿蒙擦桌子

双向的互动是指照护者不应该单方面发出“指令”或信息，而是要在日常照料中与婴幼儿形成一连串的互动。在“分牛奶”中，两位老师与果果之间形成了一连串的互动，具备“双向”的特点：安安老师先与果果打招呼，开启了彼此间的交流，并且用陈述情况，(“阿蒙的牛奶洒了，他在清理呢。”“阿美老师在叫你，她要给你发饼干了。”)提出询问，(“你想回去吃饼干，可你也想留下来看阿蒙擦桌子对吧?”)耐心等待(给果果一点时间回应)等来延续交流。阿美老师在叫果果回去的时候，先简要说明必须行动的理由，(“果果，轮到你分饼干了。”)并耐心等待果果的回应，发现果果犹豫不决后，用邀请参与、有限选择的方式引导果果。(“你可以拿着饼干回去，或者我把饼干放到你的小口袋里带回去。”)在每一次互动中，照护者可以先温柔地触摸婴幼儿，与婴幼儿进行眼神接触，然后描述即将发生的事情，用手势、动作、表情或语言等向婴幼儿发出邀请或提出询问，中间应注意稍做停顿让婴幼儿有时间进行回应。婴幼儿是以自我为中心来看待事物的，年龄和经历差异巨大的照护者要想跟婴幼儿形成双向互动，就需要站在婴幼儿的视角来看待他们的回应和行为，以引发接下来的互动。

照护者和婴幼儿之间的安全依恋关系正是通过尊重的、回应的、双向的有效互动建立的。每天都要做的必不可少的照料工作提供了大量有效互动的机会，而且此类经历同样有助于婴幼儿体格、动作、语言、认知、情绪与社会性等领域的全面发展。互动中照护者经常需要使用判断压力、积极关注、给予反馈、榜样模仿等技能，以支持婴幼儿的早期学习。

小结

在第一节中，我们提到婴幼儿课程着重于成人与婴幼儿的“关系”。本节就围绕婴幼儿养育照料的核心——建立“关系”，分析了依恋的发展路径，并详细介绍了照料课程的生成策略，以及成人在照料课程中如何营造适宜的照料环境、读懂婴幼儿的真实需求、与婴幼儿形成有效互动等。

问题

1. 为什么说“关系”是婴幼儿照料课程的核心？

2. 依恋关系的发展路径是怎样的？你觉得可以如何帮助婴幼儿应对分离焦虑？

3. 照料课程的创设策略有哪些？请结合自己的实践工作，谈谈你的机构曾经使用过哪些策略，它们效果如何？

4. 你认为照料环境对婴幼儿发展有哪些影响作用？除了书中提及的内容，还有哪些创设照料环境的要点？

5. 请回想下你与婴幼儿的互动场景，能举出一个符合有效互动的场景吗？在这个场景中，尊重、回应和双向互动都是如何体现的？

第三节 游戏课程

思维导图

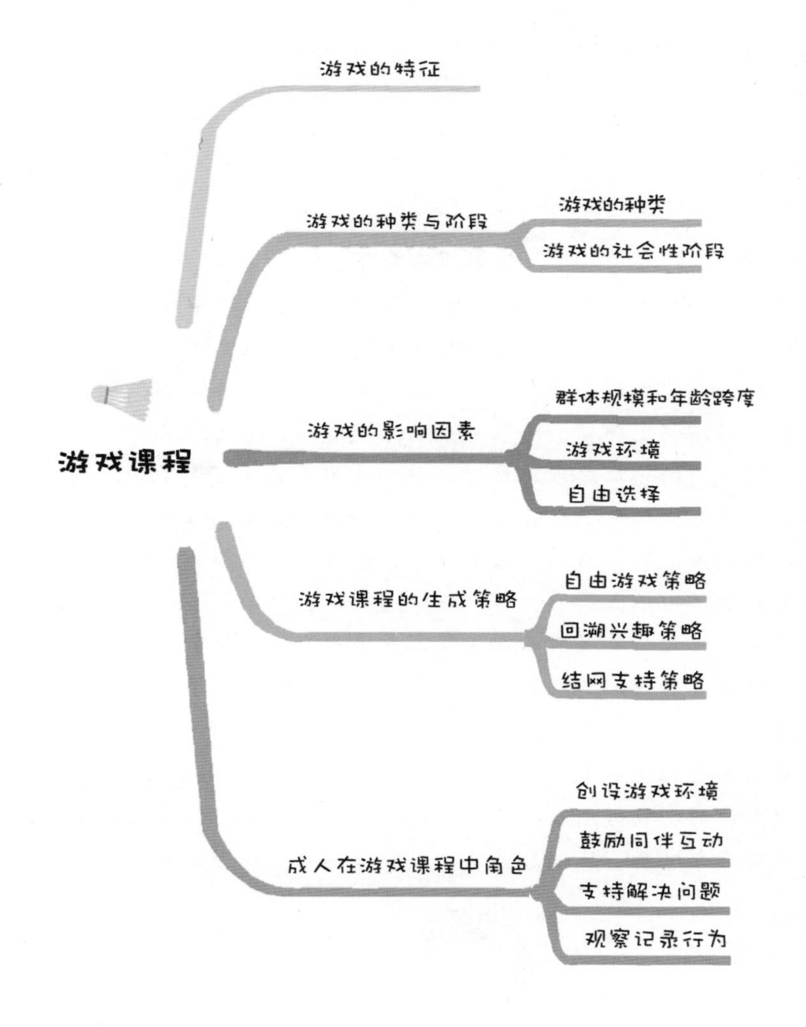

思考

1. 在你的工作中，有没有什么工作是你自己主动选择、令你很快乐的，这个过程中即便没有看到立竿见影的效果，但是你乐在其中？这算是你在工作呢，还是在游戏呢？

2. 回想你幼年时期好玩的和不好玩的游戏经历，谈谈你对自由游戏的认识。

3. 回想你幼年时期喜欢在哪里玩，谈谈如何运用你自己的经验为婴幼儿创设游戏环境。

4. 回想你在工作中经历的婴幼儿游戏场景，你认为游戏过程中照护者必须对婴幼儿提供哪些帮助？

案例

参观者来了

一天早上，四个2岁幼儿大力、煦煦、阿蒙和念念正在游戏区玩耍，他们忙于探索游戏区中投放的各种材料。安安老师坐在游戏区的地板上观察着。大力把积木从游戏区的一端一块一块地搬到另一端，并堆成一堆；煦煦拿着一块积木，一会儿在地板上敲敲，一会儿在墙壁上磕磕；阿蒙不断从地板上的箱子里爬进爬出；念念则专注地用海绵擦游戏区旁边的一块玻璃。这时，煦煦走到念念的身边，从她手里抢过海绵，在地板上蹭了起来。念念愣了一会儿后，冲过去与煦煦抢夺起来。安安老师走过来，正准备阻止，但是煦煦扔下海绵扭头离开了。念念捡起海绵，又回去擦那块玻璃。于是安安老师重新坐回地板上。

突然，机构主管带着参观者站在观察窗旁边向教室内观望。安安老师想起主管早上交代，让参观者看看老师是怎么教孩子的，于是匆忙把孩子们召唤到阅读区，让他们围坐成一圈。安安老师拿出来一本绘本书，这是几个孩子最近特别喜欢的一本书。安安老师开始给孩子们讲书上的故事，孩子们耐心听着(见图5-16)。故事很简单，讲的是一只小鸡和他的动物好朋友在农场里面捉迷藏。小动物们有的躲在车里，有的躲在门后，有的躲在草垛里。他们总会不小心露出马脚，被小鸡准确抓到。其间，安安

图5-16 围圈读绘本

老师每次念到："抓到你了。"大力和念念就开始模仿被抓到的小动物的声音，一会儿汪汪汪，一会儿咩咩咩。阿蒙和煦煦则看着老师笑，时不时兴奋地挥舞手脚拍打地板。

后来，安安老师带着孩子指认书中的形状、颜色等，大力开始不耐烦起来。他站起来试图去拿积木，阿蒙看到也跟着站起来。阿美老师拦住两个孩子，并将他们哄了回去："故事还没讲完呢，等结束我们再一起玩。"最终，安安老师完成了围圈教学活动，但是阿美老师中间几次帮忙维持秩序，安安老师有点抱歉地看着机构主管。

"参观者来了"的开场中，幼儿在玩各种各样的玩具——积木、箱子、海绵，安安老师只是坐在一边陪伴幼儿。安安老师好像没做什么事情，幼儿也没有学到任何知识。因此，在大多数人看来，这个场景可能谈不上什么教育意义，围圈教学反而更符合婴幼儿老师的形象。围圈教学中，老师有明确的教学目标(例如，展示狗、猫和鸡的图片时，婴幼儿能够辨认出这些动物)，并在不断教导婴幼儿，而不是让婴幼儿自己玩。那些觉得围圈教学更像课程的人没有意识到，婴幼儿自由游戏的好处远远超过我们成人设置的学习概念、培养技能等。通过游戏，婴幼儿能进行自主的探索，发现并解决问题，做出选择，而且游戏也是发展早期读写能力的途径之一。总之，游戏的益处数不胜数。

可惜的是，成人即使意识到游戏的价值，也很难让婴幼儿拥有纯粹的自由游戏时间。在本节中，我们将尝试解释"如何将游戏变成一门课程？"我们希望那些为婴幼儿创设游戏课程的照护者学会通过观察来欣赏婴幼儿自发的游戏。就像安安老师在开场虽然看起来有些被动，其实她在观察和回应幼儿，这种技能对照护者来说至关重要。

一、游戏的特征

游戏的定义多种多样，但是婴幼儿的游戏应包含以下特征：

(1)游戏是自发的：婴幼儿愿意游戏并主动参与其中；

(2)游戏是愉快的：婴幼儿会感受到游戏的乐趣；

(3)游戏是不受规则束缚的：婴幼儿用自己独特的方式玩耍，游戏可以朝着多个方向发展；

(4)游戏是过程导向的而不是结果导向的：婴幼儿的注意力放在游戏本身，并不关心它会有怎样的结果。

让我们来回想下婴幼儿照护服务机构中常见的活动，可以发现很多活动并不符合这些特征。在一个早教课堂上，教师给了婴幼儿几种不同颜色的彩色木块，然后让婴幼儿按一定规律排列好，这并不是一个由婴幼儿自发开展的游戏，而且它是带着规则束缚的。当成人为婴幼儿安排互动角色时，说"你是可爱的小鸡""你是小花猫"，那么这个角色扮演活动也不具备游戏的特征。在"参观者来了"中，教师带着婴幼儿指认形状、颜色也不具备游戏的特征，反而婴幼儿最开始在游戏区玩的时候是自由选择的，他们并没有用所谓"正确的方法"(如搭积木)来摆弄这些游戏材料，他们都在以自己独特的方式探索材料的特性(如煦煦通过敲敲打打来感受积木)，并沉浸在探索所带来的感知一运动快乐中。

有时，成人想控制婴幼儿游戏的原因是他们没有理解游戏的特征。0—3 岁婴幼儿在游戏中似乎更喜欢探索事物，体验感官变化的快乐。大力把积木从一边运到另一边并非单纯运送材料，他同时在享受走动中所带来的感官变化。我们一直认为婴幼儿的注意力维持时间较短，那是因为他们更喜欢大肌肉运动，需要不断地变换位置。其实，他们在自由选择的游戏中也可以很投入，注意力维持时间并不短。不信的话，给他们一小盆水或一堆沙子试试。

二、游戏的种类与阶段

(一)游戏种类

这种游戏分类方式以皮亚杰的认知发展理论为依据，将游戏分为功能性游戏、象征性游戏和规则性游戏。

1. 功能性游戏

功能性游戏也叫感知-运动游戏，表现为感知觉输入或者简单的、重复的动作给婴幼儿带来了快乐。这类游戏可以让婴幼儿探索各种事物的自然特性，增强婴幼儿对自己的感知觉和身体动作能力的信心。它在 0—2 岁婴幼儿游戏中占主导地位，当然在以后的年龄阶段也很常见(见图 5-17)，例如：

图 5-17　沉迷于感知桌角的琪琪

(1) 7 个月的轩轩冲镜子里的自己微笑，并伸手试图去摸镜子里的影子。

(2) 1 岁半的琪琪在看一本洞洞书，她用自己的小手指在每个洞洞中抠抠摸摸。

(3) 2 岁的娜娜反复把彩色小球从一个滑道上滚下来。

(4) 2 岁多的煦煦喜欢绕圈跑，他还会爬到任何他能爬的东西上。

2. 象征性游戏

象征性游戏也叫表征游戏，包括构建游戏和戏剧游戏，通常出现在 2 岁左右，然后以各种形式延续至成人期。幼儿通过象征性游戏将自己的想象或日常生活表现出来，巩固对世界的理解，促进了语言、情感和社会性等发展。

构建游戏是幼儿使用材料去制造其他东西，包括拼图，搭积木，捏黏土，玩水、沙、泥等。例如：

(1) 2岁的大力把黏土揉成不规则的形状，然后对着黏土堆说："你好，小白兔。"

(2) 2岁多的煦煦把书搭在两块积木上，说："大桥。"

戏剧游戏是幼儿扮演某个虚拟的人物或事物，表现为以物代物、以物代人、以人代人、以动作代替动作等。这种游戏通常吸收了幼儿在熟悉的生活情景中的直接经验或间接经验。例如：

(1) 2岁的念念拿起爸爸的手机贴在耳朵上，装作打电话："喂，喂，喂。"

(2) 2岁多的煦煦把书搭在两块积木上，说"这是我的桥"，然后拿起火车玩具从桥上小心翼翼开过去，边开边说："高铁呜呜呜。"

3. 规则性游戏

规则性游戏需要参与者已经可以理解并认同事先制定好的规则，这通常是3岁以上幼儿才会具备的能力。

(二)游戏的社会性阶段

参考心理学家帕滕(M.B. Parten)的游戏社会性发展阶段，可以将婴幼儿游戏分为以下四类。

1. 旁观者游戏

旁观者游戏中，婴幼儿只是在一旁看别人游戏，自己不参与游戏。作为旁观者可能是不愿意参与别人的游戏，也可能是正忙于通过观察来学习怎样游戏。例如，2岁的果果和阿美老师在玩小皮球游戏，她们欢快地将小皮球扔给对方。1岁半的琪琪站在旁边看她们玩球，表现出明显的兴趣。阿美老师顺手拿了另一个球给琪琪，并邀请她加入游戏。琪琪拿着球没有动，依然注视着果果和阿美老师玩。阿美老师意识到，琪琪虽然没有主动玩游戏，但是她在通过安静的观察来学习怎样玩小皮球。阿美老师没有再迫切地邀请琪琪，而是继续跟果果玩了起来。

2. 单独游戏

单独游戏中，一个婴幼儿自己游戏，不和其他婴幼儿进行任何明显的互动。例如，2岁多的煦煦独自坐在桌边，桌上放着不同颜色和车型的原木小车，还有许多动物玩具。煦煦从中选择了三辆小汽车和几个动物玩具。他在每辆小汽车上放了一个动物玩具，然后不停摆弄几辆车的排列方式。最后，煦煦把三辆小汽车排在一起，所有车头朝同一个方向缓缓开动(见图5-18)。有时候，婴幼儿会漫无目的地闲逛。虽然婴幼儿在闲逛中看起来无所事事，但是他们在走动中感受到大量的感官输入，这是婴幼儿阶段很常见的一种单独游戏状态。

图5-18　煦煦自己摆弄小车

3. 平行游戏

平行游戏中，婴幼儿在分享材料或挨得很近，但是不想一起游戏。例如，1岁半的琪琪发现了一个柳条编的篮筐，她抓起篮筐，一转身，看到另一个大一些的篮筐。

她摇摇晃晃走到大篮筐旁边，伸手抓起大篮筐，并顺手扔掉了手里的小篮筐。2岁的阿蒙过来了，他抓起琪琪扔掉的小篮筐，来回挥舞了几下，最后把小篮筐扔在了地上。小篮筐在地上打着圈旋转，最后停了下来。阿蒙脸上泛出喜悦的光，他捡起小篮筐重复扔了好几次。琪琪啃了一会儿大篮筐，然后把它扔在地上，又把篮筐翻得底朝天，用手大力地拍打着筐底。其间，琪琪和阿蒙偶尔会看对方一眼，但是他们没有说一句话，也没有一起玩的意思(见图5-19)。

图5-19　琪琪和阿蒙各自玩耍

4. 联合游戏/合作游戏

联合游戏中，幼儿会出现诸如分享材料、角色互动等简单的合作行为，但是由于能力有限，很难出现有组织的决定游戏主题、设置游戏规则或安排游戏角色等情形。例如，2岁的大力、果果和娜娜在娃娃屋玩耍。大力找到一套餐具模型，有茶壶、杯子、碗碟和勺子。他去材料区拿回一个托盘，把餐具一个个摆在托盘上。娜娜抱起一个娃娃，轻轻摇晃。大力把一个碗递给娜娜："这是菜菜。"娜娜接过碗，把它扣在娃娃头上当作帽子。大力继续去摆弄那套餐具玩具。果果发现了一套医疗玩具，她把听诊器挂在脖子上，走到娜娜身边，说："是不是生病了？我听听。"娜娜把娃娃抱起来。果果把听诊器按在娃娃的胸口，假装听了一会儿说："嗯嗯，没事儿。"然后，果果戴着听诊器去找坐在旁边的阿美老师。阿美老师配合地挺起胸膛，让果果把听诊器放在她的胸口(见图5-20)。

图5-20　游戏中的简单合作

真正的合作游戏中，参与者通过沟通交流决定游戏主题、角色任务和游戏规则等，需要同伴之间的分工合作，这通常是3岁以上幼儿才会具备的能力。

了解游戏的类型和阶段，有助于照护者更好地支持婴幼儿在游戏中的发展。在0—3岁婴幼儿阶段，旁观者游戏、单独游戏和平行游戏都是很常见的游戏状态。婴幼儿可能会观察附近的同伴，或者跟同伴分享材料，但是他们很难全心全意投入到共同的活动中。而且，0—3岁婴幼儿游戏的分类并不总是那么清晰。例如，2岁的娜娜喜欢把面团揉来揉去，感受面团在手里被搓圆捏扁的感觉。她把两块面团捏得歪歪扭扭看不出来形状，放在桌子上看了一会儿(功能性游戏)，然后自言自语地说："我有两只兔兔。"(象征性游戏)

三、游戏的影响因素

(一)群体规模和年龄跨度

群体规模是婴幼儿游戏的重要影响因素。尽管师幼比适当，但是与实施小规模照料策略的班级相比，婴幼儿在群体规模较大的班级中难以完全地投入游戏中。在人数较多的群体中，婴幼儿或多或少地会受到干扰。他们的注意力经常被分散，这破坏了婴幼儿通过游戏进行探索学习的过程。照护者也容易忽略一些安静听话的婴幼儿，对他们的游戏支持不足。

年龄跨度是婴幼儿游戏的另一个重要影响因素。尤其在混龄班级内，照护者需要格外关注年龄较小的幼儿，他们经常会被大一些的幼儿干扰游戏过程，甚至会被无意中伤害到。

1岁半的琪琪和她的主要照护者贝贝老师一起坐在游戏区的地板上玩形状配对积木。2岁的阿蒙走过来，站在旁边观看。琪琪拿起一个长方形积木，刚准备尝试放到正方形的孔洞中，阿蒙一把抓过积木说："这个不对。"他一边说一边把积木放在了长方形的孔洞中。琪琪抬头看着阿蒙。这时，大力和煦煦一前一后追逐着跑过来。安安老师拦住了煦煦，但是大力跑得太急，一下撞向了琪琪。贝贝老师眼疾手快，用胳膊护住了两个孩子，但是地板上的积木被大力踢得散落一地。琪琪大哭起来，贝贝老师让琪琪依偎在自己的怀里，轻声安抚着琪琪(见图5-21)。

图5-21　贝贝老师安抚哭泣的琪琪

在上面的场景中，1 岁半的琪琪很可能走路偶尔会摔跤，跑起来的动作也略显笨拙，但是 2 岁左右的大力、煦煦和阿蒙已经可以较为自由地活动了。在混龄照料的情况下，照护者需要保护较小的幼儿远离那些不适合他们使用的游戏设备和材料，也要避免他们与大一些的幼儿发生冲突。如果他们之间产生冲突，照护者要及时介入，不能任由他们自己解决。

(二)游戏环境

婴幼儿能否投入地开展游戏活动，游戏环境与婴幼儿发展特点的匹配度是重要的影响因素。实践中，照护者经常会忽略以下环境创设的维度，但是它们往往决定了游戏环境的质量。

首先，游戏环境应该兼顾大肌肉活动和安静的活动。婴幼儿时刻都在运用胳膊、腿和躯干的大肌肉群进行活动，所以游戏区域应方便婴幼儿踢、爬、走、跑、打滚、跳跃等。但是，有时候婴幼儿也需要安静的游戏空间，多层次、多区域的环境设计可以形成平台、帐篷、单元等小尺寸空间。婴幼儿在这些空间里，可以爬上爬下、玩玩具、看绘本等，也可以作为旁观者观察小伙伴的游戏，或者参与其中。

其次，游戏环境应该兼顾坚硬和柔软的质地。例如，坚硬的地板和柔软的地垫给爬行的婴幼儿带来完全不同的体验；婴幼儿玩水的时候，坚硬的地板更容易清洁，在地板上放个柔软的浴室防滑垫，婴幼儿就不容易把水打翻，也能有效防止滑倒；地垫、靠垫、抱枕、毛绒玩具等增添了家庭的舒适感，能让婴幼儿尽情地拥抱、跳跃、翻滚或舒服地躺下。

再次，游戏环境应该兼顾开放性和封闭性。在游戏空间的布局上，照护者的视野高度应是开放性的空间，方便监护婴幼儿的安全；婴幼儿的视野高度则需要有一定封闭感的空间，有助于减少视觉和听觉上的干扰，帮助婴幼儿集中注意力投入游戏活动。低矮开放的陈列架方便婴幼儿自由选择上面摆放的材料；封闭的储存柜则为照护者提供了设置游戏限制的机会。例如，贝贝老师不希望婴幼儿抽取盒装面巾纸，并把面巾纸扔得到处都是，她把面纸巾放在了封闭的储存柜里。

此外，照护者需要确保游戏材料的数量是适当的。过多的游戏材料形成过度刺激，婴幼儿的注意力会被分散，而且他们也过于兴奋，容易让自己或同伴产生不快。游戏材料过少容易让婴幼儿无聊，难以提供足够的早期学习机会。

最后，照护者应该选择那些有多种玩法的游戏材料，并尽可能让婴幼儿自由地组合或拆解材料。嬉水便具有这种特点，婴幼儿可以把手、各种物品放到水里或轻轻搅动，感受水带来的不同感官体验；把水倒入各种容器，感受不同的形状和容量；把水倒入风车漏斗，看流动的水如何推动风车；等等。与水的多种玩法相比，大多数声光玩具的玩法比较单一，婴幼儿只能作为游戏的旁观者。

最佳的游戏环境会随着婴幼儿的群体规模、年龄跨度、发展水平等而变化，照护者可以根据婴幼儿的行为来判断游戏环境是否适宜。当每个婴幼儿都能发现感兴趣的新活动，并全神贯注地投入他想解决但又一时解决不了的问题时，游戏环境就是适宜的。

（三）自由选择

游戏中，照护者能否给予婴幼儿自由选择的机会是最重要的影响因素。在“参观者来了”中，安安老师看着四个幼儿在游戏区玩耍，他们就有很多自由选择的机会，他们可以用自己独特的方式（如搬运、敲打积木）而非正确的方式（如搭积木）玩投放的材料；安安老师给幼儿讲绘本故事，与他们进行捉迷藏式的互动，幼儿耐心地围坐在一起听，这也是幼儿自由选择的兴趣点。但是在后来的围圈教学环节中，有个别幼儿明显不感兴趣，安安老师迫于机构主管的压力，强行引导他们参加教学活动，结果活动秩序一度维持不下去。婴幼儿在游戏中会追求自己的特定兴趣，他们很难按照成人设定的目标来控制活动内容，所以自由选择是婴幼儿游戏的一个重要原则，也是婴幼儿学习的前提条件。

四、游戏课程的生成策略

传统课程习惯于安排年度计划，4 月种植物、踏青；5 月观察动物宝宝……照护者甚至会年复一年地使用重复的游戏主题，为新进入机构的婴幼儿组织活动。照护者如何提前一年就知道，明年 4 月的时候自己照料的婴幼儿刚好对种植物产生了兴趣，5 月婴幼儿开始喜欢观察动物宝宝？游戏课程的生成不应被计划束缚，但是它也不是随机产生的，它与传统课程之间的区别在于，课程不是来自照护者认知中的婴幼儿发展“里程碑”，而是来自照护者对婴幼儿真实发展情况的回应。所以，我们建议照护者在生成游戏课程时尝试以下策略。

（一）自由游戏策略

虽然本节中一直强调尊重婴幼儿游戏的自发性，但是有些照护者在设计游戏课程时，总是不自觉地设定活动目标，计划并控制活动过程和结果。很多照护者存在一种倾向，那些使自己感到不习惯、不舒服的行为是错误的，甚至是对婴幼儿有害的。所以，这些照护者一旦发现婴幼儿自发的游戏与自己的想法不同，就会强行干预。其实，在很大程度上，婴幼儿的这些行为只是“与众不同”而已，让照护者感觉到不舒服的是自己的文化、意识和习惯。

嬉水区里，2 岁的娜娜在玩水。地板上放着一个浴室用的防滑地垫，防止孩子们不小心滑倒。娜娜穿着一件防水罩衫盖住了自己的衣服。她把塑料脸盆里的水来回倒入不同形状和容量的瓶子、杯子、塑料管中，观察水的流动。感觉不过瘾，娜娜还拿来了挤压瓶，把水装到挤压瓶里，按动瓶身，水花四射（见图 5-22）。一不小心，有一些水喷到了娜娜的脸和头发上。阿美老师赶紧用毛巾把娜娜的脸、头发擦干净，并轻声建议娜娜不要把水喷到自己身上。贝贝老师看到了这一幕，对阿美老师说：“娜娜这样玩，弄得一团糟，我们还要花更多精力清理地板、罩衫和瓶瓶罐罐的！她还把头发弄湿了，这样容易着凉感冒的，她妈妈知道了肯定会抱怨。我觉得让孩子放开了玩水不是个好主意。”阿美老师向贝贝老师解释，这种游戏活动可以让娜娜学习水的物理性质，所以她不想限制孩子的探索行为。阿美老师还表示，她下次会给娜娜戴上一次性的厨师帽，遮住孩子的头发，这样孩子玩得尽兴，也能尽量减少着凉的可能性。贝贝老师建议下次往塑料脸盆里放少量的水，让孩子重复使用这些水，即便洒出来一些也不会搞得到处都是。

图 5-22 嬉水的娜娜

在上述场景中，阿美老师的观念是婴幼儿的自由探索非常有价值，贝贝老师的观念是维护环境干净卫生、防止婴幼儿生病很重要。两种不同的观念碰撞在一起，没有哪种观点是绝对错误的。在生成游戏课程时，如果遇到类似观念冲突的情况，照护者需要思考：婴幼儿在嬉水中获得了乐趣和发展，我需要为此付出更多的精力打扫卫生或者向家长解释原因，对此我是否难以接受？有更好的方法，可以防止婴幼儿弄湿自己或滑倒吗？还有什么方法，可以降低清洁的难度？虽然给予婴幼儿多大的选择权通常取决于机构的照护理念和婴幼儿的年龄，但是文化意识也会对此产生一定的影响。照护者需要以开放的心态去尊重和理解不同的观点，并找到一个切实可行的解决办法，在确保婴幼儿安全的前提条件下，尽量为他们提供自由游戏的机会。

(二)回溯兴趣策略

有些照护者意识到婴幼儿自由游戏的重要性后，习惯跟随婴幼儿当下的意愿来开展活动。他们对于主动引入游戏活动变得畏首畏尾，生怕自己的小小干预把婴幼儿自发的“创意小鸟”惊飞了。因为婴幼儿感兴趣的活动经常是随机产生的，照护者对于活动可能的发展方向完全没有准备，所以无法提供相应的环境和材料引导婴幼儿加深他们的探究学习，也难以维持婴幼儿的长久兴趣。照护者应该在日常照料中仔细地观察和倾听婴幼儿，发现他们感兴趣的知识、技能和问题，将其转化为游戏课程的主题，并提前选择有助于婴幼儿探索既定主题的活动和材料。

大力和阿蒙的妈妈又怀孕了。娜娜刚有了一个小弟弟，她每天都跟小伙伴和老师们讲她的小弟弟。老师们观察到孩子们会在娃娃屋扮演父母，并听到孩子们经常谈论妈妈怎么哄弟弟妹妹，怎么喂奶，怎么换纸尿裤，于是在娃娃屋提供了婴儿用品，比如纸尿裤、奶瓶、婴儿衣服等。老师们还设计了很多活动来扩展学习，例如，让孩子们带来自己婴儿期的照片、影集，参观机构的乳儿班等。有一天，娜娜陪妈妈带弟弟去社区医院做儿保体检，并打了预防针。第二天娜娜就跟小伙伴、老师们分享了这段经历。老师们从中得到灵感，又增加了一些医疗玩具(如听诊器、注射器、小药瓶等，见图 5-23)来扩展幼儿对医生职业的认识。这样孩子们的兴趣又持续了一段时间。其间，他们会谈论自己对小宝宝的喜爱、小宝宝如何成长、需要怎样照顾小宝宝等。

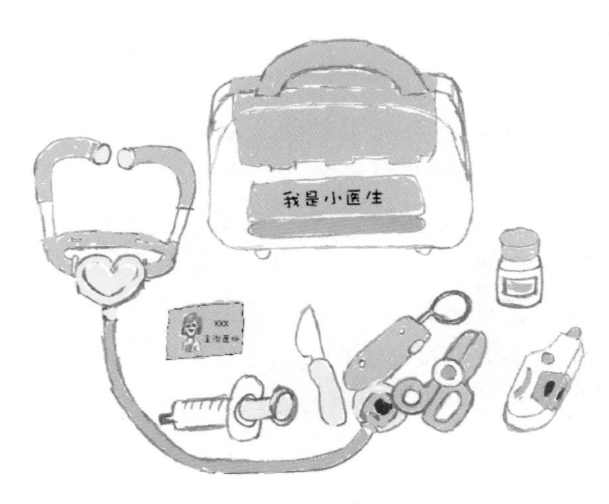

图 5-23　根据幼儿近期的生活经历，老师放置了医疗玩具

尽管班上大多数孩子都主动参与了这个课程，但还是有个别孩子对其他事物更感兴趣。有几个孩子依旧沉迷在车中无法自拔。老师们在建构区增加了一张新的手绘地图，上面标注了小区、公园、超市等建筑，并画出了好几条互相交织的公路，方便孩子们建造城市交通路线(见图 5-24)。还有几个孩子迷上了新买的胶水。这次采购的胶水瓶是挤压式的，一挤压瓶身，胶水就滴下来。看到孩子们不断把胶水挤出来，老师们决定放置些可以挤压的物品。在娃娃屋，放置了空的番茄酱、沙拉酱挤压瓶，可以作为角色扮演游戏中的调料道具；在游戏区，放置了挤压就发声的玩具，还有一只硅胶做的母鸡玩具，一挤压硅胶母鸡就会下鸡蛋；在嬉水区，放置了按压瓶，里面装上

图 5-24　根据幼儿表现出来的兴趣，老师手绘了城市交通地图

了少量清水。孩子们玩得不亦乐乎。

在上面的案例中，老师们观察到了婴幼儿近期的兴趣(婴儿、体检、玩车、挤压)，并做出了回应。例如，设计游戏环境(婴儿用品、医疗玩具、手绘地图、挤压物品)，提供相应的活动(读绘本、参观乳儿班、建造城市交通)等。在“参观者来了”中，安安老师之所以能够预测到婴幼儿会耐心听故事，也许是因为她观察到这几个幼儿最近很喜欢这本绘本，她只是对此做出了回应。需要注意的是，尽管我们会通过回溯婴幼儿的经历和兴趣来生成游戏课程的主题，但是难免有个别婴幼儿对其他主题更感兴趣。照护者要让婴幼儿在环境中主动发现自己的兴趣点，而不是强迫所有婴幼儿都参与同一个主题游戏。

(三)结网支持策略

照护者通过回溯确定了婴幼儿感兴趣的游戏主题后，就需要着手创设有助于婴幼儿探索既定主题的环境，并提前准备能够扩展经验、维持主题的活动和材料。结网，类似于头脑风暴，经常被用来思考婴幼儿在游戏中可能会有哪些发展方向，需要什么支持。一方面，照护者需要提前设计用来激发婴幼儿兴趣的事件；另一方面，照护者需要预测婴幼儿在活动中可能出现的新想法、需要的支持以及一些偶然发生的事件。

天气渐渐暖和，孩子们待在户外沙坑的时间越来越长，老师们于是在研讨会上愉快地决定了“玩沙”的游戏主题。她们围绕主题做了两张结网图：一张是活动材料网(见图5-25)，列出了可能出现的活动和材料；另一张是早期学习网(见图5-26)，列出了可能的学习成果。

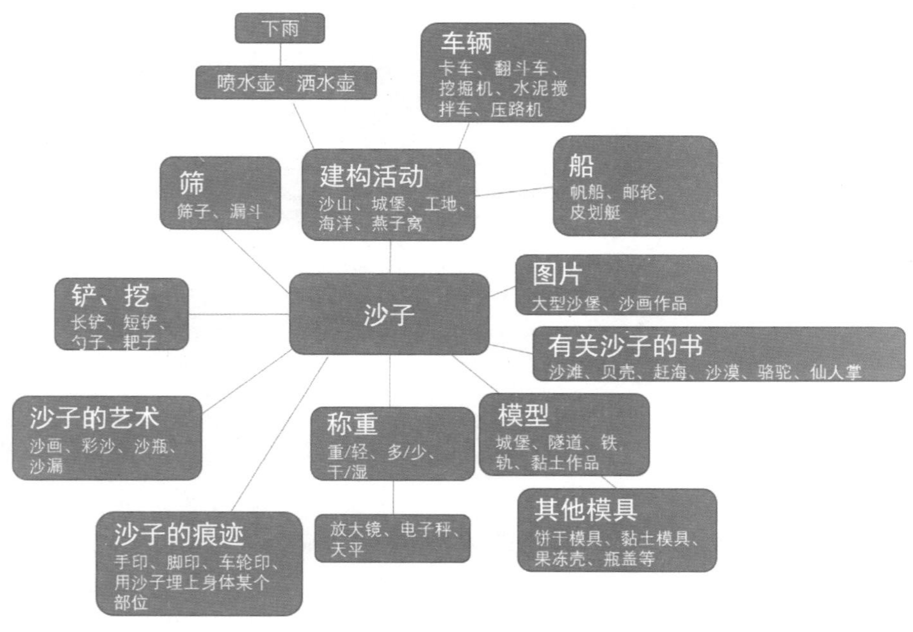

图 5-25　活动材料网

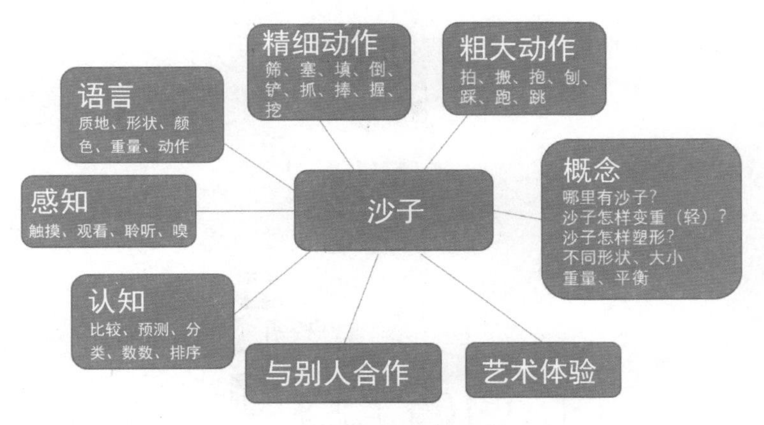

图 5-26　早期学习网

昨天一场小雨过后，沙坑里的沙子变得湿乎乎的。大力惊喜地发现用小桶装满沙子后，倒出来的沙子会保持桶的形状。老师们还特意带过来各种形状和大小的塑料杯、黏土模具、果冻壳和瓶盖等，大力和几个小伙伴乐此不疲地一遍遍尝试，用湿沙做了很多造型。孩子们还在老师的带领下，在沙坑里留下了手印、脚印等。

结网虽然包含多种可以进行探索的方向，但是实践过程中并不会开展所有活动。可能因为照护者缺乏资源、经验，或者婴幼儿缺乏兴趣、能力不匹配，有些活动自然而然就被放弃了，但是剩下的很多“好想法”足以让课程主题继续维持一段时间。活动材料网帮助照护者预测可能出现的活动，并提前准备材料；早期学习网则有助于照护者回顾、审视和交流婴幼儿在各个领域的发展目标和进步。

五、成人在游戏课程中的角色

照护者在游戏课程的实施过程中承担着多重角色，这些角色之间并不是独立的，它们是彼此联系的。照护者掌握好以下技能，可以有效帮助婴幼儿从游戏中获得有益的发展。

(一)创设游戏环境

虽然我们强调婴幼儿游戏具有自发的特征，但是这并不意味着照护者把婴幼儿带到某个环境中，婴幼儿就会自动开展具有意义的活动。照护者需要考虑游戏环境是否回应了所照料婴幼儿的需求。

首先，照护者要创设安全的游戏环境。如果没有安全的前提条件，就谈不上自由游戏。游戏区域应一目了然，保证婴幼儿在游戏时能一直处于照护者的视线范围内。照护者需要确保游戏环境中的每一件物品都是安全可触摸的，甚至是可以放入口中的。对于婴幼儿来说，啃、舔舐、咀嚼物品是其重要的学习途径之一(见图 5-27)。照护者应该做好安全排查、清洁消毒等工作，而不是一味地限制婴幼儿用嘴来探索环境。

图 5-27　喜欢用“啃咬”认识物品的婴幼儿

其次，照护者要创设舒适的游戏环境。舒适的游戏环境主要涉及比例、美观、秩序等方面(见图 5-28)。与婴幼儿身材相适应的游戏空间和设施设备让他们产生掌控感，能更自在、投入地开展游戏活动。窗帘、纱帘、地毯、靠垫等柔软质地的物品，可以增添家庭式的美观和舒适度。游戏区域应避免强光、噪声等干扰。婴幼儿喜欢把材料到处乱放，与之相反，游戏区域的墙面和设施设备表面应选用宁静温馨的颜色，尽量减少混乱感。游戏环境应设置清晰的区角、路线和入口，营造空间布局的秩序感。材料的收纳和摆放应该方便婴幼儿发现并随手取用和放回。

图 5-28　照护者应创设舒适的游戏环境

再次，照护者要创设适合婴幼儿发展阶段的游戏环境。照护者需要掌握婴幼儿在不同年龄和发展阶段的相关知识，在创设游戏环境时必须考虑婴幼儿个体和群体的年龄阶段特点、发展水平。当环境能为婴幼儿提供既熟悉又新鲜的体验，早期学习便随之产生。熟悉是指婴幼儿的发展水平已经可以理解这些体验；新鲜是指这些体验能够带来有趣的挑战。对于婴幼儿来说，太陌生的环境容易让他们感到恐惧，他们容易产生退缩，无法自由地游戏。如果环境太熟悉，没有新鲜感和吸引力，婴幼儿也容易忽略它。

最后，创设游戏环境的时候，不要只考虑室内环境，还要保证每天的户外活动时间。明媚的阳光、新鲜的空气、自然的质地(如草地、树叶、沙子，甚至泥土等)都不是室内环境能提供的。照护者应尽可能发挥创意，把自然元素引入婴幼儿的生活环境。

总之，婴幼儿的游戏环境并非一成不变，“设计→布局→观察评估→重新设计”是一个动态循环的过程。照护者需要在实践中不断改进，以寻求对婴幼儿成长最有益的游戏环境。

(二)鼓励同伴互动

婴幼儿很擅长从同伴身上学习。通过与同伴的游戏，婴幼儿可以更多地了解周围的世界，感受自己对他人的影响，并学会一些有用的社会技能，比如如何开启交流，如何解决冲突。照护者应该鼓励婴幼儿通过游戏进行互动，然后退到一边观察他们，直到需要时进行干预。干预的时机很关键，介入过早会让婴幼儿错失有价值的学习机会，介入过晚可能会造成互相伤害。在“参观者来了”中，念念和煦煦发生了冲突，可能会造成互相伤害，安安老师选择了及时介入。但是两个幼儿自己解决了冲突，安安老师又安静地坐回原地，继续观察他们。不干涉婴幼儿游戏，退到一边观察并随时提供适当的帮助是照护者需要不断磨炼的重要技能。

需要注意的是，照护者有时也会跟婴幼儿一起游戏，这时要顺其自然地对待所发生的一切，不要期待某种结果，否则就失去了游戏的真正意义，变成了由照护者主导的活动。

(三)支持解决问题

照护者应该支持婴幼儿解决游戏中遇到的问题。婴幼儿在游戏中会遇到很多问题，解决这些问题对婴幼儿的发展具有重要的价值，如够不到想要的玩具、推小车歪倒、玩形状配对积木总是找不对孔等(见图 5-29)。有些照护者发现婴幼儿解决问题的方法与自己的经验不符，会贸然打断婴幼儿的尝试，甚至觉得婴幼儿太弱小就越俎代庖。例如，婴幼儿刚开始玩形状配对积木时，经常选错孔洞，有些照护者一发现婴幼儿准备尝试错误孔洞就说：“这个孔不对，你放不进去。你得放这个孔里才行。”再如，婴儿想够玩具但是够不到，照护者就把玩具递到他手上。这些做法容易分散婴幼儿的注意力，破坏了婴幼儿通过探索进行学习的过程。照护者需要克制自己，不要去干涉那些全身心投入游戏的婴幼儿。

图 5-29 照护者应允许婴幼儿“试错”

研究者建议为婴幼儿提供“脚手架”式的支持。“脚手架”理论认为，当婴幼儿开始学习新的概念时，他们需要来自成人的主动支持。逐渐地，婴幼儿在获得新知识、新技能的过程中变得越来越独立，因而这种支持也需要逐渐减退。甚至，成人有时候不需要做什么，耐心陪伴孩子就已经足够了。道理很简单，但是判断婴幼儿何时需要支持非常考验照护者，太早或太晚都可能使婴幼儿丧失兴趣。如果婴幼儿在探索的过程中没有领会客观世界的反馈，或者打算放弃解决问题，那么照护者就可以运用语言来描述婴幼儿的感受，甚至帮助他们解决问题。例如，婴幼儿玩形状配对积木受挫想放弃的时候，照护者可以提示一下："你试试这个孔?""你这样掉转个方向试试?"需要注意的是，照护者在支持中应灵活运用判断压力、积极关注、给予反馈和榜样示范等技能，目的是帮助婴幼儿继续专注于自己解决某个问题，而不是代替婴幼儿解决这个问题。

（四）观察记录行为

在婴幼儿照护项目中，提倡自由游戏的照护者看起来只是在陪伴婴幼儿，他们似乎不用做什么事情。诚然，这些照护者好像有些被动，实际上他们在忙于观察婴幼儿。观察记录是照护者理解游戏课程的进展情况以及探索如何促进婴幼儿早期学习的重要途径。在"参观者来了"中，安安老师开场就安静地坐在一边，专注地观察并领会游戏中发生的事情。对于某些照护者来说，观察是很容易的事情。但是对于那些天生不擅长观察的照护者来说，他们必须通过培训来学习这些技能。下一章将主要讲解观察记录的基本原理和主要方法。

小结

本节围绕婴幼儿的游戏，深入分析了婴幼儿游戏的特征，强调婴幼儿游戏的自发性、愉悦感、无规则性和过程导向；介绍了游戏的不同类型和社会性阶段，以及影响游戏的主要因素；并探索了游戏课程生成的三种策略——自由选择游戏、回溯婴幼儿的兴趣、头脑风暴进行结网支持，以及成人在游戏课程中如何创设游戏环境、鼓励婴幼儿的互动、支持婴幼儿解决问题、进行观察记录等。

问题

1. 一位照护者组织几个2岁幼儿玩传统游戏"丢手绢"，有的幼儿对游戏不感兴趣，还有几个幼儿不能遵守游戏规则，即便照护者不断建议，依然不知道捡起或丢下手绢，或者捡起了手绢不知道去追人。活动结束后，这位照护者向你抱怨玩游戏的时候有幼儿不配合，你会如何帮助他加深对婴幼儿游戏的理解?

2. 描述婴幼儿游戏的3种类型和4个社会性阶段，请回想下你的工作中有哪些场景符合上述类别和阶段的游戏实例。

3. 婴幼儿游戏课程的生成策略主要有哪些?请你尝试使用这些策略生成一期游戏课程，结合实践效果，谈谈它与传统课程的异同。

4. 游戏过程中，照护者必须掌握的主要技能有哪些?结合你的工作经历，尝试举出几个令你印象深刻的游戏场景，谈谈其中用到了哪些技能。

5. 如果家长恰好看到“参观者来了”中开头的场景，抱怨婴幼儿因此学不到任何“知识”，你会如何解释？

第六章

婴幼儿发展的观察、记录与评估

第一节　为什么要观察与评估?

思维导图

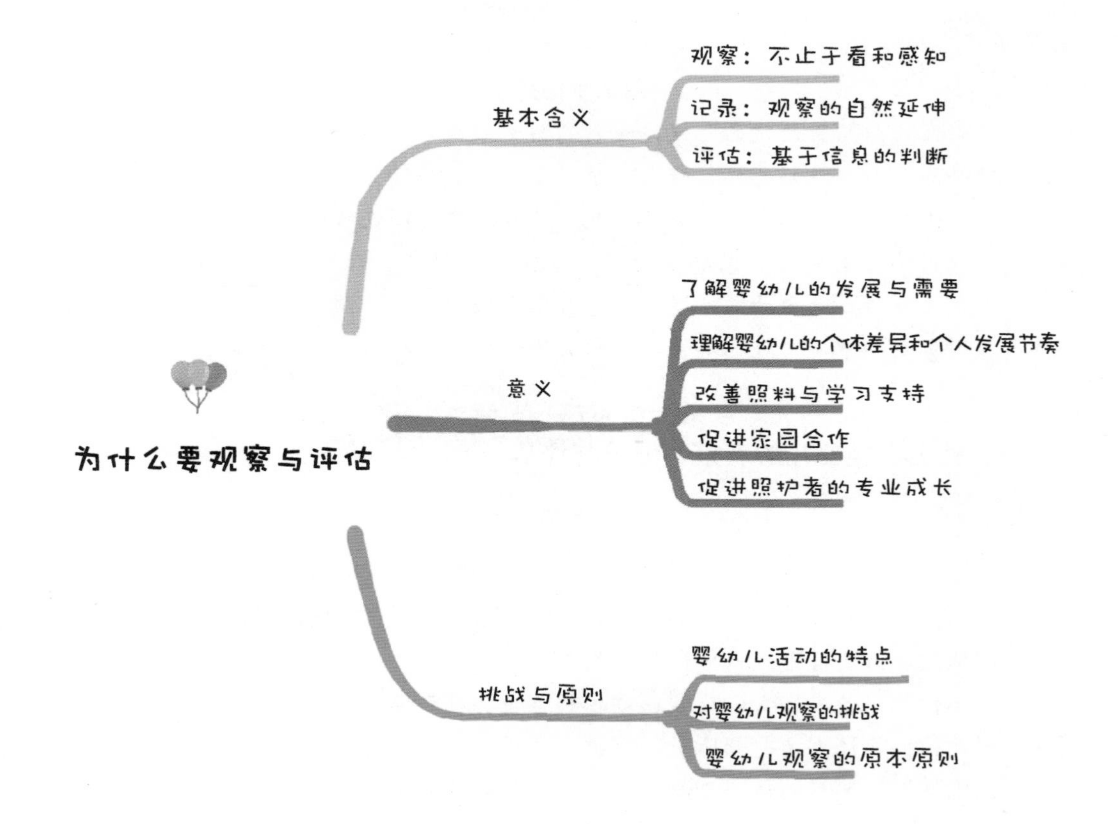

思考

1. 当看到观察、记录、评估这几个词语的时候，你会想到什么?

2. 你认为，照护者为什么要观察婴幼儿呢?

3. 与3岁以上的幼儿相比，3岁以下婴幼儿的活动有什么样的特点呢？这些特点给观察和评估带来哪些挑战?

案例

面试中的疑惑

在仰茶园组织招聘面试的时候，一位曾经做过幼儿园教师的应聘者说："我们园要求老师每周写一篇观察笔记，给五六个孩子录像3分钟并传到网上发给家长。为了保证一个月里每个孩子都有一段录像，我们就找了个时间进行集中录制，比如摆好拼插玩具，让孩子轮流坐在那里玩3分钟。但就算是这样，还是耽误了很多事情。另外，一个月还要写5个孩子的学习故事。真是太琐碎、太麻烦了，不知道幼儿园为什么要求我们做这些事情？我也不太清楚托育中心会不会也这样要求我们?"

一、什么是婴幼儿的观察、记录与评估

(一)观察

观察是我们认识世界的基本方法。在《现代汉语词典》里，观察的基本含义是"仔细察看(事物或现象)"。在婴幼儿照护服务机构的工作中，观察的目的就是了解婴幼儿的发展情况，以更好地支持他们的成长。

观察不仅仅是狭义地看，更要调动多种感觉。在专业工作中，婴幼儿观察不只是用眼睛看着他们，还需要打开听觉、嗅觉、味觉、触觉等多种感觉通道，全面搜集婴幼儿和周围环境的信息。从心理学上讲，观察首先是感觉器官的感知，当观察者关注到某个事物时，就有可能产生观察；观察者会看到、听到、感觉到与这个事物有关的信息和所发生的事情，也可能会因这个事物而产生一些想法或行为。对于这一行为而言，引起观察者注意的事物即观察对象(聚焦点)，而周围未曾被观察者密切注意、但与观察对象也有关的事物则构成背景。

观察也不仅仅是感觉器官进行感知的过程。在观察中，观察者的感知觉、思考及动作反应都是针对特定观察对象而作用的，这意味着其中包括了大脑对信息的加工。观察对象(焦点)的选择，反映了观察者内在动机、情感和价值观的作用，是一种主观介入。在感官对信息接收的基础上，观察者要根据客观事实和对自己的主观觉察，对观察对象进行解释、假设、分析和判断等，否则是不完整的。

简言之，观察是人类认识世界的基本方法，是改造世界的基础。它包括感觉器官对事物的直接感知，也包括大脑的积极思维。

（二）记录

与日常观察不同，婴幼儿照护服务工作中的观察同时要求进行恰当的记录，即把观察到的情况"写"下来。记录也体现了观察者的积极思维。在照料婴幼儿的时候，面对迎面而来的大量信息，新手照护者会非常纠结，不知道该记录什么，也不知道需要记录多少；而有经验的照护者则善于聚焦，很清楚哪些信息是观察焦点，哪些信息是背景。

记录方法多种多样，有经验的照护者会根据目标加以选择，并探索形成适宜的策略与风格。本章将简要介绍一些常用的记录方法及各自特点，供读者参考选用。

同时，记录本身没有严格固定的规程，最重要的是要尽可能完整而真实地展示现实中婴幼儿的状况。他如何以自己的方式面对生活？如何与环境互动？如何实现自身成长？

由此可见，记录是专业观察的自然延伸和必要组成部分。在专业的婴幼儿照护服务工作中，记录起到了搜集信息的作用，使照护者能更好地了解婴幼儿的实际状况。

（三）评估

在此基础上，人们通常希望知道婴幼儿长得"怎么样""好不好"，这就需要进行评估。婴幼儿发展评估实质是一种价值判断，以回答"孩子有这样那样的表现是好还是不好？""孩子的发展是否符合正常的期望"等问题。

通过观察和记录，照护者完成了搜集信息和描述事实，在此基础上将婴幼儿的实际表现与其他某种参照标准来进行比较，从而对婴幼儿的发展状况做出判断。其中，比较的参照标准是判断的依据，反映了特定历史文化中社会群体对婴幼儿发展的一般期望；参照标准不同，对于同一事实表现的判断结果就可能不同。

二、婴幼儿观察与评估的意义

照护者首先要了解婴幼儿的发展和需要。只有通过仔细观察，才有可能解读婴幼儿的行为，理解婴幼儿的内心需要。正如本书前面的分析，婴幼儿的动作、语言、认知、情绪等各方面都在发育中，其行为表现往往不太容易被成人理解。成人通过观察和分析婴幼儿的外在表现和行为等，可以了解婴幼儿的发展水平、经验和学习特点，并对其需要、兴趣、情绪和行为动机等内在意义做出评估和推测，以增进对婴幼儿的认识，满足婴幼儿的需要，帮助其成长。在掌握婴幼儿发展相关知识的基础上，通过观察他们在做什么，照护者就会更全面地了解婴幼儿为什么那样做、在什么时候可能做什么事情。如果不了解这些知识，不知道婴幼儿的真实需求，就会误解他们的行为，无助于保育工作的进行。

观察与评估能帮助照护者更好地理解婴幼儿的个体差异和个人发展节奏。身心发展的基础（遗传因素）存在个体差异，成长环境也有很大差别，其发展水平和速度、需要和兴趣等也就都存在很多不同。只有对婴幼儿仔细观察，分析和了解每位婴幼儿的行为和发生原因，才能把握婴幼儿之间的个体差异性，理解婴幼儿鲜明的个性特征。当我们超越个案的行为，悬置判断、拓宽视角去观察时，就可能发现婴幼儿眼中的世界——它和成人世界是完全不同的。

观察与评估是照护者改善照料、更好地支持婴幼儿学习的基础。对于保育工作来说，重要的是照料好婴幼儿、为婴幼儿的发展提供更好的支持；而不是对婴幼儿进行评价，也不是通过评价婴幼儿的发展来对照护者打分。良好的保育工作一定是适宜婴幼儿发展的，这包括个体的适宜性和文化的适宜性等，其基础就在于对婴幼儿的充分了解。上面已经讨论过，只有通过观察和评估，才能了解到婴幼儿的发展状况和真实需求，把握婴幼儿的个体差异性，并了解婴幼儿是如何学习的、学习的需求和方式是怎样的。这些信息都是照护者进行下一步保育工作的基础。正如蒙台梭利认为的那样，唯有通过观察和分析，才能真正了解婴幼儿内心需要和个别差异，以决定如何协调环境，并采取应有的态度来配合婴幼儿成长的需要。

照护者对婴幼儿的观察与评估，能够帮助家长更好地认识自己的孩子，同时促进照护者与家长的互动，建立良好关系。毫无疑问，家长都非常关心孩子在婴幼儿照护服务机构中一天都做了什么、表现如何。但是往往缺乏了解具体情况的有效渠道。照护者对婴幼儿每天的观察与记录，对孩子发展状况的评估，能够帮助家长更详细地了解孩子在婴幼儿照护服务机构中的状态和身心发展状况。连续的记录和评估，更是对婴幼儿发展的追踪。在现在的工作中，婴幼儿照护服务机构往往会提供手机等便捷的工具，支持照护者在日常工作中的观察和记录。因此，家长得以更方便地了解孩子的在园表现、能够和照护者进行更多的沟通。翔实而客观的记录，能更好地说明孩子的状况，给家长提供更多参考，帮助家长更加具体和客观地了解孩子。同时，能够让家长感受到照护者和婴幼儿照护服务机构的用心、责任心和专业性。可以说观察和评估是家园沟通的重要渠道，做好这项工作，有助于避免家长的误解，并为家长提供养育建议。这一点在现实生活中非常重要，照护者需要深刻理解观察和评估的重要价值，所以，在日常工作中要认真对待。

对婴幼儿的观察与评估还有助于促进照护者的专业成长。观察过程包含了照护者对实践的思考，这就是我们常说的“反思”，同时也是照护者参与研究的过程，它们都是照护者专业发展重要且有效的途径。照护者在对婴幼儿进行观察和解读的过程中，检视、反思和提升自己的专业知识和业务能力。

三、婴幼儿观察的挑战与原则

(一)婴幼儿观察的主要挑战

3 岁以下婴幼儿的发展迅速，其活动具有随机、零散、单一持续时间短等特点。同时，婴幼儿还无法很好地使用语言，往往是用表情和行为等方式来表达自己的需求和感受。对 3 岁以下婴幼儿的观察记录，和对 3 岁以上幼儿的观察记录有很大差别。幼儿园观察记录中的常见问题，在面对婴幼儿时更为凸显。

贝贝老师以前刚做幼儿园教师的时候就认为，观察工作繁琐、信息庞杂，一边观察一边记录非常困难，有些同事觉得自己会观察但却不会分析，还有些同事甚至都不理解观察的重要意义，觉得观察非常枯燥。到了婴幼儿照护服务机构之后，她发现这些问题对于一些照护者来说也是存在的。在婴幼儿照护服务机构中的观察还面临着更多的困难，正如科恩(Cohen)所言“观察者运笔如飞，因为3岁以下儿童的活动简直是以微秒为计算单位的。他们一个动作接一个动作，经常是彼此间没有联系，以至于我们经常会产生这样的疑问：这么小小的人如何在如此短的时间想出这么多的事情来干，用这么多的方式来活动？靠在桌边、在桌子下、在桌子旁、在桌子上，所有的活动都发生在片刻之间，让记录者忙得喘不过气来，而这些小孩却若无其事……根本没有可辨识的活动，孩子时而静止不动，时而呆望着空中；时而不停地指指点点，时而嘴里叼着衣角……”[①]总之，婴幼儿的活动更加琐碎，更加难以理解和解读，在缺乏经验的时候，照护人员更容易因手忙脚乱、无所适从而感到心烦意乱。

在这种情况下，面对更加明显的随机活动，作为观察者需要更大的耐心、更多的细心、更敏锐的洞察和更主动的换位思考。为了理解随机活动，明智的做法是从婴幼儿的角度来看待每项活动——即将其看作一个完整事件。当从婴幼儿的视角来观察时，看似不相关联的事件便有了新的意义。出于这个目的，记录不用持续太长时间，三五分钟即可，重要的是包含尽量多的细节。或许某种活动看起来过于微不足道，或一闪而过而难以把握，却非常有价值，应尽可能记录下来。正是在这些生动事件的点滴积累中，婴幼儿的形象得以渐渐展现，而不是一直难以捉摸。当照护者最后从大量的琐碎记录中梳理出婴幼儿的行为与发展模式时，就能感受到观察和记录点滴行为的价值。将这些零碎的行动联结起来，进而构成一幅有始有终的完整图景、呈现其意义，特别需要观察者充分的耐心与洞察力。

(二)婴幼儿观察和记录的主要原则

第一，力求细致。婴幼儿发展迅速，成长中包含着大量细节，经常会一闪而过，并在日复一日看似单调的生活中被淹没，却又不经意间让成人发现。因此，对于婴幼儿的细节要尽可能给予显微镜一般的关注。当然，记录片段可长可短，但需要细致，也必须经常进行。

第二，经常进行。时间的流逝意味着环境和婴幼儿自身状态的变化，在一天中不同时间进行观察和记录就非常重要。比如，早上还快快乐乐的婴儿，到了中午可能无精打采、哭哭啼啼，下午甚至还可能会有些暴躁。如此，上午和下午的记录内容可能会大相径庭，甚至看起来不像是同一个孩子。照护者的状态在不同时刻也可能非常不同，有的时候精力充沛，有的时候则筋疲力尽。在不同的时间里，保育教室中出现的人物也会有所不同，照护者进进出出，有些孩子可能也会请假，偶尔还会有客人到访，这些变化都会影响房间的环境和气氛，进而影响到在场的孩子和照护者。由此可见，只有经常进行观察和记录，才有可能掌握孩子在不同背景下的全面情况。

第三，形成习惯。照护者需要将观察记录整合、内化到日常的照护服务工作中。照顾婴幼儿是一项非常繁忙的工作，而抽空进行观察与记录，也是对自己工作本身的

---

① 科恩等著：《幼儿行为的观察与记录》(第五版)，马燕、马希武译，3页，北京，中国轻工业出版社，2013。

反思。这能帮助照护者更深入地认识和理解自己照顾的孩子，更自觉地意识到自己在工作中应如何不断进行自我调整、以适应工作的复杂多变和孩子的快速发展。除了留出专门的时间进行记录外，照护者还需要在尝试不同方法的基础上，做到快速确定适当的策略，形成适合自己的风格。

第四，交流与反思。照护者可以在团队内分享观察记录，这也有助于机构提供更好的照护服务。一方面，不同的照护者可能在同一时间段内观察和记录同一名孩子，也可能会在不同时间段，这样大家对记录片段的分享可以帮助团队更好理解大家所聚焦的那名孩子。另一方面，这种分享可以作为机构教研活动的重要方法，以帮助照护者反思工作中的不足，认识到自己和同事在观察和记录上的差异，更好地接纳个体的独特性和多样性。

第五，记录非解释。观察针对的是自然情境中可以观察得到的状况和行为。它们发生的时候，就可以被照护者用文字、符号或者图示记录下来，加以客观、清晰和明确的描述。在这个过程中，照护者需要尽可能地排除主观因素，对自己可能的偏见保持警惕。

小结

本节概述了婴幼儿照护服务工作中，观察、记录和评估的基本含义，讨论了它们的意义和价值。本节还介绍了相对于 3 岁以上幼儿来说，3 岁以下婴幼儿活动的特点，分析了这些特点对观察工作的挑战和对照护者的要求，以及婴幼儿观察的主要原则。

问题

1. 回到本节开始的案例，如果你是面试官，会怎么回答应聘者的问题呢？如果仅仅考虑案例中的那段发言，你认为这位应聘者是否适合在托育中心做照护服务工作呢？得出这个判断的原因是什么？

2. 请试着在实际的工作或生活中，找一个婴幼儿进行观察，谈一谈自己的感受。

3. 请试着找一名同事或者在婴幼儿照护服务机构工作的婴幼儿照护从业者，请他谈一谈对观察和评估的体会。请说一说引发了你的什么思考。

第二节　在一日生活中观察

思维导图

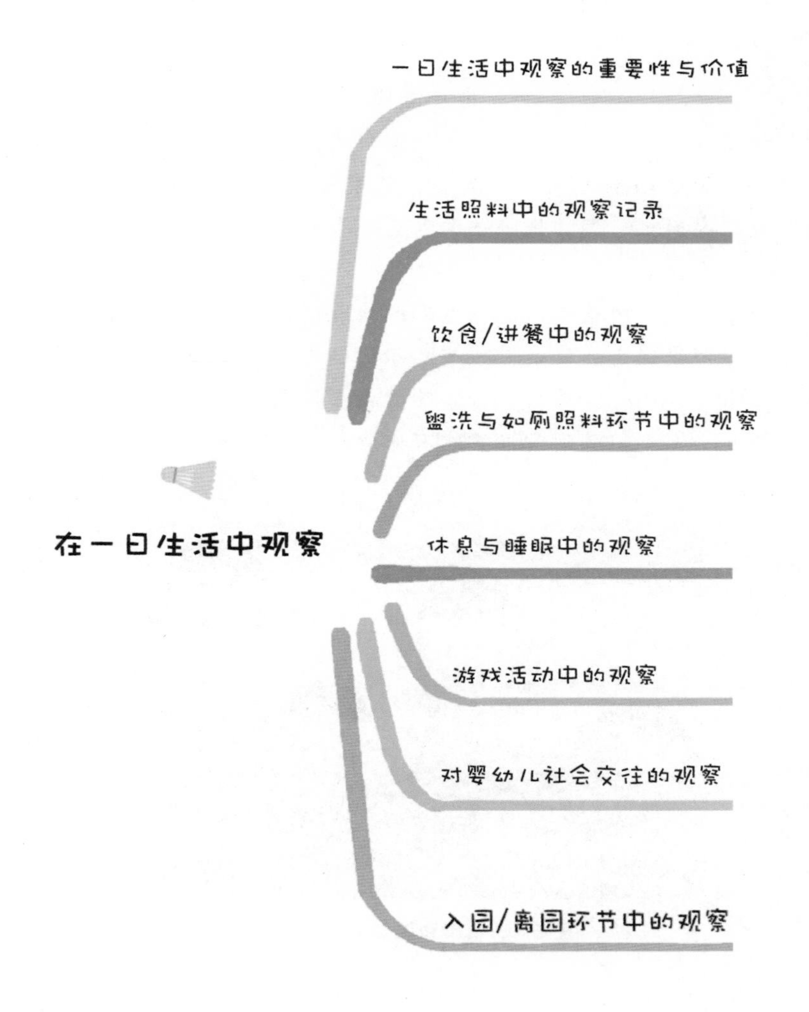

思考

1. 为什么我们要强调在一日生活中进行观察?

2. 婴幼儿的一日生活有什么特点? 主要有哪些环节?

3. 在一日生活中的不同环节中开展观察，有哪些需要注意的? 我们又能得到什么启发?

4. 不同环节中的观察有哪些相同和不同之处?

案例

吃小麦圈

果果和娜娜坐在小桌边。阿美老师在她俩中间，轮流喂她们吃东西。娜娜每次都很乐意地张嘴吃阿美老师喂过来的小麦圈，果果却紧紧闭着嘴，将整个身体转向一边，拳头握紧放在桌面上。突然她将手伸到盛小麦圈的盘中，一阵胡乱翻腾，将小麦圈撒了出来。

坐在两个孩子中间，阿美老师没有看到她的表情，和她也没有目光交流。“果果，你怎么了?”阿美老师很疑惑。这个时候安安老师走了过来，说:“你觉得她会不会想要自己从盘子里拿小麦圈吃?”然后，将食物盘放在果果面前。果果熟练地用拇指和食指一个一个地捏起小麦圈，放到嘴里津津有味地吃起来，如图 6-1 所示。

图 6-1　果果和娜娜吃小麦圈

这是一个进餐环节中的观察记录。如果你观察到这样一个事件，会记录下来吗?如果会记录，你可能注意哪些具体细节呢? 又会如何理解它们呢? 对于经常发生的事情，照护者需要专门关注吗?

一般而言，越小的孩子每天的生活安排越是重复。但孩子正是在看似单调的日复一日中逐渐成长，照护者也是在这些每天反复的活动中认识孩子、走进孩子的。因此，我们应当知道在一日生活中如何观察。

婴幼儿照护服务机构中的一日生活安排包括问候、进餐、休息、盥洗、活动与游戏等部分，通常都按照一定的顺序进行，但不会像幼儿园里那样界限分明，没有严格的时间节点。孩子在一天中的状态有一定的可预见性，但更需要照护者灵活、敏捷的反应。因此，对于婴幼儿照护服务机构的照护者来说，一日生活中经常性的、随机的观察与记录比较常见。

然而，重复、单调的一日生活很容易让人习以为常，照护者有可能忽视一日生活中的观察。在日常生活中照护者可以观察些什么呢？这些观察与记录又能告诉照护者什么呢？

一方面，照护者最直接的工作是照顾婴幼儿的吃、喝、拉、撒、睡，满足婴幼儿的生理需要。观察是生活照料的必然要求，照护者只有通过观察才能了解婴幼儿的真实需要。比如，婴幼儿什么时候热了、饿了、累了，什么时候需要如厕，什么时候需要喝水，婴幼儿需要照护者的什么样的帮助……照护者通过细心的、持续的关注，能够了解婴幼儿的需求、从而进行适当的照料或干预，还能够了解婴幼儿的不同节奏、习惯和个性特点。对于越小的婴幼儿，越需要根据其个人节奏来安排一日生活，是优先于群体节奏的。

另一方面，婴幼儿在生活常规中的行为，以及他和照护者的互动交流，会对他各个方面的发展产生重要影响。观察婴幼儿在一日生活及各类活动中的参与情况，是收集其各方面发展信息的主要途径之一。持续性的观察并进行记录，使照护者观察婴幼儿的行为和发展随着时间推移会发生怎样的显著变化，为照护者判断影响婴幼儿发展的因素提供线索。譬如，请你想一想在一日生活中的某个环节(如就餐)中，可能观察到孩子哪些领域的发展情况呢？打开思路，你会在看似平常的活动中发现婴幼儿成长的秘密，还能更好地认识自己。

一、饮食/进餐中的观察

饮食是人的基本需求。为婴幼儿提供健康、营养、美味的食物与饮料，引导婴幼儿逐渐形成良好的饮食习惯，将为婴幼儿的健康成长奠定基础，这是婴幼儿照护服务机构的重要工作内容。除了身体所需的营养之外，很多人会忽略婴幼儿在被喂食和就餐过程中各方面的发展，譬如小肌肉运动、语言和认知等的发展。更容易被忽视的是，婴幼儿在进餐时对环境氛围的感受，会影响他们的饮食习惯、审美情绪和接受事物的能力。总之，在婴幼儿照护服务机构中喂食与进餐，不仅仅是满足婴幼儿生理需求的必要活动，还为婴幼儿各方面发展提供机会——不仅仅是个人的、也是社会化的，这是照护者在饮食环节进行观察的出发点。

(一)观察要点

婴幼儿的饮食需求及其满足情况。注意观察婴幼儿是否有饮食需要，以及是以何种信号表达的。首先，照护者需要注意喂食和进餐的环境如何？婴幼儿对进餐环境有怎样的反应，是接受、挑剔还是抵制，非常积极还是非常勉强的？在喂食时，注意婴幼儿吃东西是快速的还是比较慢的？是否喜欢这些食物、何时吃饱？注意婴幼儿在用餐时是很高兴还是不喜欢的？如何表达的？婴幼儿会自己选择食物吗？吃完了会再要吗？对于大一点的婴幼儿，观察他们何时开始想要参与盛饭，何时在就餐中开始主动交流甚至互相帮助。观察婴幼儿饮食上的喜好兴趣、是否有过敏食物等。及时注意进餐中婴幼儿出现的消化不良，或可能遇到的潜在危险；关注婴幼儿每日喝水的情况，保证婴幼儿可以随时喝水。

对婴幼儿喂食或进餐进行持续、密切的观察，可以帮助照护者更深入地了解所照料婴幼儿的进食与节奏，以及其性格特点。一方面，并非所有婴幼儿都以同样的方式喝奶或进食，比如，有些婴儿是奶瓶热爱者，会一直享受喝奶直至最后一滴；有些婴儿则比较谨慎，喝一点就停下来，打个嗝或者休息一下；被喂饭的时候，有些婴幼儿如果感觉不适，就会哭哭闹闹；有的婴幼儿则比较有耐心，可以用很多方法帮助自己等待。又比如，有的婴幼儿在进食时非常认真，有的却比较随意，甚至心不在焉；有的婴幼儿能有条理地摆弄食物和餐具、保持整洁，有的婴幼儿却会随意摆放食物和餐具。另一方面，吃东西一般会令人快乐、感到满足，但也可能引发不适或紧张的情绪，长时间的关注让照护者能更好地了解婴幼儿情绪的状况，比如整体状态是放松的还是紧张的。通过持续观察，照护者还能够逐渐认识婴幼儿的自我满足方式、满意水平以及自主倾向。

在喂食和进餐的过程中，婴幼儿的生理需要得到了满足，也在逐步认识世界——观察和记录能够帮助照护者更好地思考这些问题。他们可以看到婴幼儿的好奇心，看到婴幼儿对周围是如何探索的、如何思考的，婴幼儿的精细动作发展如何，婴幼儿的语言乃至自主性发展如何，等等。例如，当大力将剩余的果汁倒回大瓶子中，然后将杯子也放进去时，他并没有故意捣乱，而可能是在验证自己的一个猜想，杯子是否能放进罐子里呢？也可能是在模仿照护者是怎样倒果汁的。同时，他也做了一次手眼配合练习。总之，喂食和进餐不仅仅是满足婴幼儿的生理需要，更是综合发展的时机，这是照护者在此环节进行观察记录时需要特别注意的。

这一环节还是观察婴幼儿和照护者关系与互动的良好时机，它意味着婴幼儿和成人的深层互动。接受喂食说明婴幼儿是信任照护者的；有的婴幼儿则不太需要成人服务，更愿意独立进餐。照护者可以观察婴幼儿在进食时同照护者相处是否融洽？婴幼儿是否贴近照护者的身体？是否因不舒服而四处踢腾、摇摆？是否挣扎着想起身？与别人交流吗？交流程度如何？是如何与人交流的？对于第三方的观察而言，可以在这个环节中观察照护者做了什么、说了什么，是否对婴幼儿的信号做出回应并相应地做出恰当调整？等等。

(二)案例

本节开始的案例是两位照护者的同事观察后记录下的，直接体现了上文讨论的内容。显然，娜娜和果果对于被喂食的态度是不同的。结合更多其他的观察，照护者可以了解婴幼儿自主性的发展节奏。同时，照护者还可以观察婴幼儿的动作和语言的发展情况，形成对婴幼儿气质和性格特点的认识。

二、盥洗和如厕照料环节中的观察

婴幼儿非常依赖成人的照顾，除了饮食外，换穿干净衣服、更换尿不湿或如厕、清洗身体与盥洗等，这些活动在婴幼儿一日生活中频繁发生。它们不仅是婴幼儿身体活动所需，还是成人对婴幼儿的关怀。通过这些生活照料活动，婴幼儿能强烈地感受到成人是如何照料他们的。同时，这些活动也为婴幼儿的学习提供了情境，婴幼儿可以通过观察、模仿和动手而习得，进而发展自己的能力。

（一）观察要点

婴幼儿的生理需求信号。以如厕为例，照护者要通过观察，熟悉1岁多幼儿发出的想去厕所或用小马桶的信号，如不安的动作、不自然的姿势等，即首先准确地把握婴幼儿的生理需要，并发现婴幼儿在身体护理方面能力的发展。在观察和陪伴的基础上，避免过早帮助，而是要在照顾的过程中，先注意到婴幼儿哪怕是小小的一点点进步，并给予必要的赞赏。

要有意识地关注婴幼儿对自身生理活动和对照护者的情感，即婴幼儿在接受成人的照料时是否感到舒适。愉悦的感官体验，可以促进婴幼儿有意识地、愉快地感知自己的身体，发展积极和稳定的自我概念。因此，更换尿不湿和如厕照料等环节，不仅仅是生活琐事，而且是让婴幼儿积累关于身体、自我感知能力发展的经验。比如，对于更换尿不湿的照护者，婴幼儿是配合还是反抗？对所有为其更换尿不湿的人有同样表现吗？婴幼儿对于尿不湿更换的意义了解多少？在更换尿不湿的过程中，婴幼儿有机会扮演主动的角色，还是整个过程大多是强制性的？成人与婴幼儿的互动质量如何？是否有目光交流或对话等？

观察和记录应尽量细致和客观。别忽视婴幼儿的面部表情、肢体动作和语言，以及自己的动作和心理感受；如果是观察他人工作，应注意观察面部表情。也不要故意回避所谓消极的信息，例如，婴幼儿烦躁的哭喊，照护者的不耐烦、冷漠、紧张、厌恶甚至恼怒的情绪和表现等。这一类的信息反而非常重要，值得照护者特别关注。对于这一环节的记录，照护者还要思考：它是如何反映婴幼儿对于这类活动的感受的？自己和同事又是如何回应婴幼儿的？

（二）案例

在下面两则观察记录中，我们可以看到婴幼儿的不同反应，以及照护者的应对方式。

安安老师拉着阿蒙的手，带他去卫生间更换尿不湿。阿蒙扭动着从安安老师的手中挣脱开来。他奔出卫生间，跑向阿美老师喊道："阿美老师，阿美老师。"阿美老师正在地板上陪着果果和娜娜玩。安安老师对阿蒙说："你想找阿美老师，但是她在忙。我想我会做好的，快来吧！"但是阿蒙继续叫着，安安老师说了很多次"我会做好的"，让他放心。突然一只小鸟飞到窗边，站在窗台上，引起了他的注意。于是他们一起看了一会儿小鸟。阿蒙安静下来，很配合地更换了尿不湿。

在上面这个例子中，阿蒙明确地表达了自己的想法，似乎更希望阿美老师的照顾。但是他的想法一时得不到满足，安安老师表示了解他的愿望但是并不让步，这个时候，突然发生的一个自然现象“挽救”了局面。

1岁多的琪琪和贝贝老师冲对方微笑。贝贝老师问：“琪琪，你的尿不湿湿了吧?”琪琪张开双臂，于是贝贝老师抱着她去了更换台，并对她说：“是的，你需要换一片尿不湿了。”琪琪开始找裤子。贝贝老师说：“琪琪，你能很好地脱裤子。”同时温柔地脱下琪琪的裤子，并继续微笑地对着琪琪说：“好了，你脱了裤子。现在咱们把脚抽出来。”琪琪试着抽脚，贝贝老师顺势把她的脚从裤子里抻出来。接着琪琪又开始用力地拽尿不湿。贝贝老师将带子解开。琪琪用力拉开，然后将尿不湿交给贝贝老师，“湿!”琪琪说。贝贝老师说：“是的，尿不湿湿了，这里有一片干的。”她递给琪琪一片干的尿不湿，并等着琪琪尝试把尿不湿放好，然后仔细整理，以便让琪琪试着粘牢。接下来，贝贝老师帮琪琪穿裤子，并在穿到一半时停下来，这时琪琪自己摸到裤子并把它提上来。“你真的很会更换尿不湿，琪琪!”贝贝老师热情地拥抱了琪琪，然后把琪琪放到地板上。

在第二个例子中，照护者有意识地让琪琪进行自我服务。两个例子中不同的照料行为，是照护者在观察婴幼儿的基础上、了解婴幼儿的想法而做出的。

三、休息与睡眠环节的观察

对于婴幼儿来说，充足的睡眠必不可少。在婴幼儿照护服务机构等集体保育场所中，一般情况下会比在家中消耗更多的精力，有时候会更容易感到疲劳，可能需要更多的休息和睡眠。因此，休息和睡眠在绝大多数婴幼儿照护服务机构的日常安排中是必不可少的环节。其安排要充分考虑到不同年龄阶段和发展程度的婴幼儿的个性化需求，在制定作息安排时充分考虑各种情况变化，保障每个婴幼儿都有充分的休息和睡眠机会。

婴幼儿的睡眠习惯不尽相同，观察正是帮助照护者了解每个婴幼儿睡眠特点和模式的必要手段。有些小婴儿在被喂食的同时就会睡着且睡很长时间，而有些则会在睡觉过程中多次醒来或哭闹；大一点的婴幼儿可能将白天小睡固定为一两次；有些婴幼儿非常喜欢小睡，而有的婴幼儿是拒绝的，例如有的坐在小床上，拒绝躺下或固执地睁着眼，有的会胡乱拍打或尖叫，拒绝去小床边……每个婴幼儿都有自己对睡眠的独特感受和不同的睡眠风格。有些婴幼儿不在家里睡觉就会感到紧张或害怕，有些则会从家里带来自己喜欢的伴睡物而心满意足地睡着，有些婴幼儿则习惯有亲近的人陪睡，还有些婴幼儿则乐于独自入睡。随着时间的推移，婴幼儿的睡眠模式可能会发生变化，比如白天睡眠次数的逐渐减少，情绪从紧张不安到平静，从坐卧不宁到松弛惬意，等等。

简言之，照护者的观察能够揭示婴幼儿对成人和自身所在群体环境的信任程度，还可以反映婴幼儿在多大程度上愿意将兴奋、主动、清醒的世界替换为被动的睡眠世界。照护者应持续观察、定期记录婴幼儿的休息和睡眠习惯并加以分析，充分利用相关资料与家长沟通，以及与同事交流，确定如何为所有孩子的适当休息与睡眠提供保障。

（一）观察要点

观察婴幼儿的行为主要在以下几个方面：婴幼儿在活跃和休息之间的状态变化信号，婴幼儿要休息是有什么表现？会明显疲劳吗？他们会发出什么样的兴奋或疲惫信号，是烦躁的动作还是大声啼哭。

婴幼儿是如何对待睡眠的？例如，“去睡觉”是婴幼儿自己主动的行为，还是照护者的安排？婴幼儿看上去是否理解“去睡觉”的意义？他们的反应如何，对“去睡觉”是接受、抵制还是拒绝的呢？

在入睡的时候，婴幼儿对照护者有何需求？是否要求成人的特别关注？他们是如何设法入睡的？婴幼儿有特别的伴睡物吗？在睡眠的过程中，孩子的状态是安静平和，还是心情紧张抑或烦躁不安？

婴幼儿是如何醒来的？他是啼哭、喊叫还是从床上跳起来加入游戏中去？还是微笑着说话，或者是紧张的、疑惑的、很难安抚的？

有的婴幼儿在白天的时候并不会怎么睡觉。如果其他婴幼儿都在休息，他会做什么？他看上去是放松的吗？他会找其他婴幼儿互动吗？换句话说，他是否能意识到小伙伴们的休息需求？除了睡觉外，照护者是否还能观察到每个婴幼儿有和其他婴幼儿不同的独处与休息需求，这需要照护者提供相应的帮助。

（二）案例

娜娜踉踉跄跄地走向婴儿床，7个月大的轩轩躺在那张婴儿床里面，刚刚醒来。娜娜把双手放在床杆上，盯着睡意未消的轩轩看了好一会儿。她轻轻地笑了笑，然后就走开了。

上面是一则非常简单和平淡的观察记录，其中并没有出现任何让照护者觉得意外或惊喜的事件。但另一方面，这则记录显示了照护者观察到了一个有头有尾的完整故事。虽然，这个观察并没有直接体现婴幼儿的睡眠需求或特点，但它能告诉照护者更多的信息。虽然这一个独立的小故事会让人觉得迷惑，但对于照护者而言，他们能观察到更多类似的小事情，显示娜娜对其他小朋友非常感兴趣、喜欢同其他婴幼儿交往。可见，各环节中的观察要避免局限在这个环节的需求本身，而要注意到婴幼儿多方面的发展；同时，要在变化多端的生活中了解婴幼儿，应经常观察与记录，但一开始要避免先入为主地选择事件。

四、游戏中的观察

在满足日常生理需求的吃、喝、拉、撒、睡之外，我们可以说婴幼儿在其他时间大多是在“游戏”。用游戏来概括婴幼儿活动，主要强调了他们的自主性和探索性。实际上对婴幼儿的行为很难进行严格的界定，哪些行为是玩耍，哪些行为是探索，哪些行为是自然而然的，哪些又带着特定的目的？婴幼儿一整天都在不停地看一看、碰一碰、摸一摸、戳一戳、闻一闻、尝一尝……请回想一下前一章中对“游戏”特征的总结，包括自发的、愉快的、不受规则束缚的和过程导向的，是否会觉得婴幼儿的很多活动都或多或少地带有这些特点？通过这些活动，婴幼儿的各个方面都会得到发展；因此，也就没有必要对它们进行机械的分类。

只要时机适当，都可以对婴幼儿的活动进行随机记录，观察他们的游戏和探索。婴幼儿的任何行为都能够让我们有机会更多地了解他们。通过观察，照护者能够了解婴幼儿的好奇心和对事物的兴趣，发现婴幼儿精细动作和大动作技能的发展，以及婴幼儿思维的发展(如对概念的掌握、对因果关系的理解等)。对游戏活动的观察，不仅可以告诉我们婴幼儿在学什么，也在告诉我们婴幼儿是怎样学的。

对游戏活动的观察也要密切和持续，这样可以揭示难以被人察觉的微妙发展。两岁左右婴幼儿的随机探索和游戏越来越有成人视角中的条理性，象征游戏也初见端倪，而这将在不久的将来快速发展、并演变为复杂的角色游戏，有的时候甚至可以观察到更为复杂的社交游戏，特别是当婴幼儿在托育中心一起待过很长的一段时间之后。

(一)观察要点

正如所有活动中的观察一样，照护者在进行游戏活动观察的时候，首先要关注周围的环境如何，活动空间是否提供了种类丰富和数量充足的材料？还有哪些小朋友在周围？环境中的潜在风险是否已得到妥善处理？

在游戏活动中，照护者可以关注以下内容：①孩子是如何开始使用某种材料的？②孩子对不同种类的材料(如颜料、黏土、积木等)都做何反应？具体做了哪些操作？③孩子在活动的过程中发出了什么样的声音？是否会用语言表述自己的操作行动？④在活动的过程中，肢体动作、面部表情等都是怎样的？⑤活动持续了多长的时间？

此外，正如开始分析的那样，我们很难严格地定义婴幼儿的“游戏”，那么对于看起来不像是游戏的行为是否需要观察和记录呢？例如，一两岁孩子的很多活动像是没有特定的目标，他们很多时候似乎就只是在“四处闲逛”或“无所事事”。然而，正是这种情况会让我们成人问，自己到底有多了解孩子呢？这些看起来不像是游戏的活动，就不是“游戏”吗？就没有孩子的探索、思考或想象吗？

(二)案例

煦煦在用小纸片完成他的拼贴画作品。他用双手抓着胶水瓶，将瓶子倒过来，使劲用拇指按压着，努力挤出更多的胶水，如图 6-2 所示。但是瓶口似乎有些干了，他花了很长时间、费了很大劲儿也没成功。煦煦用力挤着，下巴紧绷，牙齿紧咬，时不时小声嘟囔，还稍稍扭过头，好像生怕被胶水喷到。忽然“滋”的一声，终于有一滴胶水落到纸上。煦煦顿时放松下来，放下胶水瓶子。他小心地用左手拇指和食指捏在一起，又用双手的指尖把纸粘好。他看上去很满意，对着安安老师说：“我做完了。”

图 6-2　煦煦挤胶水瓶

上面这个案例中，煦煦通过使用胶水瓶来学习一系列操作的概念，体会到了胶水瓶、胶水等不同类型材料的特性，并锻炼了精细动作。从本书前面的章节中，我们了解到婴幼儿的学习很多是通过感觉和体验进行的，他们处理和使用材料的方式可以反映自己的想法。那么在这个案例中，对于使用胶水瓶时学习到的东西，煦煦理解到了多少呢？你从这一类的案例中又能观察到什么？

轩轩坐在一张高椅上。他用双手拿着一个橡胶做的挤压式动物玩具，乐滋滋地含着动物玩具的一个耳朵。突然玩具掉到了地板上，他俯过身来，眼睛一直盯着掉落的玩具。尽管贝贝老师已经将玩具捡了起来，轩轩还是继续盯着玩具掉落的地方。贝贝老师将动物玩具交给轩轩，并说：“给你小猫咪。”轩轩用张开的手掌拍拍玩具，咬了咬动物玩具的耳朵，将动物翻来覆去地看了一番。他表情专注，并发出阵阵“啊”的声音，又开始认真地咬起动物突出的耳朵来。

六六站在洗手盆边，手里用力地拿着一个他刚刚灌满水的容器。他小心地将水慢慢地倒往洗手盆边的一个大罐子中。看着水流，他用洪亮、自信的声音说：“倒掉啦！”

婴幼儿生活中时时、处处都存在探索活动，照护者可以随时观察到。上面的两则记录中，7 个月的轩轩正在通过自己的探索来了解物体的恒常性，而六六则在探索水的性质，并锻炼着自己的语言和精细动作。那么，你在日常生活中看到这些现象时，又如何理解呢？

五、对婴幼儿社会交往的观察

婴幼儿的社会交往不仅存在于照护者、婴幼儿之间，还包括同各种人物的交流。

从熟人到陌生人，从父母到照护者，从实习老师到厨师，从偶尔来的客人到定期来访者，等等。将这些互动都纳入婴幼儿社交的范围，进行观察和记录，可以让照护者获得更多的信息来了解婴幼儿社会交往发展的整体情况。

婴幼儿同照护者的互动，是其在群体生活中最重要的方面。正是通过这些关系，婴幼儿开始形成有关世界和自身的观念；而在婴幼儿照护服务机构中，良好的师幼互动是婴幼儿对社会交往形成积极感受的关键因素。对师幼交流的观察和记录，有助于我们理解婴幼儿是如何认识人际交往环境的。这类记录既涉及婴幼儿对照护者的感受，也涉及照护者的行为，对照护者的专业发展也很重要。

婴幼儿富有意义的日常社交环境还包括与其他婴幼儿的交往。从出生开始，婴幼儿并不具备明确的自我意识，不完全理解自己是独立的个体，他最初对待彼此也就像对待别的物体一样。随着年龄增长，婴幼儿从满足自身的需求开始，逐步建立自我意识。当感觉到自己是一个人的时候，才能认识到他人的存在，进而理解和同情他人。有的婴幼儿喜欢陪伴，可能会表现出对不同伙伴的偏好，甚至还有些婴幼儿可能会相互看不顺眼。照护者必须通过仔细观察，深入了解婴幼儿的人际关系状况与自身角色，才能对他们的社会交往和关系进行指导。

(一)观察要点

婴幼儿与他人的互动和关系事件总是非常随机的，随时都可能发生。照护者需要具备敏锐的洞察力，随身携带工具以便随时记录。

观察婴幼儿之间的社会交往，需要关注以下几点：①事情发生在哪里？什么样的环境？按顺序发生了哪些具体事情？②婴幼儿是如何与其他婴幼儿接触的？哪一方主动发起了接触，另一方是如何回应的？发起接触有什么目的？③婴幼儿的行为方式如何？包括身体姿势、动作、声音、面部表情等都是怎样的？④接下来会发生什么？

婴幼儿与成人的互动观察，主要可以涉及这几个问题：①婴幼儿对熟悉的人做出何种反应？反应方式是一成不变的还是有所变化的？反应具有可预测性吗？②对不熟悉的人做何反应？会因为陌生人的性别有所不同吗？③婴幼儿能否引起别人的注意？如何引起的？他们能否向成人表达自身的需求？④婴幼儿是否会主动发起同成人的互动？如何发起的？他们引发了成人什么样的回应？这些回应的范围和类别是什么？⑤随着时间的推移，可以看到婴幼儿对成人的反应方式有何变化吗？

(二)案例

念念和安安老师一起坐在地板上玩小丑和玩偶匣。阿蒙和其他孩子在附近的一个壁橱里玩捉迷藏的游戏。突然，阿蒙的注意力被念念的话吸引过去。念念一边高兴地说“再见，小丑”，一边把玩具放回到匣子里。阿蒙流露出羡慕的目光，伸手去抓那个玩具。念念吓坏了，哭起来说：“不要。”同时用恳求的目光盯着安安老师。安安老师向阿蒙解释说，念念现在不想分享这个玩具，或许以后可以。阿蒙生气地看着老师，然后故意靠近念念、想咬她。但是却咬到了玩偶匣，他懊恼地哭起来。安安老师安慰了他一会儿后，他溜达着离开去找其他玩具玩了。

上面是一例 2 岁幼儿互动情形的观察记录。我们可以注意到，婴幼儿的互动行为很琐碎、短暂。同成人社会中的互动类似，婴幼儿的社会交往不会仅仅是愉悦的，有时候也会有冲突，还会有愤怒或者敌对等情绪。这个案例可以加深我们对于婴幼儿人际关系发展的理解，婴儿之间建立联系的一个主要途径是模仿，而 2 岁多婴幼儿的模仿游戏会变得更加复杂，开始带有成人所谓的“友谊”的意味。在有意识关注的基础上，照护者及时发现这些情况，才能加以适当干预。需要注意的是，随着观察记录的持续积累，人们对于这样案例的看法会逐渐趋向客观。照护者常常会感觉冲突事件较多，这是因为融洽友爱的关系常被视为正常，而冲突事件本身往往更容易引起关注，因此，冲突实际上发生的频率并不如感觉的那样多。同时，婴幼儿的社会交往还只是未来人际关系的雏形，非常不稳定，变化迅速。只有把持续的记录综合起来，才能展现出孩子丰富多样的社交生活。

六、入园/离园环节中的观察

我们已经知道，在人生最初几年里，婴幼儿会和主要照护者形成深切的依恋关系。在婴幼儿照护服务机构，入园环节意味着和父母或亲属的分离。在这些时刻进行观察和记录，可以使照护者了解每对亲子在应对分离时的特点，了解婴幼儿与其父母或亲属的关系，进而理解年龄和发展带来的影响。比如，半岁左右的婴儿与 2 岁左右的幼儿对于分离会有非常不同的态度，前者不太可能流露出后者通常会有的神情。正如前面介绍的那样，随着时间的推移，婴幼儿在婴儿期展现的细碎特征将逐渐显露出一定的脉络。对此，观察记录可以帮助照护者正确理解不同孩子在发展中的差异。

在照护服务机构，婴幼儿待了一天准备离园回家，这个时刻对于婴幼儿及其父母来说同样意味着重新适应。很多人以为婴幼儿对于再次见到亲爱的爸爸妈妈都会非常开心，但实际上并不总是如此。比如，上午离别引发的悲伤、惆怅等情绪，可能会在一天的活动中慢慢淡化，但也可能在重聚时再次涌现。或者，一天结束之时，婴幼儿产生各种情绪后，不像白天那样会在其他活动中得到缓冲，而是直接向接他的家长宣泄而出。

(一)观察要点

照护者要观察婴幼儿和家长在入园/离园时的行为和状态，亲子间是否有告别和问候的“仪式”？婴幼儿是放松的，还是紧张或者局促的？在入园和离园时，家长又有怎样的反应呢？

照护者可以从一些具体的行为来进行观察：①婴幼儿是否同父母进行目光交流？②婴幼儿是会望着父母离开，还是爬着或走着去追父母？是否会发出抗议呢？还是表现得无动于衷？③婴幼儿是否会表达“再见”？是用口头、肢体还是其他方式说“再见”？④家长离开后，婴幼儿会表现得很悲伤吗？如果非常悲伤，他能否安慰自己？比如，吮吸拇指，专注地玩一件玩具，或和照护者待在一起？⑤在离园时，婴幼儿对来接他的父母有何反应？

对入园离园情况进行持续观察和记录，有助于照护者深入认识亲子应对分离事件的方式、独特的应对风格及其变化趋势。某些时段或发展阶段可能会给亲子关系带来更多考验。长时间观察、收集相关信息，可能揭示分离时刻亲子关系的微妙之处和变化趋势，进而加深理解亲子依恋。

(二)案例

六六的爸爸动身离开，六六冲过去，一言不发地跟在他的身后。阿美老师追上去，抱起他到小桌边吃点心。于是六六安静地坐在娜娜身边，面无表情，用力地嚼着一片苹果。

在上面这个案例中，1 岁半的六六被父亲送到托育中心。观察者注意到了事件中六六、六六爸爸，以及照护者的行为、动作和表现等细节。从六六的神情和一连串的动作中，照护者可以推测出他的情绪变化，并在接下来的活动中进一步关注，尝试缓解孩子的不安状况。

小结

对婴幼儿的观察主要在一日生活中进行，和婴幼儿照护服务工作紧密结合，而不应与之隔离。在一日生活中的观察有诸多方面的价值。“如何观察”首先是观察什么的问题，本节初步介绍在婴幼儿的一日生活，包括饮食/进餐、盥洗与如厕照料、睡眠与休息、游戏活动、社会交往活动以及入园/离园等主要环节中观察的内容和要点。

问题

1. 请简要概述对婴幼儿一日生活观察的主要内容有哪些？通过观察，我们可以收获些什么？

2. 请选择一个环节，试着在工作或生活中展开观察，谈一谈自己的感受和体会。

3. 请选择本书前面章节中的某个内容，谈一谈本章节与这部分内容的关系。

第三节　选择合适的方法进行记录与评估

思维导图

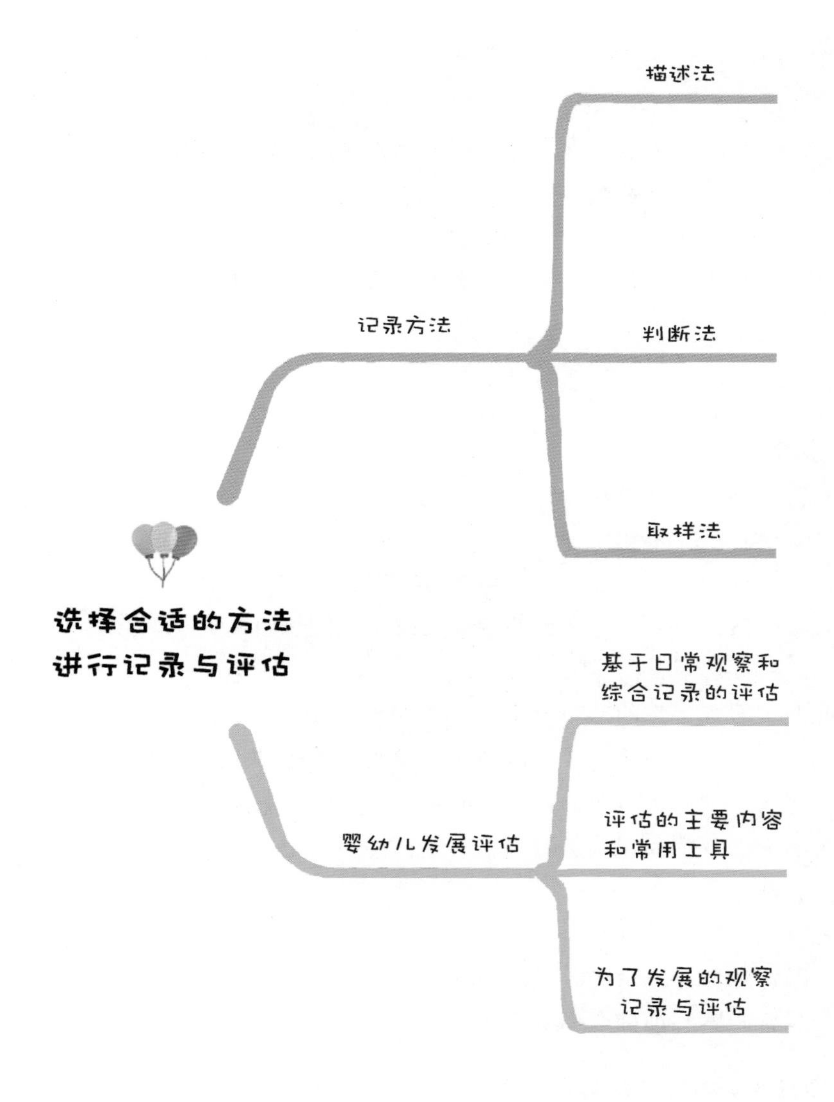

思考

1. 你知道哪些不同的记录方法？说出它们的不同。

2. 你在平时的照护服务工作中，经常采用哪些方法进行观察记录呢？

3. 你提到的这些不同的方法，分别有哪些优点和不足。

4. 在日常工作或生活中，你接触过婴幼儿发展评估吗？说说你对其用途和方法的了解。

5. 对婴幼儿的发展进行评估需要注意些什么？

案例

11 月 15 日

当我在门口给孩子们取外套的时候，大力走了过来，然后盯着我看。我突然想起来连着好几天他都一直盯着我。

11 月 18 日

这几天，每当我在门口给大家取外套的时候，大力都会走过来，一直看着我。

11 月 23 日

当我在门口给孩子们取外套的时候，大力依然走了过来看着我，然后问我："需要帮忙吗?"然后，我和他一起把大家的外套取下来，并一件一件地叠好。

11 月 28 日

今天和大力一起叠外套的时候，我拿起一件粉红色的衣服问他："你知道这是谁的外套吗?"他说："念念的！"

我又拿了一件黄色的外套问他："这件呢?"他说："果果的！"

接着我拿起第三件衣服，他立马响亮地说道："我的！"

婴幼儿照护服务工作的基本要求是尊重婴幼儿成长特点和规律，关注个体差异，促进婴幼儿全面发展。为此，要在敏锐观察婴幼儿的基础上，根据实际需要使用恰当的方法进行记录，准确理解婴幼儿生理心理需求，把握其发展状况。这就要求照护者根据日常生活中的观察和记录进行评估，掌握不同的记录方法，并了解婴幼儿发展评估的基本内容和主要工具。

根据各自的目的和主要优势，本书将纷繁的记录方法归纳为三大类：描述记录法、判断记录法和取样记录法。同时还介绍了常见的发展评估工具，而它们都离不开对婴幼儿的日常观察和准确全面的记录。

一、描述记录法："录像机"

描述法(或称叙述法)是保育工作中最为常用的方法。照护者观察一名或多名孩子，然后记录(一般是写)下观察到的情况。这个时候照护者需要安静地坐下来，尽可能不引起孩子的注意，不和孩子互动，否则，就会影响孩子的行为。要做到这一点，可以避免和孩子们的视线接触。当然，照护者也可以在工作中抽空，凭记忆把刚才观察到的内容记录下来。我们可以把这种方法近似地理解为“录像机”。这是对婴幼儿进行观察、记录的最基本方法，具有简便、灵活和应用广泛等特点。从认识世界的角度来看，描述法反映了质化的方法论范式，是民族志/人种志/田野志(Ethnography)方法在婴幼儿观察上的运用。根据目的、对象和内容的差异，描述法可具体分为叙事描述法(narrative description)、轶事记录法(anecdotal record)、日记描述法(diary description)、图示记录法(map record)、进程记录法(running log)、现场笔记(fieldnotes)等[①]。

以下是一则不包含任何主观色彩和价值判断的观察记录，只描述了孩子做了什么、说了什么。直接记录孩子所说的话，也是记录的一种方式。

> 煦煦(2岁多)：
>
> 午餐时，煦煦看到安安老师端出了小米粥。他说：“妈妈，小米粥。”安安老师问他是不是他的妈妈喝小米粥。煦煦说：“是。”他想要更多的食物时会说：“再来点。”
>
> 接着，我们让他说“请”时，他照做了。
>
> 后来，当他看到阿蒙在吃东西，就指着他说：“看，阿蒙!”

通过这则观察记录，照护者能很好地了解煦煦在午餐时间是如何运用语言的。在记录中，事件发生的情境和照护者与煦煦之间的互动都被记录下来。但照护者没有对煦煦的语言技能进行任何评价，而只是对他使用的词汇和短语进行了简短记录。

(一)叙事描述法

叙事描述法又称连续记录(continuous recording)、实况详录，旨在详细、客观地描述婴幼儿的行为和状况，即一段时间内先后发生的事情、具体行为和情境，而不要解释、推论和评价。这种方法不具选择性，要求观察者详细记录观察期间发生的所有细节，尽可能地保留未加工的原始数据。由于这种方法要耗费观察者大量时间和精力，需要记录大量细节，适用于观察记录单个婴幼儿，持续时间也不宜过长，一般1小时左右。叙事描述法是其他观察记录方法的基础，观察者主要发挥了“录像机”的作用。随着当前技术进步和数字设备的广泛使用，很多时候可以用音视频直接保存原始数据，就无须观察者再进行叙事描述了。尤其对于一线婴幼儿照护服务人员来说，就可以直接使用不干扰照护服务工作的更简便的记录方式。

(二)轶事记录法

观察者如果只关注特定情境中出现的重要或典型行为，而并不想事无巨细地记录一段时间的所有情况时，就可以采用轶事记录法。在英文中，anecdote指的是有关个

---

① 何慧华主编：《幼儿行为观察与评估》，27页，北京，中国人民大学出版社，2018。

人经历的小故事，国内学前教育界一般翻译为“轶事”。[①] 简单来说，轶事记录法指观察者对婴幼儿的特定事件(观察者感兴趣的、认为有价值、有意义的事件)，包括事情的发生发展、观察对象的言行表现等，进行简洁、客观和具体的描述。我们可以将轶事记录简单地理解为写一篇记叙文，详细和客观地记录对象、时间、地点、起因、经过和结果等要素。轶事记录具有选择性，因此记录者需明确观察记录的目标。同时在事件描述外还有相应的分析和评论。这些内容都可以结构化地体现为轶事记录表。需要注意的是，轶事记录法一般采用事后记录，效果取决于观察记录者的记忆，不过摄像设备的辅助能弥补这一方法的不足。

(三)日记描述法

以日记的形式对婴幼儿进行长期跟踪、反复观察和有规律的描述性记录。这是婴幼儿发展研究最早使用的方法之一，例如，裴斯泰洛齐的“宝宝记录法”、陈鹤琴《儿童心理之研究》等。这一方法旨在把握较长时间段内婴幼儿的成长，特别是某个特定领域的发展。为此，观察者需要在一段时间内保持与观察对象的接触，长期地跟踪观察，纵向记录婴幼儿成长过程中的新行为、新表现。观察者可以记录婴幼儿各方面的变化，尤其是具有发展里程碑意义的、第一次出现的行为或现象(如第一次独自站立等)，也可以集中对特定领域的发展或问题进行观察记录。前者被称为综合日记法，后者为主题日记法。作为描述法的一种具体方式，日记描述法要求真实的记录，要抓住细节；同时，日记描述法具有选择性，即聚焦于婴幼儿发展过程中出现的新行为和新状况——这就意味着观察者必须注意婴幼儿行为之间的顺序和关联性。

(四)图示记录法

有的时候文字并不能非常直观地呈现婴幼儿行为的情况，尤其是在涉及婴幼儿的运动轨迹和空间变化等信息时，使用文字记录不太直观。为此，可以采用图示记录的方法来进行记录和描述。例如，观察记录一个或一组婴幼儿一段时间内在特定区域的活动，特别是记录某一个婴幼儿进行的不同活动或在某项活动上花费的时间等信息，可以采用追踪观察，在区域平面图上记录和描述婴幼儿的轨迹。又如，对于年龄稍大的婴幼儿来说，要记录他与其他人的接触，或是记录群体中婴幼儿之间的关系时，可以采用社会交往关系网络图表的方式加以直观呈现。简言之，针对一些特定的观察目标，在文字描述之外，可运用图示方法加以记录。

描述法主要是指观察者在自然状态下，对目标婴幼儿的行为和状况进行观察，并尽可能真实、把握细节地描述记录。叙事描述注重对细节进行详细、完整的实况详录；轶事记录法注重对观察者感兴趣的或认为有意义的行为事件选择记录；日记描述法注重长期的跟踪观察，并聚焦于具有发展里程碑意义的新行为或重要事件；在必要时需要采用图示记录的方式加以补充描述。

描述法的基本程序包括：①确定观察目标和观察对象；②记录客观事实；③分析

① 汉语中“轶事”也可以写作“逸事”，指世人不大知道的关于某人的事迹(多指不见于正式记载的)，有“散失”“失传”的含义。这一点不同于英文单词仅仅指个人经历的小故事，两者略有差异。本文遵从习惯翻译。

婴幼儿的行为表现和现象；④对婴幼儿发展状况进行评估并提出建议。

描述法具有自身的优点和不足，具体方式各具特点和适用情境。读者可以自己思考和比较，尝试分析和归纳。在实践中根据情境和需要，选择适宜的方法进行观察和记录。

二、判断记录法："清单"与"尺子"

判断法，又被称为评定法，是在对婴幼儿观察的基础上，对其行为或事件做出判断的方法。前面介绍的描述法，简单地说就是让照护者将观察到的写下来。而判断法则要求照护者预先考虑希望观察的内容，并做好相关的准备工作。

(一)检核表法

婴幼儿照护服务机构最常使用检核表/检查清单(check list)来记录婴幼儿的发展，因此被称为行为检核表法、清单法或检查表单法等。应用此方法时，照护者要根据观察的目的，事先拟定所需要观察项目，并将它们排列成清单式表格，然后通过观察，根据检核表内容逐一检视婴幼儿行为出现与否。该方法具有较高的实用性和便捷性，不受制于情境，可以随时随地对婴幼儿行为进行观察记录。这种方法就好比日常生活常用的"计划清单"或"购物清单"，完成一项内容就勾选一项，我们也可以把这种方法理解为婴幼儿的"成就清单"。

一般来说，行为检核表法的记录方式是二选一，也就是使用"有"或"无"，"是"或"否"来进行记录，或者在表格中直接画钩。检核表法只是记录所要观察的行为是否出现，并没有对行为的具体表现进行描述。所以，行为检核表法是一种能够检测目标行为是否出现的观察方法，具有较强的封闭性。行为检核表法的选择性高，观察者可根据自己的观察目标和需要，事先对所要观察的各行为项目进行界定，熟悉并理解各项目，然后根据所列出的行为项目检核婴幼儿是否存在这些行为。另外，虽然观察者在观察前已经对行为项目做出了界定，但是某些项目仍需要结合日常观察判断。此外，行为检核表法除了可以记录单个幼儿的行为表现，也可以记录幼儿群体某方面的表现。表 6-1 就是一个针对多名幼儿行为发展的检核表示例，表中记录了 4 名幼儿在一周中是否出现特定的行为。

表 6-1　2 岁幼儿行为发展检核表

观察日期：××年××月第×周

活动(本周观察到有此行为的画钩)	宝宝 1	宝宝 2	宝宝 3	宝宝 4
能双脚并跳				
能自己上下楼梯				
在大人照顾下，能在宽的平衡木上走				
在大人帮助下，能自己用勺吃饭				
能踢球				
能扔球				

活动(本周观察到有此行为的画钩)	宝宝1	宝宝2	宝宝3	宝宝4
试图拉开和闭合普通的拉链				
能“帮忙”做家务劳动				
会模仿其他幼儿的言行				

使用检核表的关键环节是观察者需要在使用前制定比较周密而详细的计划。而计划的核心是对所观察的行为进行具体的界定，形成一份可参照的行为检核表。因为观察者使用行为检核表法是为了检核目标行为是否出现，所以事先有计划、清晰地列出所需要观察的行为是十分必要的。在制作行为检核表时，可以按照以下几个步骤进行：①确定观察目标，列出目标行为；②进行观察记录，观察者需要明确观察目标并熟知观察记录表中的行为项目，选择适宜的观察地点或情境，尽量保持客观、避免对被观察者形成偏见并选择统一的记录方式；③分析解释记录结果，除了常见分析方法外，由于行为检核表法的观察结果容易量化，因此也可采用一些统计方法，对记录的数据资料进行统计分析。

需要特别指出的是，使用检核表关注的是婴幼儿发展的成就，而不是观察孩子不能做到的事情。通过检核表的记录结果，照护者最主要的是可以识别出孩子的需要。

(二)等级评定法

等级评定法是在对婴幼儿进行观察后，照护者对婴幼儿行为表现所达到的水平进行评定，并对其行为质量的高低进行量化判断的一种方法。与行为检核表法只记录行为是否出现不同，等级评定法能够帮助观察者进一步了解行为发生的程度、频率等，使观察者能够迅速、方便地概括出观察对象的特点。等级评定法一般是观察者在观察之后，根据回忆进行记录，它不是一种直接的观察方法，严格地说更像是一种评估方法。在具体使用的时候，根据量表设计方式不同，可分为数字等级表(见表6-2)、图形评定表、标准化评定表等类型。

表6-2　等级评定表的例子

姓名：宝宝1　　　　观察日期：××年××月××日

活动	达成度			
	1	2	3	4
能向后退着走				
能扶栏杆上下楼梯				
在大人照顾下，能在宽的平衡木上走				
能手口一致地说出身体各部位的名称				
注：1——无法做到；2——偶尔做到；3——经常做到；4——做得非常好。				

我们可以把等级评定表理解为一把“尺子”，观察者就拿着这把尺子去看被观察对象在不同项目上的表现程度。本质上这是观察者对观察对象的一种主观判定，换句话说，“尺子”的“刻度”怎样，是由人预先主观确定的，对于观察到的现象达到了哪种程

度，这很难避免观察者的主观判断。因此，在使用时观察者需尽量避免主观偏见的干扰，可采取多次观察、多人观察、尽量避免主观偏见、提高观察频次等措施。

(三)频次与持续时间记录法

频次与持续时间记录法是用来记录目标行为发生的频率或持续的时间的方法。

频次记录法是在观察婴幼儿的同时，对行为发生的频次进行记录。这种方法封闭性比较强，观察的原始资料基本无法保存。同时，选择程度也较高，观察者可以根据自己的观察和需要编制记录表格，对婴幼儿的特定行为进行观察记录(见表 6-3)。由于观察时要记录目标行为出现的次数，所以需要事先对目标行为进行操作化定义，以明确观察目标。由于婴幼儿的行为经常是突发性的或模糊性的，在观察中可能出现一些似是而非的行为，需要观察者自行判断。

表 6-3　频次记录表示例

婴幼儿姓名：宝宝 2　　性别：男　　年龄：×岁×个月　　编号：
观察目标：观察并记录宝宝 2 主动发起社会交往行为的频次。
观察时间：自由活动时间　　观察地点：×××房间　　观察者：×××
主动发起社会交往行为的操作性定义：……

观察日期	开始时间	结束时间	频次(画钩)	备注
2021-3-20	10:30	10:40		
2021-3-20	10:40	10:50		
2021-3-20	10:50	11:00		
2021-3-20	11:00	11:10		
2021-3-20	11:10	11:20		

持续时间记录是指观察者针对婴幼儿的某一目标行为，持续进行一段时间的观察。记录行为发生的起始时间，即每次行为持续发生的时间(见表 6-4)。在某种情况下，婴幼儿行为的持续时间比行为发生的次数更能够体现婴幼儿发展中存在的问题。

表 6-4　持续时间记录表示例

幼儿姓名：宝宝 3　　性别：女　　年龄：×岁×个月
观察行为：不同区域停留时间　　地点：×××房间　　情境：室内活动
观察者：×××　　其他：

观察日期	开始时间	结束时间	总时间	区域
2021-3-2	10:30	10:35	5 分钟	娃娃家
2021-3-2	10:42	10:45	3 分钟	积木区
2021-3-2	10:50	10:52	2 分钟	闲逛
2021-3-2	11:00	11:08	8 分钟	娃娃家
2021-3-2	11:12	11:15	4 分钟	艺术区

持续时间记录法是一种封闭性观察方法，无法保留原始的观察资料。观察者可以根据自己的需要确定观察目标和目标行为。可能出现一些需要推论的情形，如确定某一行为是否属于需要记录的行为，从何时起算是行为的开始，何时是行为的结束，等等。婴幼儿本身行为的不确定也增加了推论的难度。

频次记录/持续时间记录法的主要步骤包括：(1)确定并界定目标行为，适用于记录持续时间较短的并且是可观察的外在行为，需要事先对目标行为进行清晰的界定，防止在出现模棱两可的现象时观察者难以做出判定，还要明确记录时间的起始点和结束点。(2)设计制作观察记录表，准备好计时工具。(3)进行正式观察，尽量避免干扰婴幼儿的正常活动；在频次记录时可采取多种方式表示频次，注意保持标记符号的清晰、明确。

判断法是一种量化的观察方法，它将婴幼儿行为的信息加以浓缩、简化，使用起来简单、方便，能够直接反映出婴幼儿在日常生活中的行为表现。首先，观察者可以通过判断法，将婴幼儿行为与发展常规模式进行比较，全面了解婴幼儿身心发展特点。上述具体方法都采用表格形式进行观察记录，观察者做出简单的标记即可，操作起来简单方便，不必花费太多时间做复杂的文字记录。但是，判断法都只能简单地记录行为是否发生、发生频率、发生时间等内容，而无法记录目标行为具体的细节。其次，在使用前都需要对目标行为进行清晰明确的界定，确定需要观察的目标行为，再制作相应的行为观察表，封闭性较强。所以在观察的时候，一旦婴幼儿出现预设之外的行为，观察者就需要凭借自身的专业知识和经验做出判断。最后，使用这类方法得到的观察结果，都可以直接进行量化分析，数据的统计和处理相对来说比较容易，能够帮助观察者更加直观地了解婴幼儿的行为。

三、取样记录法："选代表"

在日常的工作中，描述法是最常见的。但是如果只使用这种方法并不能满足托育工作需要。描述法获得的是关于婴幼儿行为的大量文字描述，主观性相对较强，难以将其量化，很难在较短时间内把握发展概况，并且对工作量要求较大。因此，观察者可以根据观察记录的目标，用取样记录法、选择在特定的时间或对特点的事件进行观察，以它们为"代表"来了解被观察对象的情况。这种方法可具体分为：时间取样法和事件取样法。

(一)时间取样法

指以一定的时间间隔为取样标准，观察记录预先确定的行为是否出现、出现次数和持续时间的一种观察方法。时间取样法通常用来观察和记录某一特定婴幼儿出现频率较高的行为，并且这种行为是容易被观察者观察到的。观察者可以根据时间取样法得到的资料，统计婴幼儿出现某一目标行为的次数和频率，为进一步分析提供数据。但是，如果观察者想要了解婴幼儿不易观察到的行为，就不太适合采用时间取样法。时间取样法的核心是"时间"，观察者采用时间取样法所记录的婴幼儿行为，除了要符合观察目标外，还必须发生在特定的时间段内才能被记录，如表 6-5 所示。

表 6-5　时间取样法记录表的示例

时间	无所事事	旁观	独自游戏	平行游戏	联合/合作
9:00—9:01			目标行为出现 1 次，持续 50 秒		
9:01—9:02				目标行为出现 1 次，持续 60 秒	
9:02—9:03	目标行为出现 1 次，持续 30 秒		目标行为出现 1 次，持续 20 秒		
9:03—9:04		目标行为出现 2 次，分别持续 20、10 秒			
9:04—9:05	目标行为出现 1 次，持续 15 秒		目标行为出现 1 次，持续 30 秒		

(二)事件取样法

指以特定的行为或事件的发生为取样标准，对目标行为进行观察记录的一种方法。观察者在采用事件取样法进行观察记录时，通常是在自然情境中等待目标行为的出现，当所要观察的行为出现后立即进行记录，同时也可以记录行为发生的背景和原因、行为的变化过程和行为的结果等内容。与时间取样法不同之处在于，事件取样法的核心是"事件"，观察者只需要选择某一特定的事件进行观察和记录即可。只要目标事件出现便可记录，对观察时间不做规定，观察所得到的资料具有连续性和自然性。如表 6-6 记录的是孩子间的互动行为。

表 6-6　事件取样法记录表的示例

姓名	年龄	性别	时长	发生背景	互动原因	说什么/做什么	结果	影响
念念	2 岁	女	18 秒					
煦煦	2 岁	男	18 秒					
念念	2 岁	女	20 秒					
煦煦	2 岁	男	20 秒					
念念	2 岁	女	15 秒					

对于事件的具体记录，既可以采用描述叙事记录，还可以采用符号系统记录的方法。观察者在观察之前预先设计好一系列的符号，代表不同类别的目标行为。在观察记录中，观察者只关注目标行为，并采用相应的符号对事件或行为进行记录，而目标行为以外的事件或行为则不予以关注记录。符号系统记录和描述叙事记录互补，因此

观察者在采用事件取样法对目标事件进行观察记录时，可以将上述两种方法结合起来，同时用来记录事件的经过。

取样法的基本过程包括选择目标和观察对象、记录客观事实、分析行为表现以及评价和建议。第一，选择目标和观察对象。同一个婴幼儿在同一时间段内可能会出现不同的行为表现，甚至同一个婴幼儿的同一种行为表现也可以从不同的角度进行分析和解读。所以观察者在采用取样法对目标婴幼儿的行为表现进行观察和记录之前，首先要确定观察目标，然后根据观察目标选择观察对象。第二，记录客观事实。首先所要观察的目标行为进行分类，要遵循互斥原则和详尽原则。观察者在确定了目标行为的类别之后，要对各行为类别下操作性定义，将必须观察的行为做出清楚、详尽的说明和规定。采用时间取样法之前，要根据观察目标和自身需要以及可行性等，确定观察时长、时间间隔和观察次数，在观察时记录行为类别、各时长中目标行为出现的次数和目标行为持续的时间，等等。事件取样法观察记录内容主要包括事件持续时间、发生背景、发生经过、事件导致结果，以及事件产生的影响等。由于不受观察时长的限制，观察者还可以根据自己的兴趣记录和描述事件发生的更多细节。第三，分析婴幼儿的行为表现、进行评估与提出建议。观察者根据目标对婴幼儿行为表现和发展状况进行分析，并为日后工作提出更具针对性的措施和建议。需要注意的，只有在对婴幼儿目标行为持续多次或一段时间观察后，才能收集到相对充分的资料，进而做出相对全面的判断。

上述两种取样法各有优缺点，也各有适用情境。读者可加以思考和比较，尝试自己分析和归纳。在实践中根据情境和需要，选择适宜的方法。

四、基于日常观察和综合记录进行评估

婴幼儿发展评估实质是一种价值判断，以回答“婴幼儿有这样那样的表现好是不好?”“婴幼儿的发展是否符合正常的期望?”等类似问题，这就要求我们要谨慎对待“评估”，尤其是避免给婴幼儿“贴标签”。一般来说，我们能观察到的行为都处于婴幼儿发展阶段的正常范围内，但如果出现一些不常见的情形呢？比如，如果有些较大年龄的婴幼儿在游戏中不能抓握玩具，或者虽然有能力却没有兴趣这样做，可能有什么问题呢？观察者必须把整个行为纳入已确立的发展进程中加以理解，并核查任何蛛丝马迹，判断是否存在发育迟缓。而且，在做出任何结论之前，最好将记录搁置一段时间，以反复确认可能的迟缓状况，究竟是因为疾病或疲劳导致的偶尔失常，还是确实需要密切关注。

细致、持续的观察和综合记录是评估的基础，不同的记录方法各具优势、适用于不同的观察目标，应根据实际需要灵活采用，并将使用不同方法得到的观察记录拼成完整的图景(见图 6-3)。同时，评估也是观察和记录的目的之一，只有对婴幼儿的发展状况做出判断，我们才可能知道是否存在什么问题，现实中的保育策略是否需要调整和改进。从而真正促进孩子的发展。

图 6-3　机构照护者正在进行观察与记录

（一）典型案例：高瞻 COR 工具

成熟的、系统化的婴幼儿发展评估工具鲜明地体现了上述特点，即日常观察和综合记录是评估工作的基础。以著名的高瞻（High/Scope）课程体系研发的配套观察记录工具“儿童观察记录（Child Observation Record，COR）”为例，它综合运用了多种具体手段，同时也很好地体现了如何基于观察来对婴幼儿的发展进行评估。COR 的使用可以主要分为两大步骤。

第一步：观察与轶事记录

对婴幼儿状况的了解和评估，基于对事实的真实而中立的记录。首先，要在一日生活的各个环节中注意观察，倾听婴幼儿的声音。正如本章第二节讨论的那样，婴幼儿在一天中随时随地地展现着自己的学习与发展。其次，需要简要记录观察的结果。如果教师仅凭记忆来回想的话，难免有所遗漏和偏差，因此必须形成适合自己快速记录的方法，包括固定的结构——如事件发生的时间、地点、参与者、婴幼儿的行为或语言、事件的结果怎样等要素，使用固定的缩写，利用方便记录的各种工具与材料，由少至多地确定每天记录的轶事数量。在简短记录之后，照护者要注意及时将信息补充完整。第三，在记录时要保持客观、不做评论，即仅仅是对事件本身的描述。多用中性的词语，尽量避免使用非中性的、评价性的语言，尽量不加入自己的情绪。对自己感受的记录可以作为另一类的研究材料。简言之，照护者每天都要花时间记录每个婴幼儿行为表现中的重要片段。如何进行轶事记录还有专门的要求，从这一记录方式来看，“儿童观察记录”主要采用描述法。

第二步：为轶事分级并进行评估

接下来，照护者要定期回顾轶事记录，把婴幼儿的不同行为归置于“儿童观察记录”的各个观察项目中。依据高瞻的理论框架，“儿童观察记录”为照护者/观察者提供了一个观察项目清单。具体包括婴幼儿不同领域发展的 9 大类别：学习品质，社会性和情感发展，身体发展和健康，语言、读写和交流，数学，创造性艺术，科学和技术，社会学习，以及针对部分家庭的英语语言学习。9 大类一共分为 36 个具体的观察项目，如“身体发展和健康”就包括大肌肉运动技能、小肌肉运动技能、自我照顾和健康行为3个项目。每个观察项目分为8个发展水平，从0(最低)到7(最高)。由此看出，“儿童观察记录”体现了判断法中提前预设观察框架的特点。此外，在这一过程中如果发现记录有遗漏，还会在接下来的几天特意观察并记录之前被忽视领域的情况，这体现了判断法和取样法中明确观察焦点的基本出发点。

根据这些记录，照护者会按照理论的8个水平分级对被观察者进行评分和定级，以反映每个婴幼儿当前的发展水平。这体现了判断法的基本逻辑，以“身体发展和健康”中的“小肌肉运动技能”为例，首先对该项目内涵做了解释说明(此处从略)，8个水平分级中，前4个水平反映的是大致3岁以前婴幼儿的典型发展水平，分别为：

水平0——幼儿打开或合上手；

水平1——幼儿运用小肌肉抓握或捡起物体；

水平2——幼儿组合或拆分材料；

水平3——幼儿可适当控制小肌肉；

每一个水平都对应具体的解释，同时附有相应的轶事示例。换言之，在实践中照护者可以根据自己观察后的轶事记录，对照各水平的解释对其评级，确定相应的水平。例如，水平1的解释为：幼儿用大拇指和其他手指抓握一些材料，如捡起桌子上的麦片或橡皮泥，对应的轶事案例包括：

(1)9/4 在小组活动时间，T捡起木塞，然后又丢掉了。

(2)1/17 在户外活动时间，Q捡起一些树叶，然后用手捏碎了。

又比如，对于这样的一条简短记录：3月20日，轩轩躺在婴儿床里面。当我对着她说话的时候，她微微一笑。贝贝老师从“语言、读写和交流”类别中的“倾听与理解”项目理解，分级为水平0，即“幼儿通过转头、眼神接触或微笑来对听到的声音做出回应”。随着时间的前进，各类轶事记录逐渐多了起来，就能够显示出一名婴幼儿在不同领域的发展状况。

以此类推，使用这套工具的照护者，每天都会记录一些轶事。当然，我们注意到这套工具对于轶事记录本身是有一些要求的。这样，每周(不是每天)每一位婴幼儿都有若干条轶事记录。观察者将这些轶事记录输入配套的程序中，并进行分级，每隔一段时间就能收到系统用数据结果生成的报告。这些材料可以为照护者改进照护服务工作、婴幼儿的发展档案、家园沟通等提供基础。总体上高瞻的观察记录体系具有综合多种方法的特点，在日常的工作中，我们可以参考这一系统的基本步骤，形成符合实际需要的工作模式。

(二)主要领域的评估要点示例

当然，只有采用高瞻课程的机构才会直接使用“儿童观察记录”这一工具，但其设计架构有值得借鉴之处，尤其是突出了以观察为基础和综合使用不同记录方法的特点。不同的机构可以根据自己所处环境和实际情况，选择适合自己机构婴幼儿的观察评估要点，例如，可以参考本书第二章介绍的不同里程碑来设计，也可以参考后面将要介绍的常用评估工具。以下是涉及各领域发展的项目清单，并不全面，但是可以提供一些参考。

1. 身体动作的发展

大动作发展情况，如后退走、上下楼梯、在平衡木上行走、双脚并跳、攀爬等。

精细动作的发展情况，如用勺吃饭、踢球、扔球、手指游戏、拉合拉链、解开大的衣扣、捏细小物体、拧盖子等。

婴幼儿对运动的偏好情况，或者是否有特殊的运动需求。

2. 语言与表达能力的发展

婴幼儿知道并运用自己的名字，手口一致地说出身体各部位的名称，主动表达大小便需求，会说出词汇越来越多的短句子，等等。

特别关注非语言表达，包括手势语、表情、体态、游戏行为，等等。

当婴幼儿被其他婴幼儿或成人带入会话场景时，他们的反应如何。

婴幼儿对哪些人或事物表现出明显兴趣，哪些人或事物能够促使他们表达(包括语言和非语言的)。

3. 认知的发展

婴幼儿如何转向那些让他们感兴趣的事物的，如头部运动、看、制造声音、爬、抓握等，表情和声音又是如何？对于声响如旋律、音乐等又有怎样的反应，比如是否会随节奏运动？

抓取和探索物体后，婴幼儿又是如何探究和摆弄的？第一次模仿游戏又是如何发生的？

婴幼儿是否喜欢倒东西、装东西或者运东西？是否能够对物体进行简单分类和拜访？每个婴幼儿感兴趣的领域是什么，例如对于绘画工具、颜色、材料等是否有偏好？

在活动中婴幼儿是如何参与的，活动中婴幼儿有多主动？

4. 社会交往与情感发展

婴幼儿是否能认出照片中的自己？又是如何熟悉环境的？

婴幼儿什么时候开始喜欢和别的婴幼儿玩？有特别愿意接触或者尽量避免接触的成人或小伙伴吗？

婴幼儿发生争执的时候，注意事件的发展，观察婴幼儿是否能自行处理。

婴幼儿如何表达需求的，尤其是在感受和需求方面的非语言表达(表情、手势、肢体语言等)。

五、婴幼儿发展评估的主要内容和常见工具

(一)体格生长评估的主要内容

基于观察的评估非常关键，但很难完全避免观察者个人的主观因素。对于体格生长来说，这一类发展的测量是相对最为客观的，照护者需要了解相关的主要指标。本书第二章所介绍的里程碑工具也部分涉及相关内容。

儿童体格生长是各方面发展的基础，包括生长水平、生长速度和匀称程度等方

面，也集中反映了其健康和营养等基本情况。体格生长评估是婴幼儿发展评估的基础。照护者应了解其原理和测量的基本方法，并能够参考权威的工具，正确理解和把握婴幼儿体格生长状况，至少在家长提出疑问的时候，能够提供正确的解释。

生长水平是将婴幼儿在某一年龄阶段测量到的某一项体格生长测量值，与参考人群(同年龄、同性别)的一般情况相比较，得出该名儿童所处的相对位置。对于婴幼儿来说，最常用的体格生长指标包括身高(长)、体重和头围等。参考人群的标准一般包括两类：一是代表一个地区一般水平的“现况标准”；二是在最理想的条件下生活儿童的“理想标准”，如 WHO 儿童体格生长指标标准等[①]。对相对位置的判断多用百分位数，主要包括第 3、10、25、50、75、90、97 百分位数。例如，一个婴幼儿的身高测量值，和参考值相比较：若处于第 25－75 百分位区间，则属于生长中等水平；若处于 97 百分位以上，则属于生长超常。

生长速度是对某一项体格生长指标连续的、定期的测量，可以得到这项指标在一段时期内的增长值。将该速度值与参考人群的生长速度进行比较，可以判断该儿童生长速度是属于正常，还是增长不足、不增长或者下降的情况。这种动态的、纵向的观察和测量结果，能够反映出婴幼儿生长的个体差异。在方法上一般体现为曲线图法，即将定期观测到的指标值绘制成图，与参考人群的生长发育图相比较，就可以判断出婴幼儿的生长水平和生长速度了。

匀称程度反映了体形和身材的匀称度，一般用多项生长指标进行综合评估。例如，常用的身体质量指数 BMI(body mass index)，即是用体重除以身长(身高)的平方。这个计算方法是用身长(身高)的平方表示个体“体积”，既反映一定体积的重量，又反映机体组织的密度。BMI 存在先逐渐增大、后逐渐缩小的趋势，在我国这个转折点一般是在 6 个月之后。这一指数也可以用来评估婴幼儿的营养状况。

(二)神经心理发育评估的常用工具

在儿童保健学中，儿童神经心理发育的水平表现在感知、运动、语言、认知、社会交往等各种能力及气质/性格等方面。有的教材对这些能力和性格特质的检查统称为心理测查，或者心理行为发育评估等；对婴幼儿的心理测查通常被称为发育测试或发育评估。

神经心理发育评估需要由专业人员开展，测试者应具备儿童神经心理发育的理论知识，经过严格、系统的测试培训，并获得相应的资质。建议照护者了解基本原理和主要评估工具，能够引导家长正确认识发育测试及其结果，并能够正确理解发育评估报告。在理解各工具的理论依据和主要内容的基础上，可以借鉴相关具体题目内容，结合实际，应用到自己的保育工作实践中，包括设计观察表或检核表、开发课程、家长沟通、自我反思与评价、保育工作改进等。

发育评估的工具数量很多，最常见的工具根据目的的不同，分为发育筛查和诊断

---

① 其他标准还有：《中国 7 岁以下儿童生长发育参考指标》、WHO 推荐“儿童生长发育监测图”(原卫生部“儿童心理保健技术规范”推荐社区/乡镇卫生机构使用)等。

性评估两大类。对于大规模的常规儿童，定期使用筛查工具进行评估，有助于及时识别发育偏异，从而转入诊断性评估，对有需要者进行干预训练或康复治疗。对于发育异常的儿童，一般还要定期进行诊断性评估，了解干预或康复效果，指导进一步的训练或治疗。相对而言，筛查测试花费成本较低。

1. 年龄与发育进程问卷

年龄与发育进程问卷(Ages and Stages Questionnaires，ASQ)是美国俄勒冈大学教授团队为1个月到5岁半儿童研制的发育筛查量表。首版于1995年，先后于1999年和2009年进行了两次修订。ASQ是家长问卷，使用简便，具有良好的心理测量学特征，得到了美国儿科学会的推荐而在美国广泛使用，尤其是在早期识别儿童发育迟滞问题方面应用广泛。国内目前多用2010年卞晓燕等翻译的中文版，此版本的问卷在我国儿童保健领域广泛应用。

ASQ将1—66月龄分为20个年龄组，每组一个量表。每个年龄组的量表有30个题项，分为5个能区：沟通(CM)、大动作(GM)、精细动作(FM)、问题解决(CG)、个人—社会(PS)，每个能区对应6个题项。

每个题项提供3选1的答案，选“是”赋10分，选“有时是”赋5分，选“否”赋0分。每个能区6个项目得分之和为该能区得分(即最高分为60分)，5个能区得分之和即此量表总分(最高分为300分)。若受试者的孩子在某个能区的得分明显高于该年龄界限值，则提示该能区的发展良好；若得分接近，则需要及时干预并密切随访；若低于界限值，建议进一步转入诊断性评估或者转诊医疗机构。

2. 丹佛发育筛查测验

丹佛发育筛查测验(Denver Development Screening Test，DDST)是美国儿童医生和心理学家等专家团队于1967年在美国丹佛市研制，适用于0—6岁儿童(实际多用于4—5岁及以下年龄婴幼儿)。原版共有105个题项，国内修订版104个题项。修订版DDST Ⅱ(包括125个题项)在我国尚未标准化。

DDST包括四个能区：大动作、精细运动-适应性、语言、个人-社会。每个题项由一个横条表示，并被安排在一定的年龄范围之间，有4个点分别代表25%、50%、75%和90%的通过率。例如，精细动作-适应性能区的“模仿乱画”题项，被安排在12月龄到24月龄；其代表75%的第3点对应16月龄，意味着16个月时有75%的孩子能够做到“模仿乱画”。

以上是DDST测验的基本情况。有些题项需要使用专门工具进行测试，有些题项可以询问家长。DDST对测试程序、结果标注等都有详细而严格的规定。

3. 贝利婴儿发育量表

贝利婴儿发育量表(Bayley Scales of Infant Development，BSID)是由美国儿童心理学家Bayley开发的诊断性评估工具。最早发表于1969年，1993年和2006年分别进行了两次修订，目前BSID Ⅲ正在国内进行标准化。

目前BSID适用于1个月至3岁半的婴幼儿，可以用来诊断发育迟缓或干预效果，也常常用作儿童早期发展的相关研究。BSID Ⅲ需要由测试者对婴幼儿按题项进行测试，以完成运动量表(包括大动作和精细动作)、认知量表和语言量表(包括感受性沟通和表达性沟通)。此外，请孩子的父母或照护者完成社交情感量表和适应行为量表两个问卷。依据各量表分数和总分判断婴幼儿在各个领域和总体的发展情况，即是加速、正常，还是轻度延迟或明显延迟。

4. 格赛尔发育量表

格赛尔(或译盖瑟尔)发育量表(Gesell Developmental Scale，GDS)由美国儿童心理学家格赛尔研制的。他基于研究，指出儿童行为发育具有一定的顺序和年龄规律，以正常行为模式为标准，可以诊断儿童行为发育水平是否与实际年龄相符合。该量表首次于 1940 年发表，国内于 1983 年修订常模。

GDS 适用于 1 个月至 3 岁的婴幼儿，包括大动作、精细动作、语言、适应性行为和个人-社会性行为 5 个能区。测试结果是个体在每个能区的成熟年龄，将此结果与其实际生理年龄相比，可以得到孩子的发育商(DQ)。DQ 过低，提示可能出现发育迟缓。

5. 其他工具

以上择要介绍了几种常用筛查或诊断工具。除了综合性评估工具外，还有专门针对某一种能力发展的筛查或诊断工具。例如，儿童智能发育筛查测验(Developmental Screening Test，DST)，婴幼儿孤独症类筛查量表、格里菲斯发育评估量表、斯坦福—比奈智力量表、皮博迪(Peabody)运动发育量表、汉语沟通发展量表(CCDI)、婴儿—初中学生社会适应量表、儿童适应行为评定量表等。

六、为了发展的观察、记录与评估

观察、记录与评估，最主要的目的还是促进婴幼儿的发展。正如前文反复强调的那样，应该避免仅凭少数几次的观察就对孩子的发展情况做出结论式的判断，而是需要持续观察。这种持续观察就意味着可以是有计划的、系统的观察和评估。例如，下面这样的一个例子，对于家长们的不同看法，你可以给予什么样的反馈?

家长会上的讨论

今天是绿芽班的家长会。家长们陆续来到园里，在会议正式开始前就聊开了。

一位家长说，最近发现自家 2 岁多的宝宝好像还不能像其他差不多年龄的小朋友那样会双脚并跳，也不太爱说话。这位家长担心自己的孩子发育得有些慢，最近老是看到一些公众号说要警惕孩子“发育迟缓”，有必要的话想送到专业机构做检查。他正在考虑要不要送到保育机构做检查。

另一位家长则说不用太担心。孩子发展有个体差异，有的快、有的慢，顺其自然就好。实在不放心，找一些资料有什么“里程碑”之类的对照看看就行了。

还有家长则说，是不是孩子挑食造成的，需不需要再补充营养?

对婴幼儿的观察可以是自发的。当照护者和婴幼儿待在一起的时候，当照护者在照顾婴幼儿的时候，自然而然就会观察婴幼儿的需要和特点，并将重要的情况记下来。由此，照护者更可以进行有计划的观察，这对于真实地了解自己照料的婴幼儿、找到促进其学习和发展的最佳方法来说非常有必要。因为有计划的观察能使照护者不会忽视每位孩子的日常经验，同时有计划的观察意味着系统的记录和评估，以及对婴幼儿发展信息和资料的妥善和持续的保存。在必要的时候，照护者可以用观察记录和评估结果作为依据，和婴幼儿家长或其他专家分享和讨论，帮助家长更好地理解自己的工作，获得更多的支持。

有计划的观察、记录与评估，能够帮助照护者更好地发现婴幼儿的成长。每天观察婴幼儿在园的行为和状况，积累一段时间，就可以显现出婴幼儿的变化趋势，以及在面对相似情况时会做出哪些类似的重复反应，从而帮助照护者看清婴幼儿行为的具体模式。经过相当长的一段时间(如半年以上)，观察记录可以明显揭示出婴幼儿在学习运用不同的方法处理常规活动时的模式，在这个过程中不断成熟，经验日益丰富。我们经常在认识一个婴幼儿一段时间后得出某个判断，而长时间现场记录的积累可以支持或者质疑这个判断。当然，为了看清婴幼儿的发展变化和行为模式，必须坚持经常做记录，并经常回溯以往的记录。这些都意味着这项工作并不容易。

在实践工作中，照护者常常会通过制作儿童成长档案袋以达成上述的目标。所谓档案袋，是在一段时间内，有目的、系统且持续地收集代表婴幼儿成长、表现和成就的作品集。一般而言，婴幼儿的成长档案袋包括如下几个部分：①引言，介绍基本情况；②婴幼儿的个人资料；③婴幼儿成长记录，包括婴幼儿的作品、机构的活动资料、活动照片、日常观察记录如学习日志等、检核表及评估报告、相关音视频资料等。由此可见，成长档案袋可以成为日常观察、记录和评估的成果集，能够较为全面地展示孩子发展的情况。

照护者在观察婴幼儿之后，既可以基于观察结果立即改进课程(包括对从事某项活动的婴幼儿提供即时的帮助)，也可以在完成多次观察记录后调整课程设计。根据对婴幼儿各项能力发展的评估，照护者可以设计相应的活动与课程，为婴幼儿提供适宜的挑战。譬如，某位婴幼儿用手捏夹东西很困难，照护者就可以提供更多的游戏来帮助婴幼儿加强手部肌肉的锻炼。照护者还可以利用观察记录的信息，为全体婴幼儿制订课程计划。无论是哪一种具体的改进方式，照护者基于观察记录的课程设计都是一个在循环中不断向前的过程。在观察和记录的基础上，针对个别婴幼儿，照护者可能要问自己“能做什么来帮助他”，针对群体时照护者可能会追问自己“哪些活动或方法奏效了”。为了回应这些问题，照护者需要调整并执行活动计划，然后再去观察婴幼儿的表现时，可能就会发现新的计划实施得很好，帮助了婴幼儿的成长。由此，基于观察、记录和评估的课程设计就会向前推进了。

最后，对婴幼儿的观察、记录和评估，有利于照护者自身的专业发展。在婴幼儿生活中、游戏时或者与他人互动时，以开放、有准备的心态观察其成长，是一个持续性的过程。照护者需要将自己看作是儿童早期发展领域的一名研究者，通过对事实的记录，积累证据，帮助自己更好地理解相关理论，形成对不同阶段婴幼儿的合理发展预期。当自己的经验得到不断积累时，会逐渐形成看待问题的多重视角。正是在自我反思和与同事、专家的讨论中发现自己可能存在的偏见，进而促进照护者自己的发展。最重要的是，观察婴幼儿最重要的前提是喜欢婴幼儿。儿童自身就具备发展的内驱力，他们不一定总是需要成人的干预或特别设计的活动。当婴幼儿沉浸在生活中，照护者应和他们一起感受快乐，反思自己的观察，思考自己是如何向孩子们学习的。

小结

本节将诸多的记录方法总结为描述记录法、判断记录法、取样记录法三大类。前三小节分别介绍了每一类中主要的具体方法、流程、适用情境等内容。各类方法适用于不同的观察记录目标，也各具优势。描述记录法能够保留尽可能多的具体细节；判断记录法是对信息的浓缩，主要聚焦于所观察现象的有无、程度、频率或时长；取样记录法是限定观察范围的具体方法，帮助观察者聚焦于特定对象(行为或现象)，在具体记录方式上既有简洁的符号记录，也有详细的描述记录。

对于婴幼儿发展的评估，应当基于日常的观察，并综合不同方法得到的记录结果。本节介绍了一种典型的工具即高瞻课程的“儿童观察记录”。体格生长评估相对较为客观，照护者应知道并理解主要的指标含义。神经心理发育评估主要起着发育迟缓筛查和鉴定的功能，应由专业人士实施；照护者应掌握发育筛查和诊断性评估的基本概念，知道常用的评估工具。

无论是观察、记录还是评估，根本目的都在于促进婴幼儿的发展，这就需要有计划地系统观察、评估和报告。这些工作还有助于课程与活动的完善，以及照护者自身的专业发展。

问题

1. 回到本章开头的案例，读了几则记录，你有什么想法？这些记录采用了什么方法？从这些记录中你有什么发现？这些记录有哪些地方需要改进呢？

2. 请简要概述对婴幼儿一日生活的观察，其主要内容有哪些？通过观察，我们可以收获些什么？

3. 请选择一个环节，试着在实际工作或生活中展开观察，谈一谈自己的感受和体会。

4. 请结合自己的工作，制定一份简单的基于日常观察的评估方案；或者针对自己曾经做过的儿童档案袋，看看可否改进。

5. 对于本节中介绍的发育工具，你是否有想进一步学习和了解的呢？请尝试搜集一些资料，想一想它们在实践工作中是否可以借鉴或参考。

第七章
合作共育

第一节　同事合作

思维导图

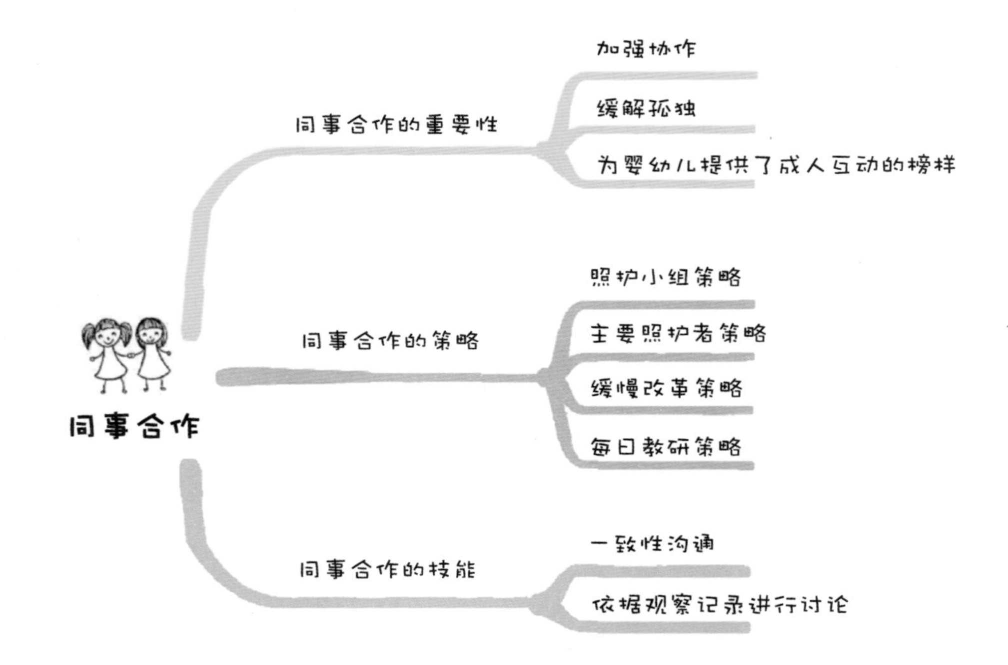

思考

1. 你平时与同事交流时，会分享彼此对婴幼儿的观察记录吗？

2. 你平时与同事交流时，会采用哪些方法让你们的沟通更加舒适？

3. 你与同事在婴幼儿照护方面的观念存在很大差异吗？如果有，你采取过哪些措施来开启你们之间的沟通？

案例

咬人的琪琪

绿芽班大多数孩子都午睡了，老师们坐在游戏区开展每日教研活动，教学主管帮忙进行孩子们的睡眠巡视和看护(见图 7-1)。贝贝老师打开了话题：“我最近有点心烦。昨天中午分餐的时候，琪琪不知道怎么回事就想用娜娜的杯子。当时娜娜没放手，她就咬了娜娜。她以前没这样做过，我以为是偶然的。结果刚才她和小苹果为了抢个材料，她又要咬小苹果。好在小苹果力气大，及时阻止了她。”阿美老师快人快语：“琪琪咬人是因为你没有提前考虑好平时都需要哪些东西。如果你准备了足够的杯子、材料，就不会发生这事儿了。”(负面模式 1：责备)贝贝老师有些心烦意乱地说：“琪琪刚学会说简单的话，有些意思说不出来，就会用咬人表达自己的想法。这个年龄的孩子就是这样，就算有足够的材料有时也会发生咬人的情况。”(负面模式 2：超理智)阿美老师看出来贝贝老师有点不高兴了，她笑着说：“嗯，你说得有道理，那你就别心烦了。最近我们都多留意琪琪，如果发现她有咬人的意图，我们会及时阻止她。(负面模式 3：讨好)我刚想起来，咱们的轻黏土不多了，记得跟主管申请再买一些。(负面模式 4：打岔)”

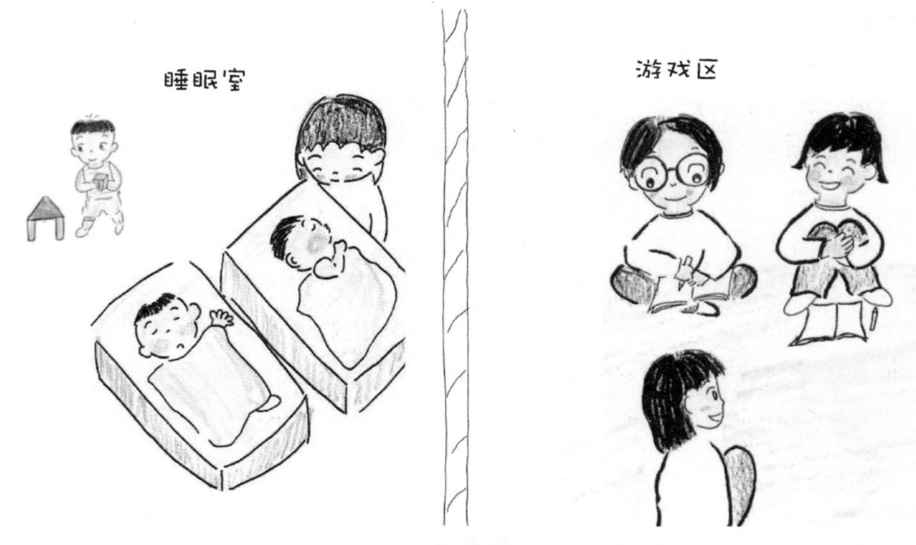

图 7-1　照护小组见缝插针地讨论

看到贝贝老师依然忧心忡忡的样子，安安老师说："琪琪这个年龄段的孩子的确会出现咬人的情况，这挺让人闹心的。如果被咬的孩子家长知道了这件事，他们不一定能理解琪琪只是试图快速表达自己的想法，而且我们也不希望孩子养成咬人的习惯。贝贝老师，你发现琪琪咬人的时候，怎么处理的？"（步骤1：理解接纳，冷静接近）贝贝老师想了想说："我当时赶紧把琪琪抱开了。我看了下娜娜没啥事，我就跟琪琪说：'娜娜不喜欢你咬她，你要温柔地对待她。'我还拿起琪琪的手轻轻摸了摸娜娜的胳膊。"安安老师点点头说："你明确地向琪琪说明了当时的情况，还示范了正确的社交方法，处理得挺好的！你还可以试着拿起娜娜的手摸摸琪琪，这样两个孩子都学习到了正确的肢体接触应该是轻轻的，也不会让琪琪觉得自己是因为做错事情而被教训了。我觉得你当时做得已经很好了。"（步骤2：认真倾听，分析差异）贝贝老师松了口气说："下次我还可以试着跟琪琪解释：'琪琪，你看起来想要娜娜的杯子，但是娜娜不想给你。你要不要试试其他的杯子？'嗯，我觉得阿美老师说的也有道理，我应该多准备点材料，这样琪琪和其他小朋友都能选到自己满意的东西。"安安老师笑着说："那我们看看还需要补充些什么材料，咱们明天就试试吧。"贝贝老师和阿美老师都点头表示同意。（步骤3：寻求共识，尝试实践）

几天之后，贝贝老师跟安安老师、阿美老师说："咱们上次讨论的方法对琪琪还挺有用的。她虽然想要其他小朋友的东西，但是给她其他选择，她也能找到自己满意的物品。"阿美老师也附和："是的。娜娜想跟念念一起玩，一不小心把念念抓疼了，我就拿起她俩的手轻轻地互相摸对方的胳膊，告诉她们要温柔地对待别人，然后她俩就很自然地继续玩自己的了。我感觉整件事儿好像就这样结束了。"安安老师说："那以后遇到类似情况咱们就这么处理。但是我们要多留意，如果真弄伤孩子就不好了。看到有这种苗头，还是要及时抓住或挡住孩子，动作反应比语言还是要快的。"贝贝老师和阿美老师表示同意："先阻止可能的伤害，然后教给孩子们要轻轻地动作。"（步骤4：积极反思，调整改进）

婴幼儿生活中的成人关系和婴幼儿-成人的关系同样重要，婴幼儿的安全感、幸福感深受周围成人关系的影响，所以机构照护者之间的合作、机构照护者与家长的合作、机构照护者与社区成员之间更广泛的合作关系必不可少。

在本节，我们主要讨论婴幼儿照护服务机构员工之间的同事关系。当你进入一家婴幼儿照护服务机构，看到婴幼儿在一边玩，有些照护者在进行过程看护，但是有些照护者却坐在一起聊天，你会不会认为坐在一起聊天的照护者在工作时间关注婴幼儿之外的其他事情是对职业的亵渎？如果你对这种情况感觉惊讶，你可能还没有意识到交流对于机构照护者的重要性。

一、同事合作的重要性

工作中的同事关系很重要，尤其对于婴幼儿照护服务这个行业来说更是如此。照护者需要通过交谈来建立合作关系、解决冲突、分享婴幼儿及其家庭的信息、生成课程主题、评估婴幼儿发展及共享资源等，这些元素汇聚在一起并发挥作用，婴幼儿才能得到照护者积极的关注、精心的照料和适宜的支持。

更重要的是，照护者需要成人间的接触来缓解自己的孤独感。每天花很多时间与婴幼儿待在一起的人常常会产生一种孤独感，他们缺少来自其他成人的社会性支持，大多数妈妈都经历过这种糟糕的感觉。在团队合作中的照护者通常能了解彼此的兴趣和特长，分享工作中的乐趣和成就感，在面对身体、智力和情感上的各种挑战时可以接受团队的帮助(见图 7-2)。

图 7-2　照护者可以获得同事的支持和帮助

照护者们互相分享信息，在面对工作中的挑战时互相帮助，他们的合作也为婴幼儿提供了关于成人互动的榜样示范。通过观察照护者怎样与其他成人相处，婴幼儿学会了如何与他人玩耍、交流以及解决冲突等。当照护者之间建立起积极的关系时，就为婴幼儿提供了正面的榜样，让婴幼儿通过亲身体验来学习什么是责任、什么是尊重、如何做到正直而友好等。

当然，忽略婴幼儿的需求，只关注成人间的关系肯定是不对的。但是，如果婴幼儿在睡觉或自由玩耍(有其他成人保障婴幼儿的基本安全)，在附近随时准备提供照料和支持的照护者是可以互相交谈的。

二、同事合作的策略

我们希望婴幼儿照护服务机构中的成人建立积极的关系，进而能够支持最重要的婴幼儿-成人依恋关系，可惜的是机构照护者几乎不能远离婴幼儿，他们很少有机会坐下来谈论一些事情。下面一些策略有助于促进机构照护者之间的合作，这些策略被很多机构证实是可行的。

(一)照护小组策略

我们在第五章推荐过组建照护小组，并尽可能让组员在较长时间内一起工作，对婴幼儿提供一致性的、持续的照护。在实践中，照护小组这种稳定性较强的安排有助于婴幼儿及其家庭与机构照护者建立起信任关系，减少更换照护者给婴幼儿带来的困惑和痛苦。其实，除了婴幼儿及其家庭可以从这种策略中获益，机构照护者自己也受益匪浅。

有个小团队真好！

我毕业于国内知名高校经管专业，曾经在外企做过多年的管理工作，结婚后成为全职妈妈。在带孩子的过程中，我深刻地感受到婴幼儿养育的重要性，所以再就业的时候选择了托育行业，进入刚成立的仰茶园。我和刚从学校毕业的阿美老师是同时入职的。我们园的教学主管当时是绿芽班的主班老师，主管、阿美老师和我三个人组成了照护小组。主管不嫌弃我是外行，也不介意阿美老师没有带孩子的经验，她愿意跟我们一起成长，并希望我们能长期在机构工作。我和阿美老师都很感激教学主管，她无私地教给我很多婴幼儿发展的专业知识，还手把手地指导阿美老师怎么给孩子换尿布、盥洗、穿脱衣服等。我和阿美老师一边工作一边学习，很快成长为合格的保育人员。（关键 1：从制度上保障稳定）

现在，我和阿美老师在日常工作中会互相交流、分析婴幼儿的观察结果，并制定保教计划。遇到困难我们会互相指导、互相帮助。阿美老师多才多艺，画画和手工做得特别好，她在我们班的环创上有很多新奇的想法，经常让我佩服不已，就连我们见多识广的主管也时不时会被她的创意惊艳到。我的工作经验相对丰富，以前在外企工作的时候跟各种人打交道，所以我和同事交流工作、与家长沟通时都游刃有余。阿美老师想跟家长沟通之前，经常会跟我商量怎么谈才会让家长感觉更舒服。最近，我们小组新来一位贝贝老师，我和阿美老师也在帮助她更快融入我们的小团队。（关键 2：组内互相帮助）园里还会定期组织小组内部和跨组的教研活动，大家一起学习，互相交流。例如，我费心寻找到一些自然材料，除了给我们班用，还会分享给其他班。前几天，我们班开展婴儿相关的主题课程，乳儿班知道后就向我们班开放，让我们班孩子过去看他们班的小婴儿。（关键 3：组间合作交流）我很喜欢园里这种工作状态。（见图 7-3）

图 7-3　照护小组有助于维持组内照护者和婴幼儿的稳定

我以前的工资要比现在高很多，但是我仍然愿意在仰茶园工作，就是因为我和机构的老师们、孩子们在一起好几年，我对他们很有感情，我舍不得离开他们。而且，我不用在与领导、同事的关系上太费心，可以把主要精力放在孩子的发展上。看着孩子们健康快乐地成长，我觉得特别有成就感。

——安安老师

由案例可以看出，照护小组在较长时间里一起工作，能够让组员发展出亲密的关系。机构照护者还能跨团队建立人际关系，在面对挑战时互相帮助，提升照护者的幸福感和归属感。照护小组内部和组间的稳定性、和谐相处创造了良好的工作环境，可以有效减少人员流失，并有助于维持组内婴幼儿的稳定，保证照护项目的质量。

（二）主要照护者策略

我们在第五章也推荐过主要照护者策略，通过为婴幼儿锚定一位主要照护者，可以确保每个婴幼儿都能与主要照护者建立亲密、信任、有爱的关系，并在婴幼儿离开父母的时候给予他们充分的支持。除了婴幼儿，照护小组的成员其实也会从这种策略中受益，让我们来看看以下场景（见图 7-4）。

在没有实施主要照护者策略的班级里：

早上，琪琪拉拉裤的线全变成蓝色了，贝贝老师带她到尿布区去换拉拉裤。六六在照镜子，大力跑过来，抓起镜子，然后向六六招招手就跑开了。六六大哭起来。贝贝老师抬头看了看，透过半透明的挡纱发现六六在哭，但是贝贝老师离得比较远，她看到阿美老师在离六六不远处的备餐桌边，贝贝老师认为阿美老师会去照料六六。阿美老师在准备孩子们的早餐，她回头看发生了什么的时候，手一歪，把牛奶洒了一桌子，并淌到了地板上。阿美老师觉得不及时清理牛奶比较危险，而且她刚刚和贝贝老师有分工——贝贝老师照料已经进班的孩子，阿美老师备餐，所以她就没有回应六六。安安老师正在教室门口跟送孩子入园的果果妈妈交谈，她以为其他老师会照料六六。六六哭了一会儿发现没有人搭理自己，他哭得更大声了。

在实施主要照护者策略的班级里：

早上，贝贝老师在给琪琪换拉拉裤，阿美老师在给孩子们备餐。六六在照镜子，大力跑过来，抓起镜子，然后向六六招招手就跑开了。六六大哭起来，贝贝老师和阿美老师同时发现是六六在哭。阿美老师不小心把手里的牛奶洒了一桌子，并淌到了地板上，她赶紧清理起来。作为六六的主要照护者，贝贝老师转头跟琪琪说："你听，六六在哭。我告诉他等一会儿，我们换完拉拉裤就去找他。"

贝贝老师掀开尿布区的半透明挡纱，对游戏区的六六说："六六，好孩子，我听到你在叫我了。我给琪琪换完尿布就过去，很快的。"六六听到贝贝老师的声音，向尿布区望过来，哭声慢慢减弱下来。阿美老师收拾好牛奶后，过去查看抽噎的六六："六六，你的镜子被拿走了，你很伤心。"阿美老师给六六擦干了眼泪，把他交给了换完尿布的贝贝老师。贝贝老师抱起六六，坐在玩彩虹积木的琪琪旁边，轻轻安抚六六。安安老师正在教室门口跟果果妈妈交谈，她知道其他老师会照料好孩子们的。

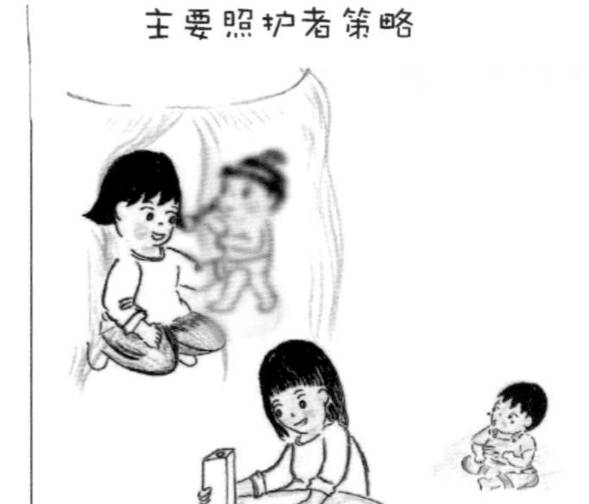

图 7-4　无差别照护策略和主要照护者策略

可以看到，在没有实施主要照护者策略的班级里，哪个照护者来照料哪个婴幼儿只能碰运气，这给婴幼儿、机构照护者及婴幼儿家长都带来了不确定性。在实施主要照护者策略的班级里，机构照护者的分工合作是有条不紊的。而且，比起了解班上十来个婴幼儿的独特性，关注自己负责的少数几个婴幼儿更容易操作。一天里的大部分照料工作，诸如换尿布、喂养、哄睡等，都是由主要照护者完成的，这种策略为婴幼儿和成人提供了可预见性。例如，作为主要照护者，贝贝老师并没有中止给琪琪换拉拉裤，同时她用安慰的话回应了六六。尽管六六可能不太明白贝贝老师的意思，但是他知道贝贝老师听到了自己的呼声，并相信她会马上来帮助自己。这种信任感是需要在长期的一对一照料中才能建立起来的。

(三)缓慢改革策略

近年来，随着科技的发展，世界面临着巨大的变革。我们的生活、工作、娱乐和交流等都在发生变化，婴幼儿照护服务行业也概莫能外。在我国，婴幼儿照护服务行业正在逐步向专业化、规范化方向发展，很多机构面临着从理念到实践的全面考验。但现实情况是，大多数机构仍在沿用传统的幼儿园模式。最常见的做法是把幼儿园的课程体系降低难度，增加生活照料人员(如保育员、生活老师、生活阿姨等)的配置数量。由此可见，大多数从业者并没有做好面对保教融合、早期学习支持等先进理念并做出改变的准备。究其原因，无非是改变习惯的模式需要学习新的理念、掌握新的技能、面对新的环境，这些所带来的不确定性让所有从业者都感到无所适从。

步子迈太大容易摔倒

我在幼儿园工作了很多年。来到仰茶园后，我才发现托育机构和幼儿园非常不同。幼儿园会分教师和保育员，像我原来的班级是“二教一保”。教师更多是做班级管理、课程设计与实施等；保育员则偏重生活照料、清洁卫生等辅助教师的工作。托育机构的班级里只有保育人员。我进入绿芽班的时候，园里除了负责人，还没有其他的管理人员。我和安安老师、阿美老师组成照护小组，班里孩子的吃喝拉撒、喜怒哀乐都要负责。0—3岁和3—6岁的孩子很不同，0—3岁的孩子需要更多生活上的照料，他们不能清楚表达自己的意思，也没法开展集体活动，我感觉我在幼儿园的很多经验用不上。安安老师和阿美老师都是新人，机构安排我们参加一些培训。除了上班，我们的业余时间基本都被培训占满了。我们要学习的事太多，但是又做不到一次性改到位，照护小组内部经常会出现意见分歧、矛盾冲突等。

后来，培训师建议我们放缓改变的脚步。首先，每次只改变一个方面，减少变化带来的压力，方便控制局面。例如，我们班最初的一日生活安排与幼儿园的一样，上午和下午有大块的时间密密麻麻地安排着固定活动，后来安安老师建议将它们全部变为户外自由活动时间。照护小组在教研讨论中，全员接受了这个改革方案，然后我们就集中精力在如何改变日程安排和户外活动环境上，但是教室内的其他活动仍然像以前一样开展。

其次，把任务分解成更小的步骤，形成一个具体的行动计划。例如，"改变户外活动环境"是一个笼统的任务，我们为实现目标制定了更为具体的计划。

改变户外活动环境的计划表：

- 用1—2周观察婴幼儿的生活，确定他们喜欢的活动、设施设备、材料以及互动的方式等，生成户外活动课程的主题。
- 根据观察记录、婴幼儿发展规律及课程主题，结网列出可能出现的活动、设施设备、材料和学习成果等。
- 列出绿芽班目前可供户外活动的所有设施设备和材料，分析可利用资源与结网目标之间的差距。
- 与社区沟通婴幼儿户外活动的重要性，挖掘社区中可利用的环境资源。
- 安排工作会议，制定具体的、可操作的实施步骤，研讨准备哪些设施设备和材料。
- 调整一日生活安排，逐步把固定活动改为户外自由活动时间。
- 观察婴幼儿在新方案下的状态，并根据情况进行调整。

将计划中的每个步骤都清晰地细化为一系列更为具体的行动，可以让改变看起来没有那么可怕。例如，第一次工作会议中，我们决定把读绘本的活动放在户外开展。天气好的时候，我们把孩子们喜欢的书搬到户外，并增加了可以坐在地上的垫子，然后我们就观察这一改变的效果(见图7-5)。隔了将近两个月，我们才在第二次工作会议中，决定在平衡车区增加指示牌和一些道具……把庞大复杂的变革计划分解成小的步骤，让我们有时间和精力深思熟虑，并根据新方案的实施效果不断调整或修正实践。

图 7-5　在户外开展常规的室内活动值得尝试

最后，每取得一点进步，就及时向同事、家长或社区展示改变后的户外活动环境是如何发挥作用的(见图 7-6)。展示成果非常重要，家长、领导和其他人的认可让我们相信变革是有必要的，为之付出努力是值得的。更重要的是，看到并欣赏我们努力的成果，让我们能够在改变的道路上坚持下去。

图 7-6　及时展示成果，享受改变的乐趣和成就感，争取其他人的赞同和支持

总之，当我们放慢改变的进度后，团队的信心和凝聚力增强了。照护小组成员一改往日互相推诿、抱怨拆台的现象，大家更容易对工作计划达成一致意见，并在行动中互相支持、互相配合。

——教学主管

在“步子迈太大容易摔倒”中，教学主管发现托育机构与幼儿园存在很大不同，托育机构提倡保教融合、回应性照料和照护小组合作的工作方式让在幼儿园工作时游刃有余的教学主管感到不适应，她急需改变多年固化的工作习惯。安安老师和阿美老师是新手，一个“野路子”，一个“学院派”，她们俩都面临着如何快速实现理论知识和技能有效转化的问题。绿芽班照护小组成员要实现这些改变，可能需要花费大量的时间接受更多的教育、培训和认证等。人是习惯性动物，面对改变所带来的焦虑和压力并不是一件容易的事，所以照护小组内部难免会出现互相推诿、意见分歧、矛盾冲突等问题。甚至，有些照护者会因为反对意见或冲突而宁可放弃改变。但是，当改变不可避免时，照护者也需要适当放缓脚步，尝试一些有帮助的做法——聚焦目标任务；分解实施步骤；寻求来自同事、家长和社区的支持；等等。照护者应谨记，转变思想和观念需要有充足的时间，强行促成结果或统一意见容易产生不好的感受并引起混乱。

(四)每日教研策略

照护小组的成员每天花 20—30 分钟就婴幼儿的观察记录进行讨论、分析和计划是必不可少的，但是对于机构来说每日安排小组教研是一个很高的要求。如果照护小组成员拥有足够的决心，那么富有创造性的时间安排和行政支持有助于实现每日教研。

坐下来教研真的好难！

我是学习学前教育专业的，毕业后在幼儿园工作了七八年。来到仰茶园后，我发现托育机构和幼儿园非常不同，我正在努力学习和适应。我觉得每天的小组教研对我帮助很大。教研活动中，我们一起思考在孩子身上观察到什么、怎样支持孩子、怎样解决遇到的问题等。别看就半小时，我、安安老师和阿美老师三人同时挤时间坐下来聊天也是非常困难的。幼儿园的老师们可以在午休时间聚在一起，但是这对于托育项目中的照护者来说很难实现。比方说，琪琪和六六刚入园，他俩年龄也比较小，睡眠还不是那么规律，其他孩子睡着的时候，他俩往往还是清醒的。我们班还有个阿蒙不怎么午睡，也需要老师看护。好在教学主管很支持我们开展教研活动。我们机构目前一共四个班，每个班会根据自己的实际情况安排时间：

- 种子班(6 个月—1 岁乳儿班)和苗苗班(1—2 岁托小班)。婴儿和较小的幼儿大多还没有形成规律的作息，他们在不同时间睡觉。种子班和苗苗班会安排老师在工作中轮流休息，目的是不让两个老师同时离开教室，更方便照料孩子。所以，种子班每天在孩子们入园前安排二三十分钟的教研时间，苗苗班则安排在孩子们离园后。教学主管会在两个班级教研时帮忙做一些准备和整理的工作。
- 绿芽班(1 岁半—3 岁混龄班)。我们班大多数孩子 2 岁左右了，而且他们来机构快 1 年了，已经养成了午睡的习惯，这是我们班一天中清醒的孩子数量最少的时间，所以我们选在中午开展教研活动。教学主管在睡眠室帮我们进行孩子的睡眠巡视和看护，我们小组成员则在游戏区进行讨论。
- 绿叶班(2—3 岁托大班)。托大班好几个孩子刚来机构不久，他们午睡的时间不太一致，所以托大班很难在中午挤出来较完整的时间。但是，托大班孩子各方面的能力比较强了，他们在上午或下午的游戏时间能够自由地玩耍。这时候，教学主管会叫上兼职老师代替托大班的老师，托大班的老师则会在孩子们视野范围内坐下来开半小时会(见图 7-7)。

图 7-7 绿叶班在自由游戏时间研讨，教学主管和兼职的体育老师帮忙看管孩子(确保主要照护者在孩子们的视野范围内)

我觉得教研活动不仅让我们小组成员分享所照料婴幼儿的信息，也是我们职业成长的机会。教研活动中，安安老师和阿美老师会跟我分享她们的经验，帮助我更深入理解 0—3 岁婴幼儿的发展特点，我也能静下心来反思自己的理念和实践。

——贝贝老师

婴幼儿需要他们的主要照护者一直在场，即便有其他可胜任的成人站在面前也不行，所以在婴幼儿照护服务机构中很难找到恰当的时间来进行每日教研活动。但是从长远看，照护者小组和管理人员还是需要共同努力安排教研活动，这点很重要。每日教研活动让照护者共同反思、改进照护的策略与方法，解决遇到的实际问题，进而确保婴幼儿得到更好的照料与支持。

三、同事合作的技能

照护小组成员每天一起工作，他们共同养育婴幼儿，互相支持和帮助，解决遇到的问题和冲突，将对婴幼儿的理解转化为具体实践。为了更好地实现以上职责，照护者需要不断练习一致性沟通，并依据观察记录进行讨论。

(一)一致性沟通

美国心理学家维吉尼亚·萨提亚认为人与人之间应该以坦诚、直接的方式进行交谈，她将这种能够有效促进沟通合作的交流方式定义为“一致性沟通”。一致性沟通要求照护者能够辨别并避免四种容易引发负面效果的沟通模式：责备、讨好、超理智和打岔(见图 7-8)。

责备是指批评或谴责其他照护者做得不够好，让他为某件不太好的事负责。例如，在“咬人的琪琪”中，阿美老师说：“琪琪咬人是因为你没有提前考虑好平时都需要哪些东西。如果你准备了足够的杯子、材料，就不会发生这事儿了。”这就是责备型沟通模式。如果贝贝老师也用责备的方式来回应，她可能会说：“没有足够的材料还不是因为你(或安安老师)……”“我就是随口聊聊，阿美老师性子真是急。”责备型沟通可能是指出了问题所在(材料不够)，但是并没有聚焦在如何解决问题上(如何准备丰富、充足的材料)，或者偏离了正在讨论的真正问题(忘记了要解决的是琪琪咬人的问题，转而关注阿美老师的性格)。责备型沟通模式是比较有攻击性的，经常会引发互相推卸责任或矛盾冲突。

讨好是指照护者不顾自己的真实想法或感受，总是赞成他人的意见，以求尽快结束话题，避免他人对自己生气。但是，这样做同时也中断了开展建设性讨论的可能性。例如，在“咬人的琪琪”中，阿美老师说：“嗯，你说得有道理，那你就别心烦了。最近我们都多留意琪琪，如果发现她有咬人的意图，我们会及时阻止她。”这种就是讨好型沟通模式。其实，阿美老师最初的分析是有道理的，琪琪咬人可能是因为没有准备足够的杯子、材料，她的选择太少。可惜阿美老师用责备的方式提出这个想法，引起了贝贝老师的不快。阿美老师看出来贝贝老师有点不高兴了，她就用讨好的姿态切断了继续的讨论。如果在阿美老师指责贝贝老师时，贝贝老师用讨好的模式做出回应，那么她可能会说：“哎呀，确实是我不对。我下次记得准备更多的材料。”这样的回应容易中断交流，大家就没有机会讨论发生了咬人情况应该怎么处理、如何避免再次咬人、补充哪些材料等。

图 7-8　应尽量避免的四种沟通模式

超理智是指照护者说一些大话、空话，好让他人觉得自己知识渊博，并害怕与自己长时间讨论。例如，在“咬人的琪琪”中，贝贝老师说：“琪琪刚学会说简单的话，有些意思说不出来，就会用咬人表达自己的想法。这个年龄的孩子就是这样，就算有足够的材料有时也会发生咬人的情况。”这种就是超理智型沟通模式。超理智的回应通常很机械，不带感情色彩，时不时掺杂着专业知识和术语，让人感觉高高在上、态度傲慢。乍一听，说得很有道理，但是往往只分析问题，不解决问题。

打岔是指照护者转变话题，以回避继续讨论原来的话题。例如，在“咬人的琪琪”中，阿美老师说：“我刚想起来，咱们的轻黏土不多了，记得跟主管申请再买一些。”这种就是典型的打岔。如果照护小组成员养成了打岔的习惯，那么同事间的合作对话就会变得异常困难。

机构照护者之间在对话时，必须要考虑对方所持有的立场，这一点是非常重要的。不是简单地将理论或观点介绍给同事，他们就会同意你的看法。在“咬人的琪琪”中，我们可以看到，即便是共事很久的照护者也会出现意见不一致的情况。面对这种情况，安安老师采取了以下步骤：

步骤1：理解接纳，冷静接近。安安老师首先接纳了贝贝老师的观点和情绪(孩子咬人的确令人心烦)，然后冷静地询问贝贝老师，发现琪琪咬人的时候是怎么处理的。过程中，安安老师没有对贝贝老师进行人身攻击(如责备型沟通)，也避免引发她的自卑感或愧疚感(如超理智型沟通)，而是表示出了充分的尊重。

步骤2：认真倾听，分析差异。安安老师与贝贝老师轮流围绕“如何处理幼儿咬人”的主题，坦诚地分享了自己真实的想法和感觉，也倾听了对方的意见。过程中，安安老师和贝贝老师认真审视了照护小组成员之间的不同观点。贝贝老师认为要明确地告诉琪琪，其他幼儿不喜欢被咬，要轻轻地打招呼；安安老师认为除了给琪琪明确的反馈，这还是个帮助幼儿学习人际交往方法的好机会，可以让娜娜参与进来，不要让琪琪觉得自己是因为做错事情而被教训了；阿美老师则认为应该多准备点材料，这样就能避免幼儿因为抢材料而发生冲突。

步骤3：寻求共识，尝试实践。安安老师、阿美老师与贝贝老师在反思不同观点的基础上，经过讨论得出了共识，并决定尝试以下策略：准备足够多的材料，让所有幼儿都能选到自己满意的东西；如果幼儿发生肢体上的“冲突”，明确告知他们发生了什么事(如“你看起来想要娜娜的杯子，但是娜娜不想给你。”“娜娜不喜欢你咬她，你要温柔地对待她。”)，然后向幼儿示范如何温柔地社交(如轻轻地互相摸对方的胳膊)。

步骤4：积极反思，调整改进。几天之后，安安老师、阿美老师与贝贝老师一起反思了实践的效果，她们决定以后按照这个共同制定的策略来处理类似的问题，而且她们还改进了应对方法。看到有“肢体冲突”的苗头，要及时抓住或挡住幼儿，动作反应比语言要快。先阻止可能的伤害，然后教给幼儿要轻轻地进行肢体上的接触。

实现一致性沟通的前提是相信大部分人都真心希望能为婴幼儿提供最好的照料和支持。照护者应在照护小组内经常练习坦诚、直接的一致性沟通，他们慢慢会发现可以通过分析同事与自己在观点和行为上的差异，借助同事的优势来共同制定照料的策略，更好地支持小组内每个婴幼儿身心的健康发展。

(二)依据观察记录进行讨论

在婴幼儿的不断成长和发展过程中，照护者试图看清楚婴幼儿的行为，这促使他们把婴幼儿一日生活中的各种事件记录下来。怎样运动？怎样自我表达？怎样努力去解决遇到的问题？什么样的材料吸引他们？喜欢和哪个小伙伴待在一起？怎样进行人际交往？……照护者会根据关键发展指标来解读和分析婴幼儿的这些行为，并计划下一步的支持策略。所以，照护小组成员合作的关键在于，他们会在每日教研活动中依据观察记录共同讨论以下三个问题：

①今天，婴幼儿做了什么？

②婴幼儿的表现反映了什么？

③明天，可以提供什么材料，怎样与婴幼儿互动，才能更好地支持他们的早期发展？

咬人的琪琪(续)

经过老师们的耐心引导，琪琪咬人的频率大大降低，她开始意识到小伙伴们不喜欢被咬，咬人也不是有效的沟通方式。虽然老师们提高了警惕，但是琪琪咬人的事件还是偶有发生。这一天，安安老师、阿美老师和贝贝老师又坐在一起研讨。三位老师讨论了当天贝贝老师对琪琪和阿蒙的一段观察记录，并认真分析了观察结果，最后她们共同制定了可能的支持策略。老师们决定第二天就尝试其中的某些(不是全部)策略。

绿芽班照护小组的研讨结果：

观察记录	关键发展指标	可能的支持策略
照护者：贝贝老师、安安老师 时间：6月4日星期五上午自由活动 事件： 琪琪顺着靠在沙发旁边的斜坡爬到了沙发上。她站在上面往下看，看到阿蒙在用铲子铲地上的一堆积木。琪琪爬下斜坡，坐在阿蒙身边。阿蒙转头看了琪琪一眼，琪琪伸手抓住阿蒙手里的铲子。阿蒙也紧紧抓住铲子不放手，并用力夺回了铲子。琪琪扑上去咬了阿蒙的胳膊。被及时拉开后，阿蒙拿起身边的另一个铲子递给琪琪："给。"琪琪接过来铲地上的那堆积木。阿蒙微微一笑，挥舞了几下铲子，然后跑去铲感官篮里的材料。 记录者：贝贝老师	1. 身体和体格发育 • 出牙期 2. 动作发展 • 粗大动作：爬、走、跑等 • 精细动作：抓、铲、拿等 3. 语言发展 • 只会说简单的话，表达不清楚 • 非语言沟通 4. 认知发展 • 从不同角度观察 • 模仿 • 解决问题 • 主动性 5. 情绪和社会性发展 • 与同伴的关系 • 轮流与分享	1. 身体和体格发育 • 做好琪琪的口腔清洁。 • 多准备一些方便啃咬的硬物，如牙胶。 2. 动作发展 • 多提供一些可供琪琪爬上爬下的物品，如几个大纸箱里塞满废纸和布头，然后用胶带封起来。 3. 认知发展 • 让琪琪多和大孩子在一起，通过模仿来学习。 • 增加一些用铲子的机会，如铲沙、铲起嬉水玩具、铲土机玩具等。 4. 情绪和社会性发展 • 增加一些涉及轮流、分享、自我表达的绘本。

案例中，贝贝老师使用的是最常见的轶事记录法。照护小组在一起工作一段时间后，就可以把每日观察记录汇总形成婴幼儿档案，用来追踪每个婴幼儿的成长和发展。在第六章中，我们介绍了各种对观察结果进行记录和分析的方法，掌握这些方法将有助于照护者与同事、婴幼儿家庭、社区等分享交流婴幼儿的信息，促进成人间良好关系的建立，有效开展合作共育的相关工作。

小结

在本节中，我们介绍了同事合作的重要性，并分析了照护小组、主要照护者、缓慢改革、每日教研等策略如何促进小组成员之间的交流与协作。为了更好地实现以上职责，照护者需要辨别并避免四种容易引发负面效果的沟通模式：责备、讨好、超理智和打岔，并不断练习一致性沟通。此外，掌握各种观察记录的方法，有助于照护者与同事讨论和分析婴幼儿的信息，并通过不断的实践和改进，最终形成自己小组的照护策略。

问题

1. 你与同事尝试过或计划尝试照护小组策略或主要照护者策略吗？你们是如何组建或计划组建照护小组并分配主次要照护角色的？

2. 回想一个你曾经参与实施的变革，尝试回答以下问题：你在变革前做过什么计划吗？婴幼儿、同事或婴幼儿家长对变革有什么反应？这次变革对你有什么启示？

3. 你所在的机构中，保育人员能每天有时间坐下来进行研讨吗？管理者会为教研活动提供什么支持吗？

4. 通过日志记录一次你与同事的沟通内容，分析其中是否有责备、讨好、超理智和打岔的现象，并思考如果采用一致性沟通，你应该如何回应？

5. 试着与同事用关键发展指标分析一段婴幼儿观察记录，并共同计划可能的支持策略。

第二节　家园共育

思维导图

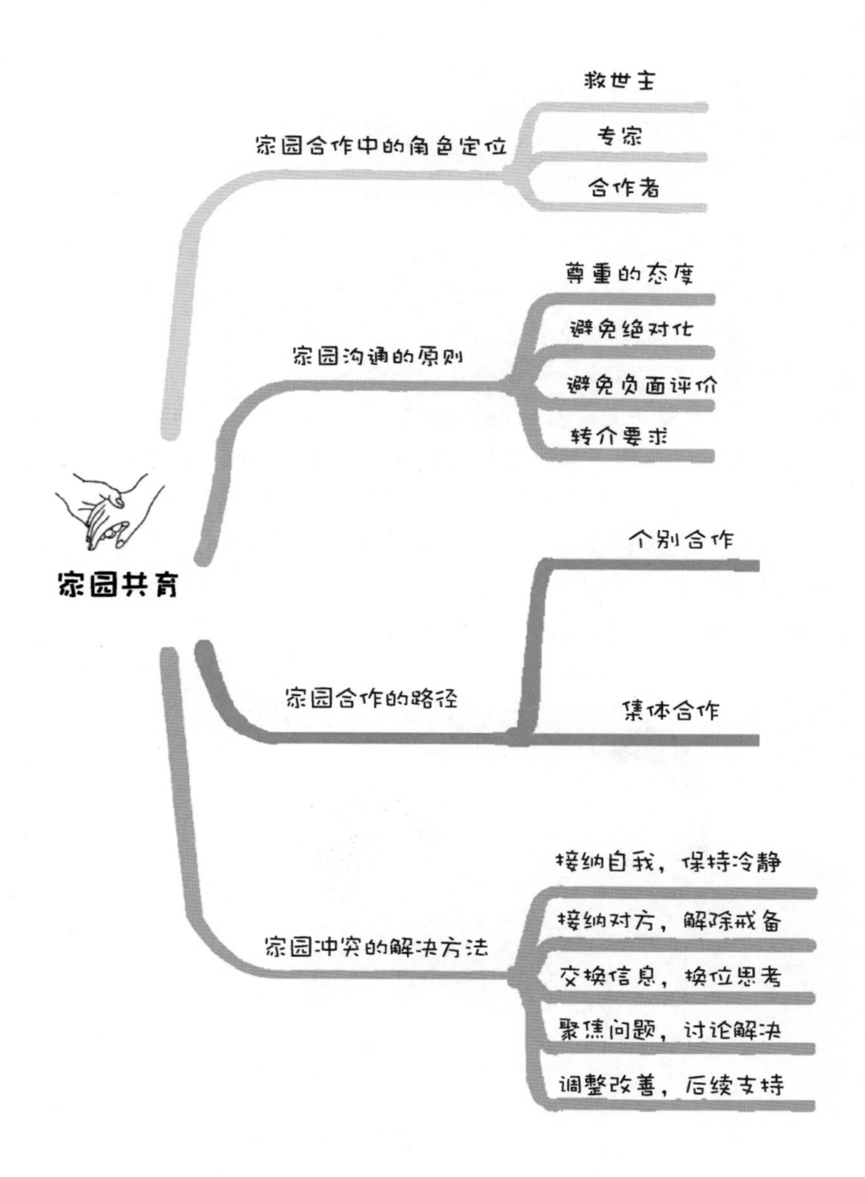

思考

1. 你觉得家园共育的首要工作是要教育家长让他们做得和自己一样专业，还是理解并支持家长的养育目标和偏好？

2. 你是否作为家长参加过老师与家长之间的会谈？如果是，关于会谈你有什么感受？如果不是，你还记得小时候自己父母被老师叫去会谈的场景吗？

3. 你相信绝大多数家长都是真心希望能为自己孩子提供最好的照料和支持吗？为什么？

案例

不肯午睡的阿蒙

阿蒙最近经常不愿意午睡，他总想玩玩这个、玩玩那个。安安老师觉得从卫生保健来看，午睡可以保证孩子身体健康，所以她总是耐心安抚孩子们睡午觉。

有一天，阿蒙妈妈向安安老师反映，阿蒙非常强烈地表达他不想在园里睡午觉，所以她希望阿蒙不愿意睡觉的话，就让他自己一个人玩。安安老师面对这个要求有点错愕："班里所有孩子都睡午觉，有的睡的时间长，有的睡的时间短，这个我们可以灵活安排。但是如果阿蒙不睡，可能会影响其他孩子也不午睡。而且阿蒙不午睡，必然要安排一个老师去陪他，可是我们确实提供不了单独看护。老师们也很辛苦，只有中午能够轮流去开会、备课、培训、策划活动或给家长写日志……"阿蒙妈妈有点不高兴，她双手环抱在胸前，打断了安安老师："我知道你们带这么多孩子不容易，可这是你们园里要解决的问题。我只是不想强迫自己的孩子。"(见图 7-9)

图 7-9　家园共育中经常会出现的意见分歧、矛盾冲突

安安老师觉得很委屈，但是她意识到自己刚才表现出了抗拒，这不利于问题的解决。她深吸一口气，很快冷静下来。(步骤 1：接纳自我，保持冷静)安安老师微笑着，轻触阿蒙妈妈的胳膊说："哎呀，你看看咱俩刚才有点激动了，都是因为关心孩子嘛。”看到阿蒙妈妈缩了缩胳膊，安安老师稍稍后退，诚恳地道歉：“您刚才建议不让阿蒙午睡，我只顾着担心一旦同意了这样的安排，后续可能就有更多的家长提出类似要求。我没能站在孩子的立场来考虑这个问题。您别介意啊。”(步骤 2：接纳对方，解除戒备)

看到阿蒙妈妈放下了胳膊，安安老师轻轻问：“阿蒙妈妈，您为什么觉得阿蒙不用睡午觉?”阿蒙妈妈叹了一口气：“阿蒙最近晚上睡觉时间长，虽然早早就睡下了，但是第二天早上起床比较晚，所以他到了中午还没有困意。我在家也就随他了，不想睡就不睡了。”安安老师想了一会儿说：“阿蒙在家没养成午睡的习惯，可能是因为他在家里的活动量没有那么大。园里能够保证充足的户外活动时间，阿蒙体力消耗得多，所以他在园里可能会需要更多的睡眠。”阿蒙妈妈点点头：“阿蒙的奶奶就坚持要给孩子哄睡，如果孩子不肯睡，她就吓唬孩子不睡会有狗来咬他，搞得我和孩子压力都很大。”安安老师笑出了声：“是的，我妈也觉得孩子必须午睡，否则孩子下午一闹脾气或者不配合，我妈就认为孩子是在‘淘觉’。我告诉她，孩子的需求并不是只有吃和睡。”“老人都习惯用传统的方式带孩子，”阿蒙妈妈笑了笑，“阿蒙刚开始不睡午觉，我也着急。我曾经带他去医院，可是医生说他没有什么问题，我慢慢也就接受了阿蒙可能就是不爱睡午觉。”“嗯，”安安老师点点头，“我小时候很贪玩，有时候明明困了，又舍不得去睡。虽然我妈经常批评我，但是我内心觉得很快乐。”听了安安老师的话，两人相视一笑。(步骤 3：交换信息，换位思考)

“好的，”安安老师说，“让我们来看看，今天咱俩是要讨论什么问题?”她停下想了一会儿：“阿蒙妈妈，你不希望阿蒙睡午觉，因为你觉得那是强迫孩子，违背了他的意愿。我关心的是，午睡可以保证阿蒙身体健康，而且我担心阿蒙的精神不好，影响他参加下午的活动。所以我们多想想，看看有哪些可能的解决方法，然后再一起决定怎么处理这个问题，好吗?”阿蒙妈妈点头同意。两人一起讨论，列出如下方案：

①不让阿蒙午睡；

②让阿蒙跟其他小朋友一起午睡，如果他不肯睡，允许他在不打扰其他孩子的情况下自己躺床上玩；

③让阿蒙跟其他小朋友一起午睡，如果他不肯睡，可以到游戏区或阅读区自由活动；

④让阿蒙跟其他小朋友一起午睡。

安安老师向阿蒙妈妈再三保证如果孩子确实不困，不会强迫他午睡。经过一番讨论，阿蒙妈妈和安安老师选择了第三个方案，但是安安老师也强调了执行这个方案的前提条件是有老师在现场填写当天的日志，可以分些精力出来保障阿蒙的安全。(步骤 4：聚焦问题，讨论解决)

到了月末，安安老师和阿蒙妈妈谈起了新方案的执行效果。安安老师取出阿蒙的档案，可以看到每周阿蒙能睡一两次，其余时间都在游戏区玩耍。安安老师说：“阿蒙没有午睡的话，偶尔会在下午的户外活动中有些体力不足的表现。这种情况下，我一般会减轻他下午活动的强度，但是在户外活动的时长还是可以保证的……”阿蒙妈妈认真倾听后，向安安老师提出了一个请求：“我跟阿蒙的奶奶不方便谈这个事，一说老人就觉得我是在批评她。你们给奶奶讲讲，可能她还能听得进去。不是不让她哄睡，而是不要用吓唬或强迫孩子的方式。”安安老师答应阿蒙妈妈，下次家长课堂可以考虑讨论相关议题。同时，安安老师建议阿蒙晚上的睡觉时间可以再早一点，园里也会适当加大他上午的户外活动量。安安老师和阿美老师、贝贝老师一起探讨下期家长课堂的安排，愉快地决定了“孩子睡不着该怎么办?”的议题。(步骤 5：调整改善，后续支持)(见图 7-10)

接纳自我，保持冷静

接纳对方，解除戒备

交换信息，换位思考

聚焦问题，讨论解决

调整改善，后续支持

图 7-10　解决家园冲突的“五步法”

在本节中，我们主要讨论机构照护者与婴幼儿家长之间的关系。机构照护者与婴幼儿家长之间的关系包含两个方面：一是商业操作，照护者为家长提供婴幼儿的照护服务，家长付费购买服务；二是人际交往，照护者和家长紧密合作，共同关注婴幼儿的发展，共同承担婴幼儿照料和支持的职责。

在婴幼儿照护这个领域，照护者与家长之间独特的合作关系非常重要，因为它会影响婴幼儿与双方之间的依恋关系。如果婴幼儿感受到家长和照护者之间良好的关系，双方相处时的安心、自在会反映在婴幼儿的行为中。快乐的成人让婴幼儿快乐，快乐的婴幼儿让成人快乐。同时，家长和照护者之间彼此满意，也会给双方带来心理上的安慰：一是家长的认可是对照护者的一种补偿，能够缓解这一职业领域的倦怠感；二是家长在适应新的亲子关系的过程中得到了支持，对自己的育儿能力树立了信心。

当然，家长的角色不局限于家庭这一狭小的场域内。家长作为社会资源的拥有者和提供者，具有不同的职业背景、志趣爱好、知识阅历和人生体验等，这些都可能成为支持婴幼儿发展的丰富而有意义的课程资源。婴幼儿照护服务机构有责任帮助家长开发其自身所蕴藏的资源价值，真正实现家园共育。

虽然我们在本节中会经常提到“家长”，但是很多情况下机构照护者是与婴幼儿的整个家庭发生联系的，因此尊重每个家庭不同的文化、意识、习惯，以及家庭内部的权力和责任的分配等就格外重要。

一、家园合作中的角色定位

如果机构照护者能够认识到自己的工作是支持婴幼儿家长，而不是与婴幼儿家长比谁更专业，那么他们就能更好地支持婴幼儿的发展。机构照护者通常在自己的角色定位上会表现出三种状态，准确识别自己处于哪个状态非常重要。

状态 1：救世主

有时，照护者会过于关注婴幼儿，忘记了家长也是自己的服务对象。照护者需要面对各种各样的家长，有些家长并不符合理想的父母角色，例如，单亲父母、从事边缘工作的父母、依赖隔代抚养的父母、过于“溺爱婴幼儿”的父母等。处于状态 1 的照护者容易对不符合自己理想的家长产生偏见，将婴幼儿的问题归咎为家长的错误养育。他们认为自己的角色就是“救世主”，把婴幼儿从不合格的家长那里拯救出来。大多数照护者在初次照料别人的孩子时，都会经历“救世主”状态。这个状态的照护者习惯于以下行为：

(1)不征求家长的意愿，就自行决定为婴幼儿做什么；

(2)美化自己照顾婴幼儿的能力，觉得自己对孩子的照料和支持是有益的；

(3)遇到问题会首先责怪家长对婴幼儿的成长产生了负面影响；

(4)无意识中与家长产生竞争，争抢婴幼儿的爱和关注。

在这个阶段，照护者没有意识到家长在婴幼儿生活中的重要性，对家长的观点不感兴趣，在家园合作关系中是“俯视”家长的。

状态 2：专家

处于状态 2 的照护者开始意识到自己对婴幼儿的照料只是暂时的，他们无法分享婴幼儿过去的成长过程，也不可能参与婴幼儿未来的生活。

感官篮是垃圾

7个月的轩轩已经能够坐立，佩佩老师为他制作了感官篮，在一个草篮中放入日常用品和玩具，如皮球、布头、包装纸、瓶盖、木制玩具等。佩佩老师对所有物品进行了清洁，并仔细做了安全检查。轩轩每天都愿意花时间从感官篮里挑选出自己感兴趣的物品来认真感受，晃动、摔打、放到嘴里等。一天晚上，佩佩老师把轩轩啃瓶盖的照片分享给他的家人，并建议平时负责照顾轩轩的爷爷奶奶多提供容易抓的物品，让轩轩自主选择、挖掘和探究(见图7-11)。

图7-11　轩轩通过“啃”来探索瓶盖的属性

第二天，轩轩爷爷奶奶接轩轩的时候，看到轩轩坐在感官篮旁边啃着一个大大的不锈钢瓶盖。轩轩奶奶把瓶盖拿走，轩轩哭了起来。奶奶把他抱起来，从感官篮里拿出一个木制玩具递给轩轩。轩轩挣扎着推拒，哭的声音更大了。佩佩老师听到哭声走过来。轩轩奶奶问佩佩老师：“我看到你昨天发的照片了，你给轩轩玩的都是啥啊？”佩佩老师微笑着解释：“叔叔阿姨，那个是感官篮。感官篮是通过提供各种不同的材料，让孩子通过感官学习很多东西。例如，玩具是重的，布头是轻的。瓶盖是光滑的，而包装纸摸起来有点粗糙。轩轩抓握包装纸会发出沙沙的声音，包装纸还会弯曲、起褶皱……”“你说的这些我都不懂，”轩轩奶奶摆摆手，“它们又不是真的玩具。破布头、烂瓶盖的，有些还是被用过的，我们花钱送孩子来不是为了玩这些的。”佩佩老师继续解释：“我理解您希望轩轩玩‘真正的玩具’。不过您如果多观察孩子，就知道他有多喜欢这些日常用品。我给轩轩玩拨浪鼓、小车，他也会玩一会儿，但是一旦能拿到勺子、瓶盖、卫生纸筒之类的，他就不舍得放手了。”“啥？你们还给孩子玩卫生纸筒?！这不都是垃圾吗?”轩轩奶奶忍不住嚷嚷起来。佩佩老师赶紧表示了抱歉，并耐心安抚了老人。虽然佩佩老师承诺会妥善处理此事，但是她觉得老人不懂孩子。

从案例可以看出，佩佩老师定位自己的角色是“专家”。与“救世主”状态不同，佩佩老师明白轩轩只有部分时间(如进入机构时)会受到自己的影响，但是家长在轩轩进入机构前和离开机构后都会对其产生主要且持久的影响。这个状态的照护者习惯于以下行为：

(1)对与家长的合作感兴趣。例如，佩佩老师会主动跟轩轩家长分享轩轩在机构的情况，并提出家庭育儿的建议。

(2)认为自己比家长“技高一筹”。例如，佩佩老师会觉得轩轩的爷爷奶奶不懂婴幼儿。虽然轩轩在机构里表现良好，在爷爷奶奶来后便表现出“娇蛮”，但是这种反差有可能与强烈的亲子依恋有关，佩佩老师却坚信这是因为自己拥有突出的专业能力。

(3)觉得家长对待婴幼儿的某些做法不正确，致力于教育和改变家长。例如，佩佩老师希望能通过简短的介绍，彻底扭转轩轩爷爷奶奶对感官篮的非专业认知。

(4)有时为了展现自己的专业性，牺牲了家长养育婴幼儿的自信。例如，佩佩老师直接指出轩轩喜欢感官篮胜过奶奶眼中“真正的玩具”，联系奶奶用木制玩具换瓶盖被轩轩拒绝的行为，容易让老人觉得自己在轩轩心目中的地位受到了佩佩老师的威胁，担心自己失去轩轩的爱。

在这个阶段，照护者没有意识到根据家长的优势寻求合作而非纠正家长已经存在的问题，这对婴幼儿来说更有成效、更有用。例如，轩轩的爷爷对手工很有研究，佩佩老师如果不是一味说服老人们给轩轩玩感官篮，而是邀请爷爷研发个性化的手工玩具来替代一部分他们认为不适合给轩轩玩的物品，相信老人们会很乐意配合。毕竟除了瓶盖、纸筒、布头之外，机构还有足够丰富的、家长也能接受的其他材料供轩轩感受和探索。

状态 3：合作者

当照护者将自己的角色定位为家长的支持者和补充者而非替代者时，他们就进入了“合作者”状态。这个状态的照护者深刻地理解自己和家长在照料婴幼儿中都有独特的作用。家长通常倾向于凭直觉和情感来行动，而照护者倾向于客观理智地回应，婴幼儿的发展过程中，需要感性和理性两种不同情感的涉入，它们的作用是互补的，帮助婴幼儿成长为一个完整的个体。一旦建立起以上意识，照护者就能做到与家长共同关注婴幼儿的发展，但是又不会越俎代庖，他们习惯于以下行为：

(1)尊重家长和婴幼儿之间关系的优先性，认为自己是家长不在场时婴幼儿可以信任和依赖的人；

(2)相信大多数家长比其他任何人都更了解自己的孩子；

(3)摒弃对家长的成见，聚焦他们的优势而非已经存在的问题；

(4)在做出重大决定时，能够经常征求家长的意见，即使面临冲突也能开诚布公地交流。

在“不肯午睡的阿蒙”中，安安老师明白自己和阿蒙的互动再有意义，这种每日互动在一两年后也会结束，但是阿蒙妈妈和阿蒙之间的关系会持续终身，所以对家长和婴幼儿的长期关系进行支持(如帮助阿蒙妈妈逐渐摆脱对隔代抚养方法不一致的焦虑，进一步培养阿蒙妈妈和奶奶的科学育儿能力)，比纠正家长已经存在的问题(如阿蒙妈妈在阿蒙一日生活安排上可能存在不够合理的地方；阿蒙妈妈依赖隔代带养，看不惯奶奶带阿蒙的方式，但是又不能与老人有效沟通)更有效。

识别自己的角色定位状态有助于新手照护者理解：为什么自己会在与婴幼儿家庭的合作中感到不舒服？如何快速从状态 1 或 2 成长到状态 3？当照护者发现自己的态度、感受和行为等产生了新的变化，他就转变到另一个状态了(见图 7-12)。当然，有一些人会长期停留在某一个状态，一直无法前进。

图 7-12　照护者角色定位的三个状态

二、家园沟通的原则

为了实现与家庭合作共育的目的，除了要明确双方角色的不同，照护者如果能熟练掌握一些与家长沟通的技巧和注意事项，有时候能起到事半功倍的效果。

(一)尊重的态度

照护者在与家长沟通的过程中，既不要表现得高高在上，对家长发号施令，也不能表现得过度谦卑从而被家长“牵着鼻子走”。两种做法不仅无益于沟通，而且会影响家庭和机构之间的关系。例如，阿美老师刚开始工作时，认为自己受过专业训练、熟练掌握了照护婴幼儿的专门知识，所以很多时候将家长的反馈看作是“不恰当的、不合理的”，也不认真对待和倾听家长的意见，在沟通中也多次使用“你这样不对”“我跟你说”“你听我的”等命令性的字眼(见图 7-13)。许多家长认为阿美老师不尊重家长意愿，在家长委员会上向安安老师严肃地反映了这个问题，有家长讲到激动处甚至透露出“转学”的意思。这警示机构照护者在与家长沟通的过程中，不要强调或美化自己的专业能力，也不要预设家长是无知的或者学识渊博的，从而区别对待不同类型的家长。在与家长沟通的过程中，无论沟通的对象是否了解婴幼儿照护方面的知识，都要保持诚恳、开放和尊重的态度。只有让家长感受到照护者与之沟通的诚意，家长才能更加放心和自如地去表达、交流。

图 7-13 避免命令性表述

（二）避免绝对化

很多机构都有自己独特的照护理念，如蒙台梭利、瑞吉欧、高瞻等。照护者们对机构育儿理念的认同非常重要，但也要时刻反省自我：在实践的过程中是否将机构的理念强加给婴幼儿及其家庭？是否用统一标准要求所有的婴幼儿和家长？一方面，每个婴幼儿及其家庭都有独特性，婴幼儿的个体发展也有其特殊性，有的婴幼儿在语言方面发展较快，有的婴幼儿在肢体动作方面发展较好，所以并没有适合所有婴幼儿的标准和准则。例如，在“不肯午睡的阿蒙”中，阿蒙每天睡得早起得晚，导致其午休时并没有困意。此时，一方面，安安老师如果用统一的标准要求阿蒙午睡，阿蒙妈妈就会感觉自己的孩子被“强迫”了，家长和机构照护者会因此出现矛盾和争端。另一方面，人们很难意识到不同的文化背景、宗教信仰、风俗习惯等对个体行为和习惯产生的影响，而当不同文化情境下的成人相遇时，就很容易产生矛盾和冲突。例如，我国一位著名主持人曾在节目中提道：“我们家小孩爬到地上，抓着我的拖鞋在那啃，给我吓得一把冲过去拿走了拖鞋。”他的外籍妻子很不理解：“怎么这么大惊小怪的，这又不是穿到外面的鞋，这是家里的拖鞋，而且家里很干净，舔地板、啃拖鞋都没关系啊。”其实这和“感官篮是垃圾”中轩轩奶奶和佩佩老师的矛盾一样，不同文化情境下成长起来的成人很容易因为固有观念的不同而产生冲突，这时候就需要大家冷静下来去寻求一种双方都能接受的照护方式。这也启示机构照护者要不断反思自己与家长的沟通是否过于绝对化，在制定照护计划时要尽可能地留出一些弹性空间，考虑并尊重婴幼儿发展的独特性以及婴幼儿家庭的特殊情境等(见图 7-14)。

图 7-14　避免绝对化

(三)以支持和鼓励为主，避免负面评价

机构照护者经常需要向婴幼儿家庭反馈婴幼儿在机构的日常表现和重要事件。鉴于婴幼儿的个体发展有其独特性，机构照护者应避免对婴幼儿的发展状况做负面评价，借此来确立自己在婴幼儿照护过程中的专业性、权威性或主导性。照护者在向家长进行反馈的时候，用词要客观，以描述现象为主，尽量不要掺杂个人的态度和评判(见图 7-15)。例如，离园的时候，阿美老师向果果的爷爷奶奶反馈果果在机构的情况，她说“果果今天在活动的时候碰倒了桌椅”，而不是“果果太闹腾了，故意碰翻桌椅，干扰其他小朋友的活动”。

图 7-15　避免对婴幼儿的负面评价

婴幼儿家长可能是要兼顾家庭和工作的新手父母，也可能是年迈的祖辈，但是无论谁在家负责照顾婴幼儿，机构照护者都不能以“养育不当”为理由批评家长。例如，

念念刚入园的时候，安安老师发现她的动作发展比同龄的小朋友稍微慢一些，但是安安老师并没有据此认为这是念念发育迟缓的表现。安安老师在和念念姥姥沟通的过程中发现，念念姥姥因为“担心念念磕着碰着”，经常抱着念念，所以念念自主活动的机会较少，1 岁了还不太能独站、独走。安安老师发现原因后，并没有苛责念念姥姥“过度溺爱”念念，而是表明自己非常理解老人疼爱念念的心情，并耐心分析了如何在家里为念念制造一个安全的活动空间，以及活动中预防伤害的看护要点。然后，安安老师逐步向老人反馈念念在机构都喜欢哪些运动(如爬斜坡、爬上爬下楼梯、扶着桌边慢慢转圈走)，念念最近在动作方面的进步等。最后，安安老师才委婉地建议老人在家里适当给念念提供自由活动的机会，老人也在一定程度上给予了积极的配合。要知道，家庭需要的是来自机构照护者的支持和帮助，而不是批评和苛责(见图 7-16)。

图 7-16　避免对家长的负面评价

(四)转介要求

尽管前面提到避免用绝对化的标准来衡量婴幼儿的发展水平，但是照护者在科学观察的基础上，有时候确实会发现个别婴幼儿可能存在一些问题。遇到这种情况，照护者应该尽快告知家长，并协助将念念转介到相关专业机构(见图 7-17)。例如，贝贝老师发现刚入学的小土豆和其他孩子有点不太一样，好像总是活在自己的世界中，与别人相处没有目光对视，无法享受被爱抚或者拥抱，语言发展也明显落后于同龄幼儿，2 岁了还不能说出有意义的词语。贝贝老师和小土豆的妈妈进行了沟通，小土豆妈妈表示小土豆没问题。贝贝老师非常理解小土豆妈妈的心情，但是仍然建议她带小土豆去医院看看：“咱们身边就有××医院这么专业的机构，挺方便的。如果说发现情况了，咱及时干预也不耽误孩子，如果没有咱就都安心了，对吧?”小土豆妈妈听取了贝贝老师的建议，带着小土豆去做了检查，结果证明小土豆确实存在发育问题。由于仰茶园无法提供特殊教育，所以教学主管帮小土豆联系了相关领域的专业机构进行后续的照护和干预。

图 7-17　发现问题，及时协助家长进行转介

三、家园合作的路径

我们并不想精确地描述家园合作有哪些方式，应该怎么开展，有什么注意事项等，因为家庭的参与方式在每家婴幼儿照护服务机构都可能是大不相同的，这取决于很多因素，如机构与家庭的文化背景、家庭的结构、家长的工作等。不管家长是偶尔还是定期参观机构、协助班级工作、提供活动资源或材料、参加会议或者参与决策等，让家庭参与婴幼儿照护工作都是不可或缺的。对于一个优质的婴幼儿照护服务机构来说，以下家园合作的路径值得尝试。

(一)个别合作

每日反馈是指机构照护者与家长以婴幼儿的一日生活为主要观察对象，采用文字、图片、表格、音视频等多种表现方式，有目的、有计划、系统地记录和交流各类反映婴幼儿成长轨迹的资料。有时，机构照护者也会邀请家长参加班级活动或为班级活动提供帮助和建议等。通过每日反馈，成人能更加敏锐地发现婴幼儿的变化，并相互配合为每个婴幼儿实施适宜的照护(见图 7-18)。

图 7-18　家园每日交流婴幼儿的日常情况

接送交流是指在婴幼儿入园和离园时，机构照护者与家长之间互相沟通婴幼儿在机构或在家的表现，并在合作共育方面达成共识，形成合力，共同促进婴幼儿健康全面发展。接送交流正在逐渐成为家园共育中最频繁的沟通渠道之一(见图 7-19)。

图 7-19　入园和离园时的接送交流

单独约谈是指机构照护者和家长围绕婴幼儿照护问题进行有目的、有计划、一对一的深度约谈。约谈的发起者可能是机构照护者，也有可能是家长，双方针对某一现象或者某一问题进行深层次的沟通交流，主题鲜明、内容深入、针对性较强。个别约谈是家园共育中必不可少的一种方式(见图 7-20)。

图 7-20　单独约谈

(二)集体合作

家园小报是指机构运用黑板、宣传栏或园所墙壁等，呈现婴幼儿家庭照片、活动剪影、艺术作品，与婴幼儿家庭沟通交流育儿知识与信息，等等。家园小报既有助于密切机构照护者和家长之间的合作关系、亲子之间的养育关系，也有助于增强机构照护者的专业素养和家长的科学育儿能力(见图 7-21)。

家长讲座是指由机构向家长提供科学育儿方面的帮助和指导。其目的是增强婴幼儿家庭参与婴幼儿照护的意识，帮助家长掌握正确的家庭照护理念和方式，给婴幼儿带来科学的、适宜的、一致性的养育。家长讲座通常由机构照护者主讲，有时机构也会邀请专业人士或家长等开办讲座(见图 7-22)。

图 7-21　婴幼儿想家的时候，会跑过来看自己和爸爸妈妈的照片

图 7-22　家长讲座：如何开展亲子阅读？

亲子活动日是指机构组织家长与婴幼儿共同参与的一种有目的、有计划的集体活动。活动的多方参与对婴幼儿的身心健康有特殊且长远的意义；有利于家长了解婴幼儿发展水平，增进与婴幼儿的交流，同时加强与机构照护者之间的理解，形成良好的合作关系(见图 7-23)。

家长开放日是指定期或者不定期邀请家长来机构参观婴幼儿的生活情况以及机构照护者的保教工作，同时也有助于机构向家长宣传园所的理念和实践等。家长开放日当天一般人员众多，走动无序，存在各种安全隐患，需要机构提前做好突发事件的预案和处理机制，提醒机构照护者和家长加强防范(见图 7-24)。

图 7-23　亲子运动会

图 7-24　家长开放日

家长委员会是由机构照护者和家长共同组建的自治组织，其主要任务有：帮助家长了解机构的工作目标和计划，协助机构工作；反映家长对机构工作的意见和建议；打造机构和婴幼儿家庭交流养育经验的平台等(见图 7-25)。

图 7-25　家长委员会

四、家园冲突的解决方法

由于家庭背景和婴幼儿的养育方式各有不同，机构照护者和婴幼儿家长之间经常会出现意见分歧。当出现不同意见时，照护者可以尝试用“五步法”来处理成人之间的冲突(操作案例参见“不肯午睡的阿蒙”)。

解决家园冲突的“五步法”：

步骤1：接纳自我，保持冷静 • 从内心接纳自己的负面情绪，冷静下来。 步骤2：接纳对方，解除戒备 • 接纳对方的情绪：“我能理解你……”“咱俩刚才有点激动了，都是因为关心孩子。” • 降低音调，使用温和的语言(含肢体语言)。 步骤3：交换信息，换位思考 • 轮流描述问题的细节和具体诉求。 • 耐心倾听对方的讲话，搞懂背后原因：“他这么说是向我表明什么？”“他要告诉我什么？” • 从对方的立场来看问题。	步骤4：聚焦问题，讨论解决 • 重新审视问题：“让我们来看看，今天咱俩是要讨论什么问题？”“所以，问题是……” • 集思广益提出解决问题的可能方法，共同选择其中一个方法，并讨论如何实施。 步骤5：调整改善，后续支持 • 轮流描述新方法实施的效果和遇到的问题。 • 如有需要，调整实施策略或回到步骤4。

(一)步骤1：接纳自我，保持冷静

机构照护者和家长有意见冲突的时候，难免会产生负面情绪。负面情绪容易造成沟通的错位，俗称"话赶话"，气头上的人通常会为自己辩护到底，交流中关注一些琐碎的细节，而忘记了真正的问题。如果照护者能够先让自己冷静下来，那么与家长的沟通交流就算成功了一半。从内心接纳自己的负面情绪并不容易，以下策略有助于照护者管理自己的负面情绪。

1. 学会辨认情绪

很多人在情绪来临时，往往讲不出感受到的情绪具体是什么，只能笼统地说感觉"不舒服"，也不会去思考自己为什么会产生这种情绪。负面情绪的发生总有原因，有时候是因为事情的发展和自己想象的不同，有时候是感觉自己被冒犯了，有时候可能仅仅源于双方之间的个性冲突。在"不肯午睡的阿蒙"的开场，阿蒙妈妈提出不让阿蒙睡午觉时，安安老师表现出了错愕。在安安老师的观念中，午睡是婴幼儿基本的生理需求，对婴幼儿的身体健康至关重要，她认为家长们也应该认可这个观点，所以阿蒙妈妈提出不让阿蒙睡午觉时，这个"与众不同"的想法让她感觉不舒服。同时，安安老师担心阿蒙不午睡会影响其他婴幼儿，而且需要安排老师单独看护，这意味着老师们要面对新的复杂情况(有几个婴幼儿不好好午睡)，要做出行为上的改变(在常规培训、开会中增加看护工作)，这些变化让安安老师感到不快，并表现出了抗拒。

很多机构照护者会凭直觉做出情绪上的反应，认为那些使自己感到不舒服的态度和行为是错误的，甚至是对婴幼儿有害的。其实，很大程度上，这些态度和行为只是"与众不同"而已，真正让照护者感觉到不舒服的是他自己的文化、意识和习惯。一旦承认了这样的感受，如何应对它就清楚了。

2. 学会接纳情绪

承认自己产生的负面情绪，但是不要评价这些感受是"对的"还是"错的"。机构照护者应保持冷静并不意味着"照护者不会感受到负面情绪"。照护者也是普通人，会有正常的情感反应，不要为自己的负面情绪感到羞耻、自责或担忧。

当机构照护者意识到自己快要生气或者愤怒的时候，可以尝试"六秒法则"——等待六秒再做反应，通常可以让自己冷静下来(见图7-26)。一般情况下，可以像安安老师在"不肯午睡的阿蒙"中所做的，先从调整呼吸开始。坐直或站直，运用丹田呼吸气，而不是胸腔。如果把手放在腹部，可以感觉到腹部随着呼吸起伏。用鼻子吸气达到极限后，屏气几秒，逐渐用嘴呼出气体。平稳的深呼吸向身体提供了更充足的氧气，有助于脑电波恢复平稳，并降低血液内乳酸浓度，进而放松身心，让自己冷静下来。有时候，为了保持专注，可以在调整呼吸的过程中自数呼吸次数；不断重复能让自己平静的字词；想象生活中充满爱的场景；想象所有的压力随着呼气排出体外；回想最近吃的三道菜(或读的三本书)；或者自问是否只是想冒着影响家长情绪的风险，图一时嘴巴的爽快，还是要真正地解决问题？等候六秒再做沟通，可以有效避免因情绪影响做出防御性或气愤的回应。

图 7-26　等待六秒再做反应

平时，机构照护者还可以采取诸如运动、自我对话等调节自己的情绪。研究证实，适当的运动能够有效地改善情绪。除了运动，自我对话也是一种很重要的情绪调节技巧。例如，安安老师经常会用第三人称对自己说一些积极的话："你能冷静下来，安安！你可以做到这一点，你不要现在放弃，理智地去面对家长！"或者把情绪记录下来："我今天最强烈的情绪是什么？什么事件触发了它？我做了些什么来改善负面情绪？"这些和自我的对话，有助于照护者觉察并接纳自己的负面情绪，同时可以不断重建积极的自我认知。对自我有积极认知的照护者通常能够更从容地面对家长的质疑或愤怒，支持家长更好地承担起父母的责任。

(二)步骤 2：接纳对方，解除戒备

机构照护者冷静下来后，如果家长还在气头上，照护者也很难做到倾听和交流。家长的愤怒通常源于自己的不安全感、矛盾的情感、内疚感和压力等(见图 7-27)。有时，家长可能会感到来自机构照护者的竞争感。在"感官篮是垃圾"中，轩轩奶奶看到轩轩喜欢感官篮胜过自己眼中"真正的玩具"时，她怕轩轩会更喜欢佩佩老师，所以她用愤怒来掩盖自己的不安。有时，家长对婴幼儿有内疚感。在"不肯午睡的阿蒙"中，阿蒙妈妈看不惯奶奶吓唬阿蒙睡觉的做法，但是她又要依赖老人或机构帮忙带阿蒙，这让她对阿蒙充满了内疚感。有时，家长对自己的养育能力不够自信，他们通常会表现得格外有知识，喜欢说服对方，甚至爱出风头。有时，家长的感情很矛盾。例如，佩佩老师发现 7 个月的轩轩正在试图向前爬行，他眼睛盯着前方不远处的玩具，用力挥动了两下右手。虽然只是向前蹭了下，并没有真正爬出去，但是这也足够佩佩老师惊喜了。离园的时候，佩佩老师把这个发现分享给了轩轩的爷爷奶奶，两位老人表现出了欢喜，但是也有明显的失落。老人很欣慰轩轩在机构得到了精心的照料，但是又遗憾错过了轩轩成长的"第一次"。

图 7-27　家长心，海底针

如果机构照护者能够认真地倾听，可以从家长的话语中探究到一些他们真实的想法。照护者可以像对待缺乏安全感、自信或面对压力的婴幼儿一样，接纳这些家长的感受，并解除他们的戒备心理。首先要接纳对方的情绪。例如，“我能理解你……”“咱俩刚才有点激动了，都是因为关心孩子”。其次要微笑，并降低声音、放慢语速，用温暖的语气去交流，因为声音高、语速快会让人产生急躁的感觉，而且会带有强迫的性质。在使用肢体语言的过程中，要注意不同文化背景、不同个性的家长可能会存在很大的差异。在“不肯午睡的阿蒙”中，安安老师轻触阿蒙妈妈以示友好后，阿蒙妈妈缩了缩胳膊。安安老师意识到，阿蒙妈妈可能不习惯与人太接近，所以她稍稍后退，给阿蒙妈妈留出了舒适的交流空间。最后，如果有必要，要诚恳地道歉，让家长彻底放下防备的心理。

(三)步骤 3：交换信息，换位思考

机构照护者和家长都冷静下来后，照护者要让家长知道他是受欢迎的，自己很愿意倾听他的想法，这有助于引导家长打开沟通的大门。要做到这一点很简单，照护者可以尝试复述家长的话，这样家长就会纠正你理解不对的地方，或者做出进一步的解释(见图 7-28)。照护者经常对婴幼儿使用这种策略，其实这种方法用在成人身上同样奏效。如果照护者可以和家长围绕所要解决的问题互相交换信息，就能更清楚地了解家长想要什么。而且在交换信息的过程中，照护者早晚会找到合适的机会向家长解释自己的理念和方法。

图 7-28　倾听：复述家长的话，让家长纠正你理解不对的地方，或者做出进一步的解释

有时，机构照护者和家长在交换信息的过程中，会发现两者之间的需求很不同。此时，仅仅倾听是不够的，照护者需要表达自己的感受和立场(见图 7-29)。很多时候，照护者试图告诉家长自己的做法是正确的，而家长的做法是错误的。例如，在“感官篮是垃圾”中，佩佩老师对感官篮进行了专业介绍，希望彻底扭转轩轩的爷爷奶奶对感官篮的认知，这让老人感觉不舒服，最终拒绝了进一步的沟通。照护者需要谨记，沟通是对话，而不是争吵。照护者和家长的观点并不是非此即彼的，不要试图向家长推销自己的想法。在“不肯午睡的阿蒙”中，阿蒙妈妈说阿蒙在家里不想午睡就不睡了，安安老师则回应阿蒙在机构里的活动量更大，所以他在园里可能会需要更多的睡眠。安安老师没有从保健学角度来一味说服阿蒙妈妈应该让阿蒙午睡，而是指出阿

图 7-29　表态：不要向家长推销自己的想法，而应聚焦家园观点的差异

蒙在家里和在机构的不同，引导家长换位思考。试想一下，如果安安老师坚持午睡有益的立场，那么她可能不会有机会发现，真正让阿蒙妈妈焦虑的并不是阿蒙睡不睡午觉，而是奶奶不顾阿蒙的意愿强行哄睡的行为。

（四）步骤4：聚焦问题，讨论解决

当机构照护者和家长愿意共同寻找解决问题的方法时，可能会出现以下四种典型的结果：

（1）通过协商，双方换位思考并做出改变。沟通的结果不是一方占了上风，另一方万般忍耐，而是双方都试着从对方的角度看问题，都能做出妥协。在“不肯午睡的阿蒙”中，安安老师和阿蒙妈妈就达成了这种和解，让阿蒙跟其他小朋友一起午睡，如果他不肯睡，可以到游戏区或阅读区自由活动。其实，第二种方案也是某种程度上的和解，只是阿蒙妈妈做出的让步更大些，让阿蒙跟其他小朋友一起午睡，如果他不肯睡，允许他在不打扰其他孩子的情况下自己躺床上玩。

（2）照护者自我反思，并做出改变。如果安安老师和阿蒙妈妈同意实施第一种方案，即不让阿蒙睡午觉，就属于这种结果。

（3）家长自我反思，并做出改变。如果安安老师和阿蒙妈妈同意实施第四种方案，即让阿蒙跟其他小朋友一起午睡，就属于这种结果。

（4）双方都不肯改变自己的立场。因为不同的价值观，可能会出现双方都无法改变自己立场的情况。如果照护者和家长都很尊重对方，试图从对方的角度来看问题，这种情况一般不会影响双方的合作关系。如果照护者没有尊重家长的观点，这种情况就容易造成双方的紧张局面，必然也会影响到婴幼儿。此时，建议机构照护者诉诸“照护者自我反思，并做出改变”。虽然照护者好像是暂时地屈从了，但是从长远关系看，一旦家长开始信任照护者，他们会在以后的沟通中更愿意听从照护者的建议。比起纠正家长已经存在的某个具体问题，建立良好的家园关系有助于对家长和婴幼儿的长期关系进行支持，能够实现婴幼儿利益的最大化。

（五）步骤5：调整改善，后续支持

照护者和家长在实施新方法后，应互相交流实施的效果和遇到的问题。双方根据实际情况，及时调整实施策略。如今我们社会的文化已经变得如此多元化，照护者和家长在关于婴幼儿照护的看法和实践上存在分歧是在所难免的。只要照护者承认自己和家长的角色定位不同，能敞开心扉与家长进行交流，开诚布公地处理冲突，就不会影响双方的合作关系。

小结

在本节中，我们首先介绍了机构照护者在家园合作中的三种常见角色定位——救世主、专家和合作者，并建议照护者尊重家长与婴幼儿关系的优先性。其次，分享了家园合作中的沟通原则，帮助机构照护者与婴幼儿家庭建立良好的合作基础。然后，总结了机构中常用的几种家园共育路径，包括：每日反馈、接送交流、单独约谈、家

园小报、家长讲座、亲子活动日、家长开放日、家长委员会等。最后，通过案例示范了如何用“五步法”来处理家园之间的意见冲突。

问题

1. 如果你是一名机构照护者，你目前正处于家园角色定位的哪个阶段，救世主，专家，还是合作者？

2. 你开展过或计划开展什么类型的家园共育活动？你认为哪些活动对促进与婴幼儿家庭的合作是有效的，为什么？

3. 通过日志记录一次你与家长的交谈内容，分析其中用过哪些沟通技巧，并思考你还可以采用什么技巧让家长在会谈中感到更加舒适。

4. 如果你是一位机构照护者，家长不认同你的某些做法，甚至因为你的某些做法而非常生气，你将如何处理？通过角色扮演，模拟以下场景中的对话：

(1)婴幼儿在自由选择活动，你和同事坐在不远处观察婴幼儿并随时准备提供必要的支持，但是家长看到后认为你们对婴幼儿漠不关心，这是在偷懒。

(2)婴幼儿在艺术体验活动中不小心把染料沾在了衣服上。这种染料清理起来不太容易，虽然你做了初步处理，但还是有明显的痕迹留了下来，家长来接婴幼儿的时候，发现婴幼儿的衣服弄脏了很生气。

(3)在入园接送环节，你和一位家长讨论如何改善对婴幼儿的养育，家长问：“老师，你所说的这些方法能否让我的孩子将来学习更好？”

(4)你和同事召集家长委员会讨论实施新的配餐方案和食育课程，一位家长委员问：“我想知道的是，家长是否要为此支付更多的餐费？”

5. 关于婴幼儿家长和机构照护者之间文化背景的冲突，你还有哪些经历？你对这些经历有什么感触？

第三节　社区共育

思维导图

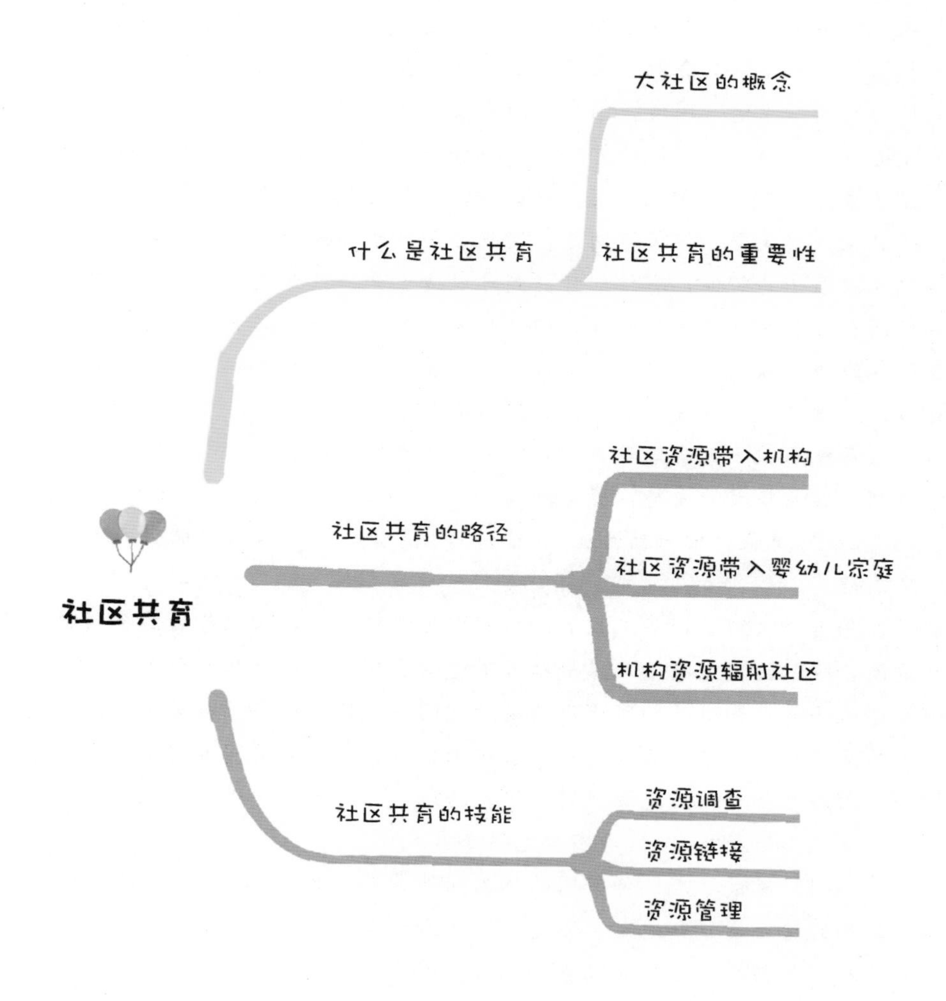

思考

1. 回想一下，在你小的时候，家庭和学校之外的社会环境是如何影响你的？

2. 你怎样界定社区的范围？你认为超市、图书馆、消防站、博物馆等是社区机构吗？它们对婴幼儿的发展有什么作用？

案例

“小小健身园”的落成

曾经，仰茶园缺乏合适的户外活动场所，这导致家长们在选择仰茶园的时候有些犹豫，担心户外活动不足会影响孩子的身体健康和肢体动作的发展等。家长们的种种担忧让仰茶园的招生陷入困境，刚入职的安安老师也注意到了这个问题。

安安老师在熟悉园所环境的时候，发现仰茶园所在小区里有一片宽敞的场所，里面安放了很多健身器材供居民使用。晚饭后，很多老人会过来健身、聊天，他们经常带着孩子过来一起玩耍。但遗憾的是，这里并没有适合孩子使用或玩耍的器材。安安老师想起入职培训的时候，有培训师提到可以适当和社区开展合作。虽然当时培训师对与社区的合作共育只是一句带过，但是作为曾经的外企管理者，安安老师资源整合和调度的本能使她敏感地意识到当下就是和社区合作共育的契机。于是，安安老师向园长建议，与社区合作在健身器材区旁边共同开发一片适合婴幼儿的活动场所，这既能满足社区居民家孩子日常锻炼、玩耍的需求，也能够拓展机构的户外活动空间。这一想法得到了园长极大的支持，她迅速与社区居委会、物业等取得联系，准备“动之以情、晓之以理”说服社区一起开展“小小健身园”项目，没想到刚说明来意，社区就表示非常欢迎。

其实，居委会收到了好多次投诉，居民们反映社区为成人准备的健身器材对孩子来说太危险，经常会发生孩子玩器材结果不小心受伤的事情。居委会工作人员也在探索如何开辟适合老人和孩子共同使用的场所空间，更好地服务于社区居民，但是苦于专业能力不足且经费紧张。后来，居委会叫上社区物业、仰茶园共同协商方案，三方一拍即合：由居委会和物业免费规划、提供场地，仰茶园投资进行环境设计和器材购买安装，三方共同维护“小小健身园”(见图 7-30)。

“小小健身园”落成之后，仰茶园的招生问题迎刃而解，园长感慨道：“以前太局限于自己机构的这一亩三分地了，还是应该多看看身边有没有能够合作利用的其他资源，给孩子和家长们提供更好的服务。”此后，园长非常支持老师们去社区探索合适的资源，她还亲自到附近的消防站、社区医院、邮局、绘本馆等机构拜访，寻找合作机会。

图 7-30 “小小健身园”

非洲有句谚语：“养育一个孩子，需要全村的力量。”本书第七章生动地诠释了成人之间如何互相协作，共同养育婴幼儿。我们在前两节探讨了机构照护者之间、机构和婴幼儿家庭之间如何开展合作共育，这是因为婴幼儿家庭或照护服务机构是婴幼儿成长最主要的场所，而成人之间良好的关系对婴幼儿安全感和幸福感的重要性不言而喻。同时，人在情境中，婴幼儿所处家庭网络、邻里、社区等也会潜移默化地影响婴幼儿的身心发展。因此，本节聚焦于如何实现机构与社区的合作共育，为婴幼儿提供更大范围内安全、稳定和多元的成长环境。

一、什么是社区共育

很多时候，一提到“社区”，大家就会下意识地将其看作是所居住的“小区”或者“街道”。实际上，我们在本节所提到的社区是指所有影响婴幼儿成长和发展的区域，不仅包括婴幼儿家庭或照护服务机构所在的小区，也包括其所处的城市。如果从文化传统和风俗习惯等对婴幼儿的影响上看，社区的范围甚至会更大一些。所以婴幼儿照护服务机构在推进社区合作共育的时候，可以考虑从更广阔的空间里寻找合适的资源。如果机构照护者能够打开视野，就会发现其实社区中蕴藏着极为丰富的资源等待开发和利用(见图 7-31)。

尽管学术界一直倡导婴幼儿照护服务机构与社区开展合作共育，但是机构在这方面的实践工作往往有些不尽如人意。究其原因，大多数机构没有意识到社区共育的重要性，在很大程度上缺乏和外界主动的沟通交流。社区共育的重要性主要体现在以下几个方面。

1. 弥补机构资源不足

婴幼儿照护服务机构受制于空间、师资以及财力物力等因素，为婴幼儿提供的环境更多聚集在室内，且内容、功能相对单一，如游戏区的各种玩教具、阅读区的绘本

图 7-31　社区具有丰富的资源

等。不可否认，丰富的玩教具和绘本确实有助于婴幼儿的发展，但是随着婴幼儿的不断成长，他们能够感知和认识更加复杂、多元的事物，活动范围需要不断由家庭和机构向外扩散。与社区开展合作共育有助于弥补机构资源的不足，为婴幼儿发展提供更加多元的环境，让其获得更加丰富的经验。机构也可以将社区资源带入自己的家长活动中。

2. 拓展家庭支持网络

婴幼儿家长，尤其是新手父母，经常会面对各种各样的状况。例如，网络上铺天盖地的育儿经验如何甄别？产后抑郁如何应对？婴幼儿成长过程中出现的各种问题向谁寻求帮助？爸爸妈妈临时有急事，婴幼儿交给谁来临时照料？……很多婴幼儿家庭应对这些状况的能力有限，容易使婴幼儿处于慌张、忙乱和不安之中，对婴幼儿各方面的发展都产生不利影响。此时，婴幼儿家庭是否能获取有力的社会支持就显得非常重要。在婴幼儿家庭需要帮助时，社区其实可以提供各种各样的服务，包括财政、医疗、婚姻和心理健康问题的预防，以及教导母乳喂养、婴幼儿营养学、家庭教养及婴幼儿发展评估等。然而，婴幼儿家庭可能并不知道社区有这些服务，或是不知道该如何获得这些服务。将社区资源引入婴幼儿家庭，在一定程度上能拓展婴幼儿家庭的社会支持网络，提高家庭应对风险和意外的能力，为婴幼儿编织更稳定、安全的成长环境。

3. 辐射优质照护资源

与社区开展合作共育，除了能为婴幼儿照护服务机构和婴幼儿家庭带来直接帮助之外，对社区发展也有一定的积极作用。机构可以通过辐射照护资源，帮助社区居民科学养育祖国的花朵、民族的未来。

二、社区共育的路径

鉴于我国婴幼儿照护服务中有关社区合作共育的实践相对较少，我们在此只列出了几种典型的社区共育路径，希望机构能够不断摸索更多合作模式。

(一)社区资源带入机构

1. 参观体验

参观游览是最常见也最容易实现的社区共育路径。几乎每个婴幼儿照护服务机构周边都会或多或少分布着超市、公园、草地、动植物园、博物馆、快递站、警局、消防站、社区医院等。机构可以在保证安全的前提下，带着婴幼儿进行实地参观，以扩大婴幼儿的视野(见图 7-32、图 7-33)。实地参观可以让婴幼儿有机会体验各种不同的人和事物，以及他们之间各种各样的联系，感受自己生活的社区是广泛且独特的。

图 7-32　老师带着孩子们去动物园游玩

图 7-33　消防员叔叔是孩子们心目中的英雄

在参观游览的基础上，应当尽可能给予婴幼儿操作体验的机会，以便让婴幼儿充分地探索自己感兴趣的事物，加深对事物的直观认识(见图 7-34)。

图 7-34　孩子们在乐器行玩空灵鼓

2. 课程创新

课程创新是指婴幼儿照护服务机构邀请社区机构或居民，充分利用自己的专业、特长或兴趣爱好等，积极参与婴幼儿课程的设计与组织实施。例如，到机构进行演练、讲解，为课程增加特色文化元素、提供特色材料，或者帮助机构改善环境创设等(见图 7-35)。

图 7-35　邀请附近餐馆的面点师傅教孩子们搓莜面鱼鱼，给孩子们表演甩面绝技，中午还品尝了西北风味的大餐

3. 专业支持

婴幼儿照护服务机构可以邀请社区机构或居民，充分利用自己的专业、特长或兴趣爱好等，为机构提供各种支持和帮助。例如，仰茶园经常邀请不同社区机构或专业人士开展应急演练、保育人员培训、家长讲座或工作坊等。警察、消防员可以讲授婴幼儿安全相关主题，并定期指导开展火灾、地震、恶性事件等应急演练；童书编辑、书店或图书馆工作人员可以讲授如何开展早期阅读；社区医生、妇幼保健院工作人员可以围绕婴幼儿营养与喂养、用眼卫生、牙齿保健、婴幼儿常见病与基础急救等进行培训交流(见图 7-36)。

图 7-36　红十字急救中心给老师和家长们开展婴幼儿急救培训

(二)社区资源带入婴幼儿家庭

婴幼儿照护服务机构可以作为桥梁，为婴幼儿家庭引入社区资源；同时，机构也可以引导有需要的家长到相关部门如政府、非政府或私人机构求助。家庭服务机构能够提供一系列的服务配套，如婚姻和个人辅导，亲职教育，健康开端计划，母乳喂养支持，婴幼儿及老年照顾，在校生、失业人员或单亲家庭帮助项目，等等。有时，婴幼儿家长也需要一些专家的帮助，如婴幼儿有某些特殊问题需要评估或早期干预。社区服务还可供婴幼儿家庭娱乐或开阔视野，如博物馆、图书馆，以及社区举办的运动、烹饪、舞蹈、艺术等活动。

(三)机构资源辐射社区

婴幼儿照护服务机构在科学育儿方面具备专业优势，可以通过在社区举办讲座、设置展板、举办社区亲子活动等方式，不断宣传婴幼儿照护的新理念和新知识，帮助社区居民提升科学育儿的技能。这有利于机构、婴幼儿家庭和社区对婴幼儿的照护保持一致性，而一致性照护对于婴幼儿的健康发展非常重要。此外，这类活动也提升了社区对机构品牌的认可度。

三、社区共育的方法

有些机构照护者已经意识到社区共育的重要性，但是他们缺乏开展社区共育的能力。以下方法或许有助于机构照护者更好地开展合作共育，以便在更大范围内为婴幼儿营造良好的成长环境。

(一)资源调查

与社区开展合作共育的首要前提是对社区足够熟悉和了解。例如，了解社区的基础设施、社区内生活的人口数量和结构、社区的主要产业、社区内的正式和非正式组织以及社区的文化(如宗教信仰、风俗习惯、文化传统和地方特色)等。简单来讲，就是在社区做详细的资源调查。

以下几个方法或许可以帮助机构照护者尽快掌握相关的社区资源：一是“行走观察”，即进入社区后“多行走、少坐车；多观察、少评论”，实地参与社区的活动，切身感受社区的生活方式、价值观念等，以获得有关社区最直观的印象。二是拜访社区的“关键人物”，即对社区有充分了解、同时在社区内有一定声望的人，直接快速地获取相关信息等。三是甄别哪些资源能够切实服务于机构、婴幼儿及其家庭。社区资源是多元的、多样的，很容易让机构照护者迷失其中，而忘记自己“合作共育”的主线。比方说，有些机构照护者认为带着婴幼儿去音乐厅看演出可以陶冶孩子的艺术情操，但是大多数剧场的入口处都标有一根 1.2 米的身高线，常常“无情”地把婴幼儿谢绝在剧场之外。如果机构照护者能够转变思路，将“走出去”变为“引进来”，或许能将这类资源重新利用起来。例如，仰茶园就经常邀请剧院的演奏家为婴幼儿开设音乐欣赏课程，园所里的背景音乐也是这群演奏家把一些古典名曲按照婴幼儿的喜好重新编排定制的。

(二)资源链接

机构照护者需要主动与相关社区机构、居民进行接洽，落实合作共育项目。在接洽前，机构照护者应该做好充分的准备，尽可能地总结、凝练最核心和关键的信息。在接洽后，要对此次拜访进行回忆、总结和记录，确认是否达成合作目标、接下来需要如何跟进以及跟进的重点是什么(见图 7-37、图 7-38)。

“小小健身园”筹备表

时间	2021年6月25日	负责人	安安老师
背景介绍 (现有问题或拟创新计划等)	仰茶园缺乏户外活动空间，影响了仰茶园的招生工作和户外运动、游戏等课程的开展。		
拟对接机构及原因	拟联系社区居委会和物业解决此问题。原因如下： 1. 积极响应国家“加强婴幼儿照护”“推进体育强国”等号召，建议社区居委会关注婴幼儿活动场所，为孩子们提供合适的锻炼场所。 2. 社区婴幼儿较多，且婴幼儿在成人健身场所玩耍时经常受伤，家长们多次向社区和物业抱怨婴幼儿没有安全的运动场所。 3. 成人健身场所旁恰好有一处空地，尚待开发。		
拟达成目标	基本目标： 1. 与居委会、物业建立联系。 2. 建议居委会和物业开发空地作为社区婴幼儿健身场所和仰茶园的户外活动场所。 理想目标： 1. 争取居委会和物业的资源支持。 2. 确定开发婴幼儿健身场所的具体分工等。		
现有资源	1. 社区建设健身场所的国家扶持政策文本。 2. 已有关于婴幼儿健身场所设计的理念、环创和相关实例。 3. 已有社区和婴幼儿照护服务机构合作的成功案例等。		

图 7-37　合作项目筹备表(示例)

“小小健身园”筹备过程记录表

时间	2021年6月29日	与会者	XXX(XX街道居委会主任) XXX(XX物业项目经理) XXX(仰茶园园长) 安安（仰茶园老师）
洽谈主要内容	1. 将小区空地建设为婴幼儿健身场所，在白天作为仰茶园的户外场所，晚上和周末作为社区居民的活动场所。 2. 居委会、物业和仰茶园的资源投入和分工。		
达成主要目标	1. 居委会和物业纷纷表示收到很多婴幼儿在健身场所受伤的投诉，但是苦于专业能力不足、经费紧张、人员有限等原因，并没有真正解决这一问题，因此两方都肯定了共同开发婴幼儿健身场所的提议。 2. 居委会和物业表示可以提供场地资源，希望仰茶园能够负责设计规划以及器材的采购、安装。 3. 居委会、物业和仰茶园愿意共同维护“小小健身园”，居委会和物业会尽力争取提供维护资金支持。		
待确认工作内容	1. 居委会、物业和仰茶园的具体职责分工。 2. 仰茶园的使用时间和权限等。		
下一步工作计划	1. 确认场地的位置及空间大小。 2. 准备婴幼儿健身场所设计方案，做初步的预算表。		

图 7-38　合作项目过程记录表(示例)

(三)资源管理

为了最大限度地发挥不同资源的作用，机构还需要做好资源管理工作。资源管理包括信息记录、分类、整理以及存储等。记录的内容至少应当包括相关资源的基本介绍，能为机构、婴幼儿及其家庭提供的服务，联系方式，以及机构与之联系的过程性文件等(见图 7-39、图 7-40)。

资源（国内）

1.儿童早期发展协会

网址：略

电话：010-XXXXXXXX

自成立以来，该协会一直致力于为婴幼儿及其家庭的利益倡导优质课程，促进幼儿教育工作者的专业发展。其网站通过在线期刊和图书馆目录，提供关于即将举行的地方和区域活动、社区项目、儿早从业者职业发展方案以及宝贵的资源信息。

过程性文件：20210621 亲子阅读方案、20210625 亲子阅读活动书单、20210627 亲子阅读活动招募要求……

2.XX 水务局

网址：略

该网站提供本市酒吧举办讲座、活动的资料，以提高儿童对节约水资源的认识。甚至还有一个教师论坛，教育工作者可以参加，了解更多有关学校外展计划的情况。此外，还提供了一本可下载的电子杂志，重点介绍日常生活和用水的知识，以及各种有关水回收利用的信息。

……

资源（国际）

1. 新加坡国家图书馆委员会

网址：略

NLB 有许多促进婴幼儿早期阅读的在线资源。网站上有电子书数据库的链接、即将举行的 NLB 活动的最新情况、绘本的书评和建议，以及有关学校推广计划的信息，如 Drop Everything And Read (DEAR@school).

……

图 7-39　社区机构的记录(示例)

编号	领域与专长	姓名	单位	职称/职位	区域	联系方式	合作项目与效果
1	政府主管人员，XXXXXXX	XXX	XX卫健委人口与家庭司	副处长	北京	138xxxxxxxx	备案验收，政策解读准确简明
2	儿童早期发展，XXXXXXX	XXX	XX师范大学	教授	陕西	138xxxxxxxx	在论坛上听过讲座，有个很大的团队，发过很多专业论文
3	学前教育，XXXXXXX	XX	XX女子学院	副院长；教授	北京	136xxxxxxxx	来园所调研
4	婚姻咨询 ，XXXXXXX	XX	XX 咨询中心	二级心理咨询师	北京	139xxxxxxxx	XX妈妈推荐，具体情况不清楚
5	妇幼保健，XXXXXXX	XXX	XX疾控中心	儿童卫生保健副主任	北京	136xxxxxxxx	培训过如何预防传染病，专业
6	学前教育，XXXXXXX	XX	XX大学学前教育学院	副教授	北京	136xxxxxxxx	合作开发过游戏课程，偏3-6岁，不太适合托育
7	婴幼儿护理，XXXXXXX	XX	XX大学护理学院	副教授	北京	136xxxxxxxx	培训过保育相关内容，老师们反馈很有帮助，可再邀请
8	绘本阅读，XXXXXXX	XXX	XX 出版社	编辑	北京	188xxxxxxxx	推荐的童书很受欢迎；方法偏偏系，有些家长反馈效果不明显
9	婴幼儿发展专业评估，XXXXXXX	XXX	XX儿科研究所	研究员	北京	135xxxxxxxx	转介过小土豆，据家长反馈很专业，后续干预有效果
10	玩教具开发，XXXXXXX	XXX	XX木工坊	设计师	北京	136xxxxxxxx	定制过木制玩具，有创意，但是安全性考虑不足，互动性待提升
11	艺术熏陶（音乐），XXXXXXX	XXX	XX剧场	演奏家	北京	138xxxxxxxx	来园所开音乐欣赏课，可介绍认识很多音乐家
12	儿童早期发展，XXXXXXX	XX	XX区托育示范中心	书记	北京	wxid_xxxxxxx（微信）	安排老师、孩子们去参观游玩，很热心
13	园所管理与制度建设，XXXXXXX	XXX	XX大学经管学院	副教授	天津	187xxxxxxxx	对一线机构很了解，讲座内容比较接地气

图 7-40　社区专业人士的名单(示例)

资源的分类和整理应按照不同的逻辑展开。可以按照领域将资源进行划分，如家长教育、婴幼儿健康、课程建设、环境创设等。也可以按照组织类型进行划分，如社区居委会、医院、律所等可以归类为正式组织，邻里互助小组、新手爸妈互助群等可以归类为非正式组织。信息的存储工作非常重要，建议将资料进行电子化，并定期备份。另外，需要特别提醒的是，机构可以将相关资源结集成册发放给家长，方便家长及时与社区建立联系，利用相关资源或向社区寻求帮助。

我们倡导婴幼儿照护服务机构与社区开展合作共育，主要是希望机构照护者能够意识到机构的边界不是封闭的，而应该是开放的、互动的。机构可以通过社区为婴幼儿及其家庭提供更多、更优质的支持和服务。社区里蕴藏着丰富的资源，机构照护者既可以把相关社区服务资源介绍给婴幼儿家庭，也可以把社区资源带到机构里，以促进婴幼儿的健康发展。机构还可以通过辐射优质的育儿资源，帮助社区内更多婴幼儿家庭掌握或提升科学育儿的知识和技能，既宣传了机构的品牌，又营造了整个社会“关爱下一代”的良好氛围。

小结

在本节中，我们首先澄清了社区的概念，并从三个层面介绍了社区共育的重要性。然后，分析了社区共育的常见途径，包含社区资源带入机构、社区资源带入婴幼儿家庭、机构资源辐射社区等。最后，简单介绍了如何调查、链接和管理社区资源，并倡导机构照护者提高社区共育的意识和敏感度。

问题

1. 你所在的社区都有哪些资源可用来支持婴幼儿的发展？将这些资源列表记录

下来，并逐步补充其基本介绍、可提供的服务以及联系方式等。

2. 回想一下，你所在的机构曾经组织或参与过社区共育的项目吗？它们的效果如何？

3. 就资源链接策略而言，你是否有好的经历、实践或建议？

参考文献

简妮·爱丽丝·奥姆罗德. 学习心理学(第6版)[M]. 汪玲，等译. 北京：中国人民大学出版社，2015.

乔伊丝·L. 艾普斯坦. 学校、家庭和社区合作伙伴：行动手册[M]. 吴重涵，译. 南昌：江西教育出版社. 2012.

琼·芭芭拉. 婴幼儿回应式养育理论[M]. 牛君丽，译. 北京：中国轻工业出版社. 2019.

贝蒂. 幼儿发展的观察与评价[M]. 7版. 郑福明，费广洪，译. 北京：高等教育出版社. 2011.

杰克琳·波斯特，玛丽·霍曼，安·S. 爱泼斯坦. 高瞻0—3岁儿童课程：支持婴儿与学步儿的成长和学习[M]. 唐小茹，译. 北京：教育科学出版社. 2019.

杰瑞·伯格. 人格心理学[M]. 陈会昌，等译. 北京：中国轻工业出版社. 2000.

陈帼眉，等. 儿童发展心理学[M]. 北京：北京师范大学出版社. 2013.

陈鹤琴. 儿童心理[M]. 南京：南京师范大学出版社. 2012.

陈荣华等. 儿童保健学[M]. 南京：江苏凤凰科学技术出版社. 2017.

沃尔夫冈·蒂策，苏珊娜·菲尔尼. 德国0—6岁幼儿日托机构教育质量国家标准手册[M]. 田春雨，等译. 济南：山东科学技术出版社. 2019.

盖伊·格朗兰德，玛琳·詹姆斯. 聚焦式观察：儿童观察、评价与课程设计[M]. 梁慧娟，译. 北京：教育科学出版社. 2017.

珍妮特·冈萨雷斯-米纳，戴安娜·温德尔·埃尔. 婴幼儿及其照料者：尊重及回应式的保育和教育课程[M]. 8版. 张和颐，张萌，译. 北京：商务印书馆. 2015.

珍妮特·冈萨雷斯-米纳. 儿童、家庭和社区：家庭中心的早期教育[M]. 郑福明，冯夏婷，等译. 北京：高等教育出版社. 2012.

卡罗尔·格斯特维奇. 发展适宜性实践：早期教育课程与发展[M]. 霍力岩，等译. 北京：教育科学出版社. 2011.

何慧华. 幼儿行为观察与评估[M]. 北京：中国人民大学出版社. 2018.

黄振中，李曼丽. 基于专业标准的儿童早期发展保教师及其核心知识能力框架研究[J]. 教育学报，2019，15(6)：82—92.

金星明，静进. 发育与行为儿科学[M]. 北京：人民卫生出版社. 2020.

科恩等. 幼儿行为的观察与记录[M]. 5版. 马燕、马希武，译. 北京：中国轻工业出版社. 2013.

李媛，庞艳，林芳初，等. 婴幼儿顺应喂养的研究进展[J]. 护理学报，2020，27(07)：34—37.

李生兰. 学前儿童家庭与社区教育[M]. 北京：高等教育出版社. 2015.

李生兰. 幼儿园与家庭、社区合作共育的研究[M]. 上海：华东师范大学出版社. 2003.

李晓巍. 幼儿行为观察与案例[M]. 上海：华东师范大学出版社. 2017.

林崇德. 心理学大辞典：上卷. 上海：上海教育出版社. 2003.

磨姆斯·卢格. 人生发展心理学[M]. 上海：学林出版社. 1996.

玛丽·简·马奎尔-方. 与0—3岁婴幼儿一起学习：支持主动的意义建构者[M]. 罗丽，译. 北京：中国轻工业出版社. 2019.

齐格勒等. 社会化与个性发展[M]. 李凌，等译. 北京：北京航空航天大学出版社. 1988.

向海英. 幼儿社会性发展评价方法初探[J]. 幼儿教育，1998(3).

许培斌，奚翔云. 养育照护策略与行动：解读世界卫生组织《儿童早期发展养育照护框架》[J]. 中国妇幼健康研究，2020(7).

许亚莉. 论感知和动作在儿童心理发展中的作用[J]. 江西大学学报，1998(3).

岳经纶，范昕. 中国儿童照顾政策体系：回顾、反思与重构[J]. 中国社会科学，2018(9).

杨玉凤. 儿童发育行为心理评定量表[M]. 北京：人民卫生出版社，2016.

朱宗涵. 儿童早期发展学科进展的启示[J]. 中国儿童保健杂志，2008(1).

朱智贤. 儿童心理学[M]. 北京：人民教育出版社，2003.

中国营养学会. 中国居民膳食指南(第一版)[M]. 北京：人民卫生出版社. 2016.

中国营养学会. 中国妇幼人群膳食指南(第一版)[M]. 北京：人民卫生出版社. 2018.

《中华儿科杂志》编辑委员会，中华医学会儿科学分会儿童保健学组. 0～3岁婴幼儿喂养建议(基层医师版)[J]. 中华儿科杂志，2016，54(12)：883—890.

WS/T 579—2017，0岁～5岁儿童睡眠卫生指南[S]. 北京：国家卫生和计划生育委员会. 2017.

Beverly L Fortson, Joanne Klevens, Melissa T, etc. Preventing Child Abuse and Neglect: A Technical Package for Policy, Norm, and Programmatic Activities. Division of Violence Prevention National Center for Injury Prevention and Control Centers for Disease Control and Prevention Atlanta, Georgia. 2016.

Coombe K, Newman L. Ethics in Early Childhood Field Experiences. Journal for Australian Research in Early Childhood Education. 1997(1): 1—9.

Heller R L, Mobley A R. Instruments Assessing Parental Responsive Feeding in Children Ages Birth to 5 Years: a Systematic Review[J]. Appetite. 2019(138): 23—51.

Jack Shonkoff P, Samuel Meisels J Eds. Handbook of Early Childhood Intervention. Cambridge University Press, 2000.

Laura Berk E. Child Development (The 9th Edition). Person Publishing. 2013.

Mary Eming Young eds. Early Ehildhood Development: From Measurement to Action: a Priority for Growth and Equity. Washington D. C., World bank. 2007.

Noble K, Macfarlane K. Romance or Reality: Examining Burnout in Early Childhood Teachers. Australasian Journal of Early Childhood. 2005, 30(3): 53—58.

Stonehouse A. Our Code of Ethics at Work. Australian Early Childhood Resource Booklets No. 2, ERIC. 1991.

Taggart G. Don't We Care: The Ethics and Emotional Labour of Early Years Professionalism. Early Years. 2011. 31(1): 85—95.

Taggart G. Compassionate Pedagogy: The Ethics of Care in Early Childhood Professionalism. European Early Childhood Education Research Journal. 2016, 24(2): 173—185.

Tirri K, Husu J, Care and Responsibility in The Best Interest of the Child: Relational Voices of Ethical Dilemmas in Teaching. Teachers and Teaching. 2002, 8(1): 65—80.

后　记

本书的研究始于 2012 年，我受邀参加清华大学智库中心组织的“人文社会科学知名学者”为国家发展提出咨政建议的讨论会。会上，我和经管学院白重恩教授不约而同地提出一个建议：中央财政积极流向 0—3 岁婴幼儿早期发展。在智库中心同事的共同努力下，该咨政建议迅速获得国家有关部门的积极肯定。

2013 年起，我开始兼任教育部教育学类本科教学指导委员会(简称“教指委”)秘书长。教育学类教指委的主任委员系清华大学原副校长谢维和教授。教指委系教育部为加强对高等学校本科人才培养工作的宏观指导与管理，推动高等学校的教学改革和教学建设，进一步提高人才培养质量，聘请有关专家组成的高等学校教学指导委员会。该委员会是在教育部高教司领导下，对高等学校教学工作进行研究、咨询、指导、评估、服务的专家组织，包括高等学校各学科、专业教学指导委员会和有关专项工作教学指导委员会。其主要任务包括：①组织和开展本学科教学领域的理论与实践研究；②指导高等学校的学科专业建设、教材建设、教学实验室建设和教学改革等工作；③制定专业规范或教学质量标准；④承担专业评估任务；⑤承担本科专业设置的评审任务；⑥组织有关教学工作的师资培训、学术研讨和信息交流。

随着我国社会各界对儿童早期发展服务需求的持续增加，儿童早期综合发展服务行业对专业人才的需求日益迫切。2014 年 8 月，教指委秘书处陆续接到大量高校新设有关“早期教育”本科专业的申请。如何科学、合理地审核高校对于增设“早期教育”专业的申请，对于教指委全体委员是全新的工作，因为早期教育专业面对的是 0—3 岁婴幼儿，教指委的专家委员对 3—6 岁学前教育专业的教学改革、专业建设、指导评估的既有经验未必完全适合 0—3 岁早期教育工作的评定。然而，面对不断增多的社会需求，这显然不能成为不予受理的理由。

2014 年 10 月，清华大学通过设立自主探究项目支持教指委秘书处启动“0—3 岁婴幼儿早期发展专业人才标准"的研究。在大量调研工作的基础上，清华大学教育研究院"儿童早期发展"课题组先后承担或参与：国家卫生健康委员会"儿童早期发展专业化人才认证标准及培养体系研究"课题(2016—2017)；河北省家庭婴幼儿照护服务需求调研(2017—2019)；全国首个3岁以下婴幼儿照护服务行业专业化人才标准：《保教师专业能力要求》(DB 13/T 5075—2019)起草工作；北京市卫生健康委员会"托育机构专业人才标准制定项目"课题；河北省卫生健康委员会"河北省3岁以下婴幼儿照护服务项目"(2020)；国家卫生健康委员会《托育机构设置标准(试行)》和《托育机构管理规范(试行)》意见征求的研究工作(2020)；国家人力资源和社会保障部、国家卫生健康委员会《国家职业技能标准——婴幼儿发展引导员》《国家职业技能标准——保育师》起草工作(2020—2021)；北京市昌平区卫生健康委员会"北京市昌平区3岁以下婴幼儿家庭托育需求调研项目咨询服务"课题(2021)等。本书的编写工作受益于课题组以上阶段性科研成果。

首先，我要感谢过去近10年间在不同场合聆听过我的学术报告，阅读过课题组的论文、研究报告、国家职业标准或本书部分章节以及草稿的诸位学者：王练(中华女子学院)、王惠珊(中国疾控中心妇幼保健中心)、钞秋玲(西安交通大学)、杨玉凤(西安交通大学医学院)、洪秀敏(北京师范大学)、程秀兰(陕西师范大学)、戎雪兰(北卡罗来纳大学教堂山分校教育学院)、闫嵘(西交利物浦大学)、张淑一(首都儿科研究所)、张征(首都师范大学)、赵艾(清华大学万科公共卫生与健康学院)、晏红(清华大学幼儿园)等。他们的指点和批评使我免于事实、阐释和表达方面的诸多错误。不过，限于学识和悟性，书中难免存在疏漏与不妥，我已经做好了不断完善的准备，也期待每一位读者提出宝贵的意见，我将不胜感激。

其次，我要感谢许多学者同人：原北京市卫生局局长朱宗涵先生、陕西师范大学史耀疆教授、北京大学宋映泉教授等。在2012—2021年将近10年的研究及写作生涯中，我从他们的著作、论文、邮件和微信中受益匪浅，本书借鉴了大量的文献，这既是为了表达我们的敬意，也是为了给未来进入该领域的同事提供治学的门径。

再次，我要特别感激过去数年中国家卫生健康委员会干部培训中心原党委书记蔡建华先生对我的指引与帮助，他是我所知道的儿童早期发展领域最无私的先驱者之一。与有荣焉，这些年我也是与蔡建华先生共同成长、共同经历时代变迁的同行者、见证者和学术伙伴。

在此，我还要感谢那些在0—3岁照护行业积极探索的一线机构代表：李晓春女士(哈学堂托育机构创始人)、李鹏先生(这个爸爸托育中心创始人)、王昆女士(Kids-Home毅英宝贝家托育服务有限公司教学总监)、邸文女士(童心童语负责人)和刘淑娟女士(睿智育婴负责人)。他们一次又一次地参加我们组织的小型讨论会，积极地同我们一起讨论行业内关注的重点、难点问题，审阅了本书并提供宝贵的一线经验。我深知他们在疫情之中艰难支撑、维持机构运转的艰辛和不易，但是他们从未因为自己的困境而拒绝支持这样一项具有公益研究性质的工作。

千里之行，积于跬步；万里之船，成于罗盘。清华大学教育研究院"儿童早期发展”课题组对国家卫健委的信任、认可和支持饱含真挚情感的致谢。感谢国家卫生健康委员会的杨文庄先生、闫红女士、徐拥军先生、陈晨女士，北京市卫生健康委员会的严进先生、吴娅女士，河北省市场监管局的郭永志先生，河北省卫生健康委员会的武云秀女士，北京市昌平区卫生健康委员会的蒋玮先生、沈茂成先生、邱桂玲女士、邵立雪女士等在课题组完成各项委托的专业性工作中给予的鼓励和支持，他们的敬业精神、专业信念始终激励着我们在每一项工作中追求极致和卓越。

我们对清华大学研究院的谢维和教授、石中英教授、刘惠琴教授，河北清华发展研究院的张华堂教授、刘维友先生、黄伟佳先生、李蕾女士等表达真挚的谢忱，没有其他词汇能诠释我们的感受。

感谢北京师范大学出版社的同事及领导，你们的远见卓识始终是教育界出版文化人的良知和旗帜。此外，有两份学术刊物《教育学报》《河北师范大学学报》允许我们使用课题组先前发表过的论文资料，同样使我铭感于心。

最后，我不能不感谢充满智慧和敬业精神的本书编写成员，还要感谢亲密无间的家人和朋友，在我利用多少个周末和假期时间进行调研、写作的漫长之旅中，他们自始至终给予了我支持和关爱。

李曼丽于清华园

2021 年盛夏

其他编者

（按姓氏音序排列）

郝亚辉

清华大学教育研究院“儿童早期发展”课题组骨干研究人员，主要研究领域为儿童早期发展、在线教育等。参与编写河北省地方标准《保教师专业能力要求》《婴幼儿发展引导员行业企业评价规范》。现任职于教育部。

江　华

北京大学营养与食品卫生学博士，北京大学护理学院副教授，美国伊利诺伊大学芝加哥分校、香港大学访问学者，主要研究领域为人群营养、慢性病护理、戒烟与控烟等。参与编写河北省地方标准《保教师专业能力要求》。

江媛媛

北京市东城区妇幼保健院儿童保健科主任，儿童早期综合发展服务中心主任。参与国家卫健委托育机构服务标准、儿童口腔保健标准、眼保健工作标准，北京市爱婴社区检查标准，北京市儿童早期综合发展服务中心检查标准等制定和考核工作。

李姝雯

北京语言大学文学博士，河北大学教育学院心理系讲师，主要研究领域为语言心理学、教育和心理测量等。在《教育研究》《华东师范大学学报》等学术期刊上发表多篇论文。讲授“发展心理学专题”“发展与教育”等课程。

刘素芳

中国科学院第三幼儿园执行园长，北京市海淀区督学、幼教学科带头人。在幼儿园工作10余年，有扎实的学前教育理论知识及丰富的幼儿园实践经验，曾荣获“北京市海淀区幼儿园先进教育工作者”“优秀‘四有’教师”称号。

熊倪娟

清华大学教育博士，参加了“儿童早期发展专业化人才认证标准及其培养体系研究”“河北省 3 岁以下婴幼儿照护服务项目”等课题研究。参与编写河北省地方标准《保教师专业能力要求》。现任清华大学六级教育职员。

王　欢

河北清华发展研究院京津冀起点教育协同发展研究中心副主任，参加了“托育机构专业人才标准制定项目”“河北省 3 岁以下婴幼儿照护服务项目”等课题研究。参与编写河北省地方标准《保教师专业能力要求》。

张晓蕾

香港中文大学教育政策学博士，华东师范大学教育学部教师教育学院副教授、硕士生导师，主要研究领域为教师学习及专业发展、课程与教学、组织学习与组织变革、信息技术支持环境中的学习及教学创新等。

图书在版编目(CIP)数据

0—3岁婴幼儿照护服务人员实用手册/李曼丽，贾雪，黄振中编著．—北京：北京师范大学出版社，2022.10
ISBN 978-7-303-27874-9

Ⅰ．①0… Ⅱ．①李… ②贾… ③黄… Ⅲ．①婴幼儿—哺育—手册 Ⅳ．①TS976.31—62

中国版本图书馆CIP数据核字(2022)第086378号

教材意见反馈 **gaozhifk@bnupg.com 010-58805079**
营销中心电话 010-58802755 58800035
北师大出版社教师教育分社微信公众号 京师教师教育

0—3SUI YING YOU'ER ZHAOHU FUWU RENYUAN SHIYONG SHOUCE
出版发行：北京师范大学出版社 www.bnupg.com
北京市西城区新街口外大街12—3号
邮政编码：100088
印　　刷：天津中印联印务有限公司
经　　销：全国新华书店
开　　本：787 mm×1092 mm 1/16
印　　张：16.75
字　　数：280千字
版　　次：2022年10月第1版
印　　次：2022年10月第1次印刷
定　　价：56.00元

策划编辑：王剑虹　　责任编辑：王剑虹
美术编辑：焦　丽　　装帧设计：焦　丽
责任校对：陈　民　　责任印制：赵　龙